La Ville en négociation

Une approche stratégique du développement urbain

Villes et Entreprises

Collection dirigée par Alain Bourdin et Jean Rémy

La ville peut être abordée selon des points de vue différents : milieu résidentiel, milieu de travail, milieu de culture. Ceux-ci peuvent être entremêlés ou séparés. Il en va de même des groupes sociaux qui communiquent à travers ces divers types d'enjeux. La dimension économique n'est jamais absente, mais elle entre en tension avec la dimension politique. Ainsi peut-on aborder la conception urbanistique ou architecturale, l'évaluation des politiques sociales ou socio-économiques et les formes d'appropriation par divers acteurs. Pour répondre à ces interrogations, la collection rassemble deux types de textes. Les premiers s'appuient sur des recherches de terrain pour dégager une problématique d'analyse et d'interprétation. Les seconds, plus théoriques, partent de ces problématiques ; ce qui permet de créer un espace de comparaison entre des situations et des contextes différents. La collection souhaite promouvoir des comparaisons entre des aires culturelles et économiques différentes.

Déjà parus

Marc WIEL, *Pour planifier la ville autrement*, 2007.
René KAHN (dir.), *Régulation temporelle et territoires urbains*, 2007.
Jean-Luc ROQUES, *Inclusion et exclusion dans les petites villes,* 2007.
Jacques PEZEU-MASSABUAU, *Construire l'espace habité – L'architecture en mouvement,* 2007.
Nora SEMMOUD, *La réception sociale de l'urbanisme*, 2007.
Alain-Claude VIVARAT , *Les origines symboliques de notre habitat*, 2007.
Augusto CUSINATO, *La genèse d'une culture locale d'entreprise au nord-est de l'Italie*, 2007.
Sylvette PUISSANT, *Les ségrégations de la ville-métropole américaine*, 2006.
François HULBERT (sous la direction de), *Villes du Nord, villes du Sud*, 2006.
Jean-Pierre FREY, *Henri Raymond, paroles d'un sociologue*, 2006.

Maurice Guarnay & David Albrecht

La Ville en négociation

Une approche stratégique du développement urbain

L'Harmattan

5-7, rue de l'École-Polytechnique, 75005 Paris

http://www.librairieharmattan.com
diffusion.harmattan@wanadoo.fr
harmattan1@wanadoo.fr

ISBN : 978-2-296-05225-3
EAN : 9782296052253

Le vieux Paris n'est plus (la forme d'une ville
Change plus vite, hélas ! que le cœur d'un mortel)

Baudelaire. Le Cygne. Les Fleurs du Mal

Remerciements

Maurice Guarnay dédie son travail à tous ceux qui, maintenus physiquement ou symboliquement à la marge des villes, contribuent à leur construction, à leur destruction, à leur transformation ; il remercie sa femme Claudie pour son assistance affectueuse.

David Albrecht remercie Clarissa da Costa Moreira, Edgard Cohen Skalli, Yves Jean, Charles Oman, Virginie Baby Collin et Patrick Albrecht pour les fructueux échanges qu'il a pu avoir avec eux.

Sur la couverture : *Heptaminos* (Jean-Jacques Germond)

INTRODUCTION

La bourse ou la ville ? L'idée que la ville puisse, et doive, être autonome par rapport à l'économie et à la finance n'est pas seulement répandue chez les militants radicaux ; on rencontre souvent chez les hommes politiques, chez les sociologues ou chez les historiens cette croyance qu'il existe une ville *avant* l'économie et/ou *en dehors* d'elle. En vérité, il ne peut certes pas exister de bourse sans ville, mais il ne peut pas non plus exister de ville sans bourse, la bourse n'étant finalement qu'un des marchés au sein de l'économie capitaliste, peut-être le plus emblématique.

La ville constitue un outil et un produit du système d'économie politique. Même si nous remontons, ici ou là, jusqu'à ses prémices médiévales, la ville dont nous parlons est essentiellement la ville moderne, celle qui a émergé avec l'économie capitaliste à partir du XVIIIe siècle, et qui a évolué constamment avec elle pour aboutir aux cités d'aujourd'hui ; c'est la ville de l'expansion urbaine moderne, celle de l'exode rural, de la révolution industrielle et technologique, de la mondialisation. Chaque ville d'aujourd'hui est un outil de l'économie capitaliste mondialisée ; chaque ville est insérée au sein d'un système mondial qui l'englobe, la dépasse et éventuellement la menace.

La ville est une marchandise, de la même manière qu'une voiture, une banane ou le téléphone. Elle est produite, consommée, vendue, achetée, détruite ou jetée dans un coin quand elle est obsolète, ses invendus sont soldés, comme n'importe quelle marchandise. Elle peut être chargée émotionnellement, incorporer de multiples symboles, être chère au cœur de ses usagers ; mais n'est-ce pas le cas de milliers d'autres produits, comme le vin, le cinéma, les croisières en bateau, l'automobile, les vêtements ou même les shampooings et les eaux minérales ? La ville peut jouer le rôle d'une *madeleine de Proust*, mais cela ne lui retire aucunement son statut de simple marchandise, au même titre que ladite madeleine.

Certes ! Mais, peut-on objecter, la ville est fixe ; elle est *liée à un territoire* et, contrairement aux autres marchandises, elle ne se déplace pas, elle est *permanente* et, pour peu on ajouterait, éternelle. Cette objection ne résiste pas à la réflexion : l'urbain est en effet aussi mobile que les autres marchandises, même si cette mobilité se réalise sur des durées plus longues. Il est sans doute plus facile d'implanter une ville dans une vallée, au bord d'un fleuve, qu'au sommet d'une montagne ; mais tout est techniquement possible, et les choix découlent en définitive de rationalités économiques. La ville est plus mobile que bien des produits agricoles qui nécessitent un climat ou un environnement spécifiques. Une caractéristique de la ville est qu'elle est consommée sur son lieu de production, mais ce dernier peut s'étendre, se réduire et se déplacer au cours du temps, comme l'illustrent d'innombrables exemples de villes disparues ou réduites à de modestes bourgades après avoir été des métropoles rayonnantes, et d'autres passées du statut de villages ou même de champs à celui de mégapoles de l'économie mondialisée. En outre, sur un *même* site, se succèdent des villes *différentes*, qui n'ont de commun que le nom (et encore !) : Paris n'est pas Lutèce, Istanbul n'est pas Constantinople et Ottawa n'est pas une ville de *peaux rouges*. La localisation de la croissance démographique et la production de ville associée varient constamment au cours de l'Histoire.

Si la ville est une marchandise, qui alors la produit ? Est-ce le régulateur qui conçoit et réalise la ville la mieux adaptée aux besoins des citoyens ? Monsieur Ceausescu ou Monsieur le Maire, animés d'une vision éclairée ou de la volonté de plaire aux électeurs sont-ils les maîtres de l'évolution de *leurs* villes pour le plus grand bonheur et l'amélioration de la qualité de vie de *leurs* administrés ? Ou bien est-ce l'urbaniste qui, grâce à sa vaste culture et à sa science, est en mesure d'optimiser l'équation ville au nom de l'intérêt général et du patrimoine ? Ou encore est-ce le méchant propriétaire foncier qui spécule, fait monter les prix du bâti et conditionne le développement urbain, même si cela signifie la ségrégation et l'injustice sociales ?

Ce serait oublier qu'une ville n'est rien d'autre qu'un ensemble de biens (à base de béton, de brique, d'asphalte, d'acier, de verre) et de services (eau, électricité, transport, télécommunications). Or qui produit réellement ces biens et services ? Le Maire ? L'urbaniste ? Le propriétaire foncier ? Sûrement pas. Ce sont les *investisseurs* qui apportent des capitaux permettant d'acheter les intrants et les *travailleurs* qui construisent des parcelles de ville avec ces intrants. Et les investisseurs déterminent le processus de production de la ville en fonction de leurs intérêts, c'est-à-dire du prix qu'ils peuvent tirer de leurs produits et du profit qu'ils en dégagent une fois déduits les coûts de production.

Comment ce prix est-il déterminé ? Qui détermine le prix des composants de la ville ? À qui s'adresser pour demander de faire baisser le prix du logement ? Comment et pourquoi le système des prix oblige-t-il à vivre loin des centres-villes et/ou des lieux de travail, à passer des heures dans les transports ? Comment et pourquoi accepte-t-on cela ?

La compréhension du *fonctionnement* du système d'économie politique devient ainsi une question centrale pour quiconque s'intéresse au développement urbain et prétend agir sur lui. Ce sont les mécanismes de l'économie politique que l'on retrouve *localement* sur les territoires circonscrits que sont les villes, dans une interaction avec le système *global*. Le fonctionnement et l'évolution des villes sont engendrés par des systèmes d'économie politique *locaux*, qui constituent des parties du système *global* et interagissent étroitement avec lui.

Nous nous attacherons, dans une première partie, à étudier :

- le fonctionnement du système d'économie politique contemporain dans son ensemble ;
- la production et la consommation de la ville dans le cadre de ce système.

Nous détaillerons d'abord les caractéristiques principales du système d'économie politique, ses « règles du jeu ».
Et nous résumerons les théories économiques qui, depuis plus de deux siècles, tentent sans succès de l'expliquer et de le mettre en équations. Nous verrons, et c'est là un point important pour la compréhension de l'évolution urbaine, que le système d'économie politique est d'abord le *résultat d'un rapport de forces* entre catégories d'acteurs, résultat qui ne peut pas être garanti d'avance, qui reste constamment *indéterminé.*
Puis nous nous pencherons sur les modalités d'agrégation des préférences des acteurs individuels en choix collectifs au sein des différentes catégories d'intervenants, autrement dit sur les aspects *politiques* du système. La réalisation du système d'économie politique dans son ensemble résulte de multiples rapports de forces entre acteurs ; elle est autant politique qu'économique ; il n'existe pas de déterminisme économique, de *lois naturelles* de l'économie.

Les règles du jeu du système global sont transposables sur des territoires particuliers, qui en forment des sous-ensembles. Les logiques d'acteurs et rapports de forces guident donc également le développement urbain. Si l'économie politique a besoin de l'urbain, essentiel jusqu'à présent à son développement, aucune ville particulière ne lui est nécessaire, mais toutes lui sont subordonnées. Nous verrons ainsi comment l'évolution urbaine, à l'instar du système global, est fondamentalement un rapport de forces à la *résultante constamment indéterminée.*

Il suffit d'examiner le passé pour constater l'évidence à la fois de la *précarité* structurelle de l'urbain et de la toute-puissance du système d'économie politique dans ses évolutions : le produit ville évolue en fonction des progrès technologiques, des nécessités économiques et démographiques, de l'offre et de la demande, des modes et des idéologies, tous engendrés par le fonctionnement même du système.

Nous nous arrêterons, dans une deuxième partie, sur les visions du monde subjectives qui influencent largement les actes et les stratégies des acteurs urbains. Nous analyserons dans ces visions du monde la part de résistance angoissée à l'indétermination structurelle du système, la recherche toujours renouvelée de permanences, et leur impact sur l'évolution urbaine ; nous examinerons notamment les « lois urbanistiques » produites avec régularité qui prétendent définir ce que la ville « devrait être », et nous évaluerons l'influence de leurs promoteurs sur le développement urbain réel, dans le cadre du système d'économie politique global.

Voir la ville comme un lieu de permanence paraît dérisoire, et pourtant... Que de discours, que de mouvements en faveur d'une ville-modèle, qu'elle soit du passé ou de l'avenir ! Que de débats autour de l'histoire glorieuse de Paris, Rome ou Berlin ! Que de querelles et de polémiques autour de ce que doit être, rester, devenir ou redevenir telle ou telle capitale ! Tout cela paraît vain, puisque ce qui détermine l'évolution des villes est ailleurs...
Néanmoins, ces débats idéologiques structurent notre rapport au monde. Se battre pour des permanences, même illusoires, donne un semblant de stabilité au monde qui nous entoure : au moins la ville ne change pas ! même si de fait elle change... Et imaginer un monde futur ancré dans un passé rassurant permet de s'inscrire dans une Histoire *sous contrôle* : on

« sait » d'où on vient et où on veut aller, on « sait » ce qu'est la « bonne » ville. Ces actes de foi, ces croyances, se rencontrent chez les simples citoyens comme chez les professionnels de l'urbain, ces derniers étant les élaborateurs de conceptions et de théories reprises ensuite par les régulateurs en particulier et les habitants en général.

On ne peut pas dire que les constructions idéologiques, aussi peu fondées soient-elles, n'aient pas d'influence sur l'évolution de la ville. Au contraire, elles ont un grand impact sur les politiques publiques, sur certaines formes de ville et sur l'évolution urbaine réelle... quoique parfois dans un sens différent, voire contraire, de celui recherché. Ainsi, par exemple, la rénovation urbaine au nom de l'hygiène et de la sécurité a-t-elle pu conduire à la déportation des habitants originels, qu'elle était censée protéger, vers des banlieues éloignées et parfois plus sordides ; ou bien l'aide financière aux locataires les moins fortunés a-t-elle pu conduire à une hausse des loyers et à un enrichissement des propriétaires fonciers. Les exemples ne manquent pas d'effets pervers générés par des principes et des politiques pourtant bien intentionnés...

Il est temps d'arrêter de fantasmer sur une ville utopique, quelle qu'elle soit, à laquelle on essaie en vain d'ajuster une ville réelle, qui déborde du modèle par tous ses interstices. Il est temps de s'occuper sérieusement de la ville moderne, de la ville du futur, qui se situent non pas au *centre* mais à la *périphérie*, qu'elle soit géographique, économique, symbolique ou culturelle. N'est-il pas tragique de consacrer tant d'efforts et de ressources au mobilier urbain et aux rues piétonnes dans les centres-villes quand les bidonvilles représentent 30 % de l'urbain aujourd'hui et en représenteront plus de 50% dans vingt cinq ans ? N'y a-t-il pas urgence à se pencher prioritairement sur les bidonvilles présents et annoncés ? à comprendre et à transformer l'habitat précaire et informel ?

Toute politique générique ou *recette* pour « améliorer » la ville, en invoquant le patrimoine et l'Histoire, s'avère dérisoire et incantatoire, ou bien entraîne des conséquences non désirables. Alors que faire ? Loin de prétendre donner de nouvelles recettes à notre tour, nous postulons au contraire que la recette de la ville idéale n'existe pas, et qu'une analyse sérieuse, prélude indispensable à toute volonté d'action consciente, présuppose d'en faire son deuil. Nous prônons donc une *approche pragmatique et humble* d'analyse stratégique au cas par cas, dont nous exposerons les principes dans la troisième partie. *L'identification*, même nécessairement approximative, des acteurs et des forces en jeu sur un territoire, est le préalable indispensable à toute velléité d'action sur son évolution. En même temps, elle permet de saisir que l'influence de quelque acteur que ce soit, aussi puissant soit-il, reste nécessairement marginale et liée à la conjonction de ses objectifs avec ceux d'autres forces en présence. Ce n'est que sur la base d'une telle analyse organisée que peuvent être bâties des stratégies efficaces par rapport à des objectifs clairs. La ville ne peut pas être un *objet* qu'on optimise mais le *résultat de la mise en œuvre de stratégies* d'acteurs qu'on identifie et qu'on accompagne.

Ce livre s'adresse à tous ceux qui se passionnent pour l'urbanisme et l'économie urbaine. Il est d'abord une réflexion critique sur les théories économiques et urbanistiques ; mais, au-delà et dans une démarche constructive, il propose à tous ceux, hommes et femmes politiques, professionnels de l'urbain, étudiants ou esprits curieux, qui s'intéressent à nos cités et qui souhaitent approfondir leur connaissance du phénomène urbain, *des clés de lecture opérationnelles et des éléments de méthodologie* pour mieux comprendre le développement urbain, et, pourquoi pas, mieux y contribuer.

Première partie

LE MONDE EN TENSION : « LOIS ÉCONOMIQUES », RAPPORTS DE FORCE ET DÉVELOPPEMENT URBAIN

Le système d'économie politique, son fonctionnement et sa projection sur la création et l'évolution des villes

L'évolution urbaine est l'un des aspects de l'évolution du système d'économie politique dans son ensemble. Il est dès lors inévitable de situer le développement urbain et l'existence même de la ville dans le cadre de ce dernier. La compréhension des mécanismes qui régissent le système d'économie politique est indispensable à l'appréhension de la ville et de ses transformations. C'est pourquoi nous nous attacherons dans cette première partie à rappeler les caractéristiques principales du système d'économie politique, tel qu'il fonctionne aujourd'hui.

Nous définirons, dans un premier chapitre, ce que nous entendons par système d'économie politique. Nous détaillerons les mécanismes de son fonctionnement, nous proposerons une lecture des « règles du jeu » de ce système, une interprétation de son organisation globale et de sa dynamique.

Le système d'économie politique qui fonde et surdétermine la ville a commencé à être défini et étudié à partir de la fin du XVIIIème siècle. De nombreux courants de pensée se sont succédé pour le caractériser, depuis les fondateurs (Adam Smith, David Ricardo ou les Physiocrates). Nous passerons en revue, dans un deuxième chapitre, les conclusions théoriques des plus importants de ces courants, à savoir : les courants classique, marxiste, néo-ricardien et néoclassique. Nous essaierons de montrer qu'aucune de leurs théories n'a réussi à « mettre en équations » le système, à en donner une interprétation globale satisfaisante. Ces échecs traduisent l'existence d'un *degré irréductible de liberté* dans le système. C'est le facteur politique, le rapport de forces entre acteurs, donc une dynamique externe à l'économie, qui « ferme » le système dans son ensemble et lui donne sa cohérence globale.
Nous nous contenterons, dans ce chapitre, de *résumer* les théories et les critiques, en renvoyant en Annexes quelques développements qui pourraient intéresser les économistes.

Nous nous pencherons, dans un troisième chapitre, sur le facteur politique, souvent ignoré ou considéré comme anomalie, contrainte entraînant des déséquilibres ou simple accessoire exogène par *l'économisme*, pour en analyser la logique et les modalités. Nous verrons comment ont été mises au jour des règles surprenantes d'agrégation des préférences individuelles en choix collectifs, destinées à établir des modèles de structuration des acteurs, et comment le pouvoir de régulation, éminemment politique, a progressivement émergé dans la réflexion en tant qu'acteur majeur du système.

La ville, loin d'échapper aux mécanismes du système d'économie politique, en est à la fois l'instrument et le produit. De ce fait, la grille d'analyse ébauchée précédemment est non seulement opérationnelle mais indispensable pour comprendre l'urbain et ses évolutions. Nous examinerons donc, dans un quatrième chapitre, les rapports étroits et réciproques qu'entretiennent la ville et le système d'économie politique depuis le Moyen-Âge.

Chapitre 1

Les règles du jeu

Organisation générale du système d'économie politique et structuration de ses acteurs

Le système d'économie politique est un ensemble intégré *d'acteurs* et de *moyens* qui permet, dans un environnement historiquement déterminé, de *produire* des marchandises. Les marchandises sont des objets et des services que les hommes *s'échangent* entre eux selon leur *valeur*.

L'échange est ainsi l'aboutissement de la production ; mais il en est également le point de départ. En effet, pour qu'il y ait production, il faut qu'il y ait déjà mise à disposition des déterminants de cette production, qui ne sont rien d'autre que des marchandises Le titre du livre de Piero Sraffa, « Production de marchandises au moyen de marchandises »,[1] résume parfaitement ce qu'est un système d'économie politique dans le monde moderne.

[1] Piero Sraffa. *Production de marchandises par des marchandises*. Dunod. 1970.

1. Les acteurs du système

Les déterminants de la production et leurs détenteurs

Les déterminants de la production de n'importe quelle marchandise sont au nombre de quatre : les ressources naturelles, le capital, le travail et la régulation.

Les **ressources naturelles** sont, comme leur nom l'indique, des ressources fournies par la nature (sols, sous-sols, espaces maritime et aérien); elles sont donc non reproductibles, *non produites mais seulement consommées* par les hommes. Pour qu'une ressource naturelle soit un déterminant de la production, il faut qu'elle le soit devenue du fait de l'économie, ou plus précisément de la technologie. Par exemple, le pétrole dont disposaient les peuples du Moyen-Orient ou du Nouveau Monde ne constituait pas une ressource naturelle *avant* la découverte du moteur à explosion. La ressource naturelle ne s'impose donc pas d'elle-même comme déterminant du système d'économie politique, c'est, à l'inverse, l'économie qui lui confère ce rôle et... qui peut à chaque instant le lui retirer : par exemple, si l'on inventait des moteurs fonctionnant à l'hydrogène et non pas aux hydrocarbures, le pétrole pourrait progressivement cesser d'être considéré comme une ressource naturelle.

Pour être prise en compte dans le calcul économique, la ressource naturelle doit, en outre, être rare au regard des besoins de la production. Par exemple, tant que l'air ou l'eau de l'océan seront surabondants par rapport à la production chimique, ces ressources seront négligées comme valeurs d'échange et donc comme marchandises.

A contrario, rien ne peut être créé sans l'apport de ressources naturelles, ce qui leur confère un rôle clé. Ces ressources sont par définition géographiquement fixes et existent en quantités limitées. Leur contrôle crée des situations monopolistiques. Leurs possesseurs bénéficient à travers elles d'un pouvoir sur le système d'économie politique dans son ensemble, à un instant donné (cette importance varie dans le temps en fonction de leur utilisation dans le système de production). Elles sont donc objets de rapports de force permanents pour leur contrôle.

Le revenu tiré des ressources naturelles est appelé *rente*. On distinguera la rente absolue et la rente différentielle.

La *rente absolue* dérive directement de la propriété des ressources naturelles par des monopoles, qui font payer leur utilisation aux acteurs de production. Il s'agit donc d'un pur rapport de forces basé sur la capacité de prendre et de maintenir le contrôle sur telle ou telle ressource naturelle, et de maintenir le rôle de celle-ci dans le système d'économie politique. Bien que se situant dans un cadre économique (la ressource naturelle n'a de valeur que par son utilisation dans la production), la rente absolue résulte entièrement d'un rapport de forces politique. Néanmoins, à cause de ce cadre économique, la rente absolue reste surdéterminée par la valeur d'échange des marchandises dans la production desquelles entre la ressource naturelle considérée, et par le coût des autres déterminants de la production. Une forte augmentation de la rente absolue sur une ressource naturelle déterminée (à travers une forte hausse de son prix) peut :

- soit entraîner une augmentation du prix des produits dans la production desquels cette ressource naturelle entre, et donc une moindre consommation des produits et la recherche de produits de substitution et de technologies utilisant moins de cette ressource ;
- soit déclencher une intervention politique, voire militaire, si cette augmentation met en danger la position d'acteurs majeurs au sein du système d'économie politique.

La rente différentielle est issue des différences d'accessibilité à la ressource naturelle ou de productivité de la ressource naturelle. Comme on le verra plus loin, David Ricardo en a montré le mécanisme à la fin du XVIIIème siècle et a démontré qu'elle était une *résultante de l'évolution des prix ou du taux de profit.*

La ressource naturelle est donc un déterminant de la production *immobile*, dont le contrôle est objet de rapports de forces politiques, et dont le revenu ou rente est une *résultante* de l'évolution du système d'économie politique.

Le **capital** dont nous parlons est le capital fixe, c'est-à-dire l'ensemble des moyens qui permettent l'existence et le développement de la production. Il s'agit, en bref, de la technologie (des machines et des équipements de toutes sortes), mais aussi de l'argent qui représente tout ou partie de leur valeur. Dans un processus de production, le capital représente au fond une épargne de valeur prélevée sur un ou plusieurs cycles antérieurs, qui permet de lancer le cycle en cours. Le capital, fixe ou variable (le capital variable est le travail payé par le capitaliste, dont nous parlerons plus loin), constitue toujours une longueur d'avance prise dans le processus de production par ceux qui le détiennent. Il est important de noter dès maintenant que si la technologie et les machines sont nécessairement des choses concrètes et hétérogènes (une presse n'est pas équivalente à un haut fourneau), l'argent qui constitue leur valeur et qui permet leur acquisition est, lui, à la fois homogène et abstrait.

Le revenu du capital est le *profit*. La théorie économique suppose une tendance à l'égalisation des taux de profit sur le long terme. Les capitaux sont investis, de manière mobile, là où les taux de profit sont les plus élevés ; ce qui conduit à un nivellement par le milieu (les activités moins profitables connaissent un désinvestissement, qui peut être définitif, et l'afflux des capitaux dans les activités les plus profitables conduit à une baisse de leur rentabilité). Les taux de profit s'égalisent par la concurrence entre capitalistes[2]. Contrairement aux ressources naturelles, et du fait de l'égalisation des taux de profit, le capital est un déterminant de la production structurellement *mobile*.

Le **travail**, c'est le travail vivant, celui qui est fourni par les travailleurs actuels quels que soient leur métier, leur qualification, leur statut social (ouvrier, employé ou cadre) ou d'emploi (salarié, indépendant). En

---

[2] On peut faire deux remarques à ce sujet :

1. L'égalisation des taux de profit est un postulat général, mais on peut tout à fait envisager que certains capitalistes préfèrent rester sur un investissement qui offre un taux de profit moindre pour des raisons variées. L'une d'entre elles, qu'on peut supposer valable seulement à court terme, est l'inertie liée à l'immobilisation du capital dans les moyens de production (on ne ferme pas une usine du jour au lendemain).
2. Ce postulat ne concerne que le capital privé, soumis à concurrence, car le capital détenu par les pouvoirs publics peut tout à fait s'employer à des taux de profit moindres pour assurer un meilleur retour en termes d'intérêt général. Par exemple la SNCF continue à exploiter des lignes de chemin de fer déficitaires, même si cela fait partie d'une négociation avec l'Etat (intervention de la régulation) qui lui garantit en compensation le monopole du trafic ferroviaire en France.

termes marxistes, le travail représente le capital variable, en ce sens qu'il est, par avance, l'objet d'une appropriation par le capital[3], d'une part, et qu'il produit une valeur supérieure à la sienne propre, d'autre part (la différence entre la valeur de la marchandise produite et la valeur du capital variable constituant la *plus-value* capitaliste).

Le revenu du travail sera appelé *salaire*, même s'il peut prendre des formes diverses (salaires, émoluments, honoraires, cachets, primes, avantages, etc.). Ce revenu représente le coût biologique et historique de reproduction de la main-d'œuvre : c'est le coût de la reproduction de la force de travail, qui est déterminé historiquement par les rapports de forces entre travailleurs et capitalistes. Comme le capital, le travail est un déterminant de la production fondamentalement *mobile*, et les travailleurs se déplacent, à un moment donné, vers les lieux où ils pensent trouver à s'employer dans les meilleures conditions.

Le travail est le facteur central du système d'économie politique, car le capital n'est, en fin de compte, que du travail accumulé tout au long des cycles de production successifs, et la régulation est également produite par du travail payé par des prélèvements sur les revenus des acteurs. Seules les ressources naturelles sont totalement exogènes.

La **régulation**, c'est l'environnement institutionnel, politique, juridique et social qui, par définition, n'est pas économique, mais s'avère néanmoins indispensable à l'économie pour qu'elle se réalise, surmonte ses crises, se reproduise.

La régulation utilise trois moyens d'action principaux : le prélèvement de *l'impôt* (qui constitue le revenu de la régulation) sur les autres acteurs (capitalistes, travailleurs et propriétaires de ressources naturelles), la redistribution au travers des dépenses et services publics et la réglementation des rapports entre acteurs de production. La forme et l'ampleur de l'utilisation de ces leviers est très variable dans le temps et dans l'espace, car elle est déterminée par des rapports de force (c'est-à-dire par le système politique). Dans l'élaboration de la régulation, le régulateur subit des pressions et des influences multiples, émanant des 3

[3] Le capital « achète » le travail, qui dans le système d'économie politique actuel n'existe pas sans une utilisation ou valorisation par le capital.

autres catégories d'acteurs, et il est lui-même issu de l'un de ces groupes, voire de plusieurs. Ainsi, la production de régulation ne reflète pas un échange marchand, mais, comme la mise à disposition des ressources naturelles, réalise un rapport de forces qui influencera l'évolution du système d'économie politique dans le sens des acteurs qui auront su *dominer* à un moment donné.

La régulation est par définition *limitée au territoire* sur lequel elle s'applique, et n'est mobile que par conquête, imparfaitement et à des coûts souvent prohibitifs (résistances des cultures et des systèmes politiques locaux). Le pouvoir de régulation essaie continuellement, sans jamais y parvenir totalement, de limiter la mobilité du capital et du travail, afin de conserver un certain contrôle sur eux. Ces tentatives peuvent passer par des mesures soit incitatives (avantages, guerres fiscales entre territoires, etc.), soit coercitives (limitation des mouvements de capitaux, de biens et de personnes).

2. Production-Revenu-Consommation/Accumulation

Le triptyque du système d'économie politique

Les quatre déterminants de la production sont, à l'intérieur précisément de cet environnement réglementaire qu'organise la régulation, détenus par des catégories d'acteurs que nous appellerons les *acteurs de production.* Ces acteurs représentent des catégories sociales[4] structurées dans un cadre politique historiquement déterminé. Dans le monde actuel, il s'agit des *propriétaires* de ressources naturelles, des *capitalistes*, des *travailleurs* et des *autorités* de régulation.

On l'a vu, chaque catégorie sociale reçoit un revenu spécifique : les propriétaires encaissent une rente ; les capitalistes un profit ; les travailleurs un salaire et les autorités de régulation prélèvent un impôt. La valeur de l'agrégat national (ou mondial) de toutes les marchandises produites au cours d'une période, généralement l'année, que l'on nomme *produit* national (ou mondial), est nécessairement égale au *revenu* de l'ensemble des acteurs du système d'économie politique, c'est-à-dire des acteurs de production appartenant aux quatre catégories mentionnées ci-dessus.

Le système d'économie politique fonctionne ainsi comme un système intégré et simultané :

Production – Revenu – Consommation/Accumulation.

La production de biens et services s'effectue à travers la combinaison des 4 déterminants de la production. Chacun de ces déterminants est aux mains d'acteurs de production,[5] qui en tirent leurs revenus. Ce revenu

---

[4] Parler de *catégories* sociales à propos des acteurs de production pose le problème théorique de leur constitution en ensembles véritables, à la fois dotés de cohérence interne et réellement distincts les uns des autres. La réalité et la nature de telles cohérences internes et de telles spécificités soulèvent des difficultés majeures qui, à notre avis, sont très peu et très mal analysées. Dans ce domaine, l'affirmation dogmatique l'emporte sur la rigueur méthodologique. L'étude de la constitution de ces catégories d'acteurs, c'est-à-dire de l'agrégation en différents ensembles d'individus dotés de liberté de choix, débouche sur des conclusions surprenantes aussi bien sur le plan économique que sur le plan politique. Nous aborderons cette question dans le troisième chapitre de cette première partie.

[5] La quasi-totalité des êtres humains est acteur de production, et tous les acteurs sont à la fois producteurs, bénéficiaires de revenus et consommateurs. Certains sont producteurs potentiels, exclus provisoirement de la production (chômeurs), en devenir (enfants, étudiants) ou ex producteurs (retraités), mais tous bénéficient de revenus par

permet aux acteurs de consommer la production, dans un processus d'échanges simultanés. Une partie du revenu n'est pas consommée, mais accumulée par ceux des acteurs qui le peuvent et le souhaitent. Investie et devenant capital, cette épargne permet la production de biens et services additionnels, c'est-à-dire de richesses supplémentaires.

On peut le résumer dans l'équation d'équivalence suivante :

Produit national = Revenu de l'ensemble des acteurs
= Consommation totale + Épargne/Accumulation[6]

L'ensemble s'équilibre grâce à un système de prix (des produits) et de revenus (des acteurs de production).
Le système d'économie politique est un *processus circulaire et expansif*, qui peut être représenté par le schéma suivant :

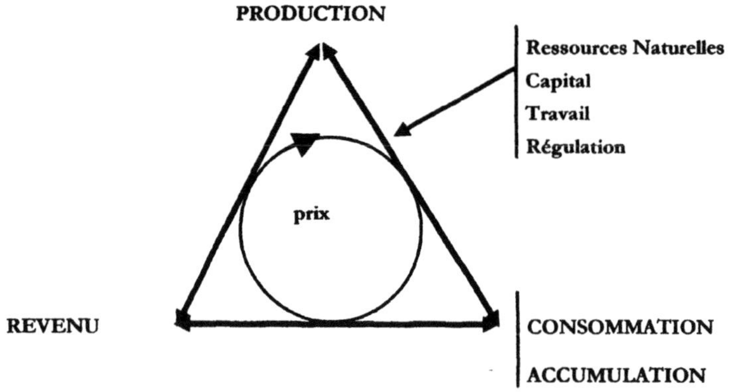

Les comportements des acteurs, et les variations de prix et de revenus qui en résultent, constituent une infinité de mouvements browniens qui conduisent à la détermination de la *dynamique* macroscopique du système.

---

la redistribution (par l'État, la famille), et tous sont consommateurs. Tous les inactifs participent indirectement à la production, et ces « producteurs indirects » influencent la répartition des revenus entre les acteurs (par exemple les chômeurs affaiblissent la position de négociation des travailleurs de même catégorie, et les étudiants sont de futurs travailleurs).

[6] On laissera de coté les différences entre production et consommation liées aux importations et aux exportations, car ces mouvements s'annulent si on considère la production et la consommation au niveau mondial au lieu de national.

Les prix et les revenus sont les variables d'équilibre du système, en ajustement permanent au niveau de chaque bien ou service et au niveau général du système.

Autrement dit, le système ne peut pas être pensé comme stable. Il est en mouvement perpétuel, et sa résultante est l'accumulation de richesses. Cela ne veut pas dire que le système est condamné à créer toujours et partout plus de valeur qu'il n'en détruit ; cela veut tout simplement dire qu'à long terme le système, pour survivre, est poussé dans le sens de l'accumulation de richesses. Le système d'économie politique capitaliste est un système de reproduction élargie, intrinsèquement expansionniste. Comme le territoire sur lequel il s'applique n'est pas infini, il a une tendance organique à *pénétrer et à détruire tous les autres systèmes.* C'est ce phénomène d'expansion continue qui s'est traduit géographiquement au cours de l'Histoire par la pénétration progressive de ce système aux quatre coins du monde, jusqu'à le dominer entièrement[7].

Le mécanisme de formation des prix est la question centrale du système d'économie politique, car il détermine en même temps la répartition du revenu et donc les rapports entre les acteurs de production. Ces rapports sont-ils régis par des relations stables, objectives, par des « lois économiques » ? Les rapports entre propriétaires, capitalistes, travailleurs et autorités de régulation, et leurs évolutions, obéissent-ils à des règles établies, conscientes ou inconscientes, ou bien sont-ils le fruit de la confrontation et du rapport de forces ? Existe-t-il des « lois du marché » qui structurent nécessairement les rapports entre acteurs et les revenus de chacun d'entre eux, une « main invisible » qui assure ou n'assure pas un optimum, ou ces rapports sont-ils le résultat de l'affrontement conscient ou inconscient des acteurs de production ? C'est une question majeure et politiquement structurante, qui a un impact fondamental sur la compréhension du système d'économie politique.

---

[7] La plupart des systèmes d'économie politique précapitalistes étaient basés sur la « reproduction simple », c'est-à-dire la seule production de ce qui est nécessaire à la consommation, et une régulation qui impose et organise la destruction des surplus éventuels (de biens, de personnes… ; cf. la pratique de *potlatch* dans les tribus du monde amérindien et dans de nombreuses ethnies de l'Océan Pacifique). Leur système non expansionniste ne leur a pas permis de résister au système d'économie politique capitaliste.

C'est pour cette raison que les économistes se sont efforcés depuis plus de deux siècles d'y apporter une réponse. Adam Smith, David Ricardo, Karl Marx, Léon Walras, Vilfredo Pareto, Alfred Marshal, Piero Sraffa et leurs disciples et successeurs ont tous essayé de trouver une solution au système, de déterminer par le *calcul rationnel* les conditions et points d'équilibre du système d'économie politique, d'en expliquer et prévoir les évolutions. Nous examinerons dans le chapitre suivant les principales tentatives de la théorie économique pour y parvenir. Et nous verrons que *toutes y échouent.* Pourquoi ? Parce que la solution du système n'existe pas. Le système d'économie politique est autant politique qu'économique, et les rapports de forces politiques entre acteurs introduisent un degré d'imprévisibilité : *l'évolution du système est nécessairement indéterminée.*

Chapitre 2

L'économie, un système sans solution

Les tentatives infructueuses pour résoudre un système d'équations

Il n'y a pas, pour approfondir la compréhension du système d'économie politique, de chemin plus court que de passer en revue les hypothèses et les conclusions posées ou établies au sujet de la détermination des prix et des revenus, dans le cadre des différentes théories d'économie politique.

Les économistes se sont depuis la naissance du capitalisme demandé pourquoi les marchandises valent ce qu'elles valent, et pourquoi la distribution des revenus se fait comme elle se fait. Ils ont cherché à comprendre les relations qui structurent le processus de production, et à examiner la justification et la cohérence des prix et des revenus. En résumant la théorie ricardienne de la rente, la théorie classique de la valeur-travail, la théorie marxiste de la valeur et de la plus-value, la théorie néo-ricardienne de Sraffa concernant les prix de production et l'étalon-valeur et enfin la théorie néoclassique de l'utilité marginale ou de l'offre et de la demande, nous essaierons de montrer que toutes ces théories échouent, d'une manière ou d'une autre, dans leur volonté d'expliquer de manière exclusivement *rationnelle* et *mécanique* la formation des prix des marchandises et des revenus des acteurs de production.[8]

Parmi les fondateurs de la théorie économique, Ricardo montre, le premier, que le revenu des propriétaires de ressources naturelles, la rente, dépend du taux général de profit dans l'économie, qu'il est donc subordonné à ce dernier. En d'autres termes, les propriétaires de ressources naturelles sont des acteurs passifs du système d'économie politique, dont ils subissent les évolutions (qu'ils en bénéficient ou qu'ils en pâtissent). Tous les économistes après Ricardo, que ce soit les néoclassiques, les marxistes ou les néo-ricardiens, seront donc fondés à concentrer l'essentiel de leurs analyses sur les seuls revenus du capital (profit) et du travail (salaire). Le rôle essentiel de la régulation ne commencera à être étudié qu'à partir du milieu des années 1970.

Dans leur recherche de l'explication de la valeur, les économistes se sont scindés grosso modo en deux branches, l'une partant de la production et l'autre de l'échange (ou marché).

---

[8] L'essentiel des développements qu'on trouvera dans ce chapitre constitue un résumé des analyses exposées par Carlo BENETTI dans son ouvrage *Valeur et Répartition.* Presses Universitaires de Grenoble. François Maspero. 1974. Mais nous sommes seuls responsables des commentaires et des conclusions tirées de ces développements.

Les classiques (Smith, Ricardo) et à leur suite Marx et leurs disciples, ont cherché à définir la valeur des choses à partir du *travail*, c'est-à-dire de la *production*. Le travail acquiert un statut particulier au sein du système, avec la difficulté de quantifier, ou valoriser, et homogénéiser en travail abstrait, des types de travail foncièrement hétérogènes et concrets.

Les néoclassiques (Walras, Pareto, Marshall et bien d'autres) sont partis de *l'utilité* des choses pour établir leur valeur. Dans ce système, tout est marchandise, tout a un prix, y compris le travail et l'ensemble des déterminants de la production, qui deviennent des marchandises comme les autres. Ce faisant, les néoclassiques occultent totalement le fait que le système est formé d'acteurs physiques aux stratégies contradictoires, ce qui entraîne des rapports de force qui vont se traduire dans la répartition des revenus.

Pour se constituer et se justifier, pour donner l'apparence du rationnel, toutes ces théories sont obligées, de manière consciente ou inconsciente, de faire appel à l'idéologie (une vision dogmatique de la *nature humaine*) ou au militantisme politique, qui est une autre forme de l'idéologie (une invocation des rapports conflictuels entre les *classes sociales*, dans leurs positionnements collectifs respectifs au sein du système).

Autrement dit, l'économique est un système auquel il manque inexorablement quelque chose, et ce quelque chose se situe *en-dehors* de la rationalité économique proprement dite, puisqu'il fait appel au désir de collectivités humaines, désir formulé en termes idéologiques et/ou politiques de vision du monde et/ou de rapports de force institutionnels.

1. La rente, un revenu résiduel dominé (cf. Annexe A)

On sait depuis Ricardo que la rente foncière dépend du taux de profit dans l'économie et qu'elle constitue donc un revenu résiduel *dominé*.

La production de marchandises nécessite non seulement du capital et du travail mais également des ressources naturelles, par exemple la terre agricole, qui était à la fin du XVIIIème siècle la ressource qui avait évidemment le plus de poids et d'impact dans les économies de n'importe quel pays au monde, et notamment dans les pays européens.

La propriété privée de cette ressource naturelle procurait clairement un revenu substantiel à la classe sociale qui en bénéficiait, en l'occurrence la noblesse et le clergé.

La théorie ricardienne est d'abord centrée sur l'analyse et la contestation de la rente des propriétaires terriens, maîtres politiques de l'époque, dont le pouvoir déclinait progressivement alors que s'affirmait en parallèle celui de la bourgeoisie.

La rente analysée par Ricardo n'est que la rente *différentielle*, c'est-à-dire celle encaissée par les propriétaires des terres les plus fertiles lorsqu'est mise en culture une nouvelle terre qui l'est moins. Ricardo n'examine pas la nature et le rôle de la rente absolue dont jouit n'importe quel propriétaire terrien même quand sa terre est la moins fertile de toutes. L'existence et le statut de la rente absolue ne seront étudiés que plus tard, par Marx.

Il existe deux versions de la théorie ricardienne de la rente différentielle.

Dans la première version, Ricardo expose que c'est *l'expansion du capital et la baisse du taux général de profit* qui en résulte, qui engendrent finalement une rente différentielle dans le secteur agricole. Mais cette version s'avère invalide : toute la démonstration de l'auteur ne tient en effet que parce que, par hypothèse, il quantifie le capital, le travail et le produit avec la même unité de mesure, à savoir une quantité physique de blé, ce qui n'est évidemment pas le cas général dans l'économie.

Dans la deuxième version, Ricardo explique que c'est *la hausse du prix du produit agricole* qui se trouve à l'origine de la rente différentielle. Ricardo considère comme évidente la hausse du prix du produit agricole cultivé sur la terre marginale, moins fertile : il faut plus de capital et de travail pour produire la même quantité, donc la quantité de travail (direct et indirect, incluant le capital) incorporé dans la marchandise augmente, donc son prix augmente. En vérité, c'est là une fausse évidence, car une augmentation des quantités de travail et de capital sur la terre marginale, suite à la baisse de rendement sur cette terre, peut parfaitement être compensée par une baisse des prix des biens capitaux et des biens salaire, en d'autres termes une baisse de la valeur du capital fixe et variable, engagés dans la production sur cette terre agricole. Par exemple si le prix du blé augmente, et que les travailleurs sont payés en blé, le prix des autres marchandises dont ils ont besoin (vêtements, autres denrées alimentaires, logement, etc.) baisse par rapport au blé, donc on peut donner moins de blé aux travailleurs qui avec cette quantité moindre pourront acheter la même quantité des mêmes marchandises. Et donc même s'il faut plus de travail, cela n'implique pas nécessairement une augmentation de son coût global. Or, c'est bien la hausse supposée du prix du produit agricole sur la terre marginale (et donc également sur le produit des autres terres cultivées) qui expliquerait, selon Ricardo, la formation ou l'augmentation de la rente différentielle sur toutes les autres terres déjà exploitées, et donc plus fertiles. Dans la deuxième version de la théorie ricardienne de la rente, c'est la hausse du prix du produit agricole sur la terre marginale qui devient l'élément explicatif de la rente, alors que dans la première version c'était la baisse du taux de profit qui occupait la position centrale dans l'explication ; mais aucune d'entre elles ne parvient à expliquer rationnellement le niveau de la rente.

On peut cependant retirer de l'ensemble des analyses de Ricardo que la rente ne détermine pas la valeur des marchandises, qu'elle est au contraire déterminée par celle-ci. La rente foncière (et par extension les revenus liés à quelque ressource naturelle que ce soit) est bien un revenu résiduel (c'est la différence qui reste entre les coûts de production, incluant le profit, et le prix de vente de la marchandise) et dominé (il dépend des coûts de production, du taux de profit et du prix de vente, qui ne sont jamais déterminés par les propriétaires de ressources naturelles). La détermination de la rente présuppose la détermination des prix (ou valeurs d'échange) et du profit.

Nous pouvons donc faire abstraction de la rente et considérer, pour simplifier l'analyse, que la totalité du produit net est constituée de profit. A partir de Ricardo, la rente sera donc exclue des réflexions économiques, qui se concentreront pendant longtemps sur les deux autres déterminants de la production identifiés : le capital et le travail, et sur la valeur d'échange des marchandises.

Une chose est désormais claire : une théorie correcte de la répartition des revenus, c'est-à-dire aussi bien de la rente que du profit et du salaire, présuppose une théorie correcte de la valeur d'échange des marchandises. On ne peut pas déterminer les revenus des acteurs de production sans déterminer le prix des marchandises. Mais une théorie de la valeur d'échange, des prix des marchandises, reste à élaborer.

C'est ce à quoi vont s'essayer les économistes durant deux siècles, se divisant en deux grands courants de pensée : ceux qui partent de l'analyse de la production, à la suite des classiques, et ceux qui se basent sur l'utilité des marchandises, les néoclassiques.

2. La valeur serait le travail (cf. Annexe B)

Les tentatives de définition de la valeur des marchandises par le travail et les techniques de production

Ayant éliminé la rente comme facteur explicatif, certains économistes ont procédé à la mise en équations des quantités de marchandises produites et de leurs valeurs, d'une part, avec les quantités des déterminants permettant de les produire, à savoir le capital et le travail, et leurs revenus (profits et salaires), d'autre part. L'objectif restait le même : mettre au jour des « lois économiques » expliquant la création et la répartition des richesses, c'est-à-dire la valeur des marchandises produites et le niveau de revenus des acteurs de leur production. Tous les économistes étudiant le problème du point de vue de la production mirent le travail au centre de leurs recherches.

Les premiers à se pencher sur la question furent les classiques, Adam Smith et sa « valeur-travail commandé », et David Ricardo avec son concept de « valeur-travail incorporé ». Mais aucun des deux n'a apporté de réponse indiscutable. A leur suite, Karl Marx introduit une réflexion critique sur des postulats économiques jusqu'alors considérés comme des évidences, mais en construisant un concept de *plus-value* sans utilité opératoire, il ne réussit pas plus que ses aînés à résoudre l'équation économique. Plus récemment, et dans la lignée des précédents, l'économiste Piero Sraffa tenta sans succès de construire et résoudre un système fermé d'équations de production, donc encore une fois d'expliquer « mécaniquement » les niveaux de prix des marchandises, et de revenus des déterminants de production (salaires et profits). Ainsi, l'ensemble des théories de la production n'ont pas permis de construire de « lois » rationnelles qui permettraient de *déterminer* le système économique, ni même de prouver qu'il serait possible de l'expliquer rationnellement.

Au- delà des failles spécifiques de chacune des théories, la faiblesse récurrente de tout ce courant de pensée est que, mettant le travail au cœur de l'économie (le capital n'étant lui-même que du travail « congelé » sous forme d'argent ou de biens), elles postulent toutes l'existence d'un travail abstrait, homogène. Or le travail est une donnée essentiellement hétérogène, non seulement en fonction des qualifications, du statut, du métier des travailleurs, mais, à l'extrême, en fonction de chaque travailleur. La valeur du travail de chacun est extrêmement variée et dépend de l'adéquation de ses capacités avec les besoins du moment du système d'économie politique. Il est déjà impossible de comparer le travail d'un chirurgien avec celui d'un maçon, mais il l'est encore plus de mettre côte à côte, d'additionner ou de soustraire le travail d'un webmaster du XXIème siècle et celui d'un typographe du XIXème.

1. Il existe **à la base de la théorie classique** de la valeur d'échange des marchandises **deux concepts de valeur-travail**, l'un élaboré par Adam Smith et l'autre par David Ricardo.

Pour Smith, la valeur d'échange est déterminée par la quantité de travail que cette marchandise peut *commander*, c'est-à-dire acheter, à son tour : c'est la valeur-travail commandé. Pour Ricardo, la valeur d'échange d'une marchandise est déterminée par la quantité de travail *nécessaire à la production* de cette marchandise : c'est la valeur-travail incorporé. Essayons d'expliciter le contenu et les limites de ces deux concepts.

Le concept de *valeur-travail commandé* débouche sur un raisonnement circulaire : en effet, si la quantité de travail commandé est un *résultat* de l'échange, elle ne peut évidemment pas *déterminer* la valeur d'échange. Le concept de *valeur-travail incorporé* implique quant à lui l'absence d'un taux uniforme de profit dans toutes les branches et nie donc l'existence d'une concurrence intercapitaliste : la théorie ricardienne prétend en effet expliquer la valeur d'échange des marchandises *indépendamment de la répartition* du revenu (plus précisément du taux de profit), puisque le capital comme le travail sont transformés en valeur-travail incorporé et que c'est le total de cette valeur-travail incorporé qui définit la valeur du produit, et non pas sa répartition entre salaire et profit ; du coup, elle ne peut pas expliquer l'existence d'un taux de profit uniforme à travers toutes les branches de l'économie, puisqu'elle est *indépendante* du taux de profit.

La théorie classique de la valeur et de la répartition pose sans doute des problèmes pertinents et fondamentaux, mais elle est cependant dans l'incapacité de les résoudre.

2. **La théorie marxiste** de la valeur et de la plus-value est une critique du système d'économie politique... qui le laisse totalement indéterminé.

La théorie marxiste s'affirme comme un prolongement de la théorie classique mais se présente également comme une critique radicale du système d'économie politique capitaliste, qu'elle considère comme un système d'oppression d'une classe sociale, celle des travailleurs, par une autre, celle des capitalistes, un système *d'exploitation* de la première par la deuxième. Pour le marxisme, ce système n'est pas un système de production *naturel* mais un système *historiquement déterminé*, donc appelé à évoluer, par la seule volonté des hommes.

Cependant, les questions que traite la théorie marxiste sont toujours les mêmes que celles abordées par les économistes classiques : il s'agit de savoir comment se forme la valeur des marchandises et comment se forment les revenus des catégories sociales qui contribuent à leur production.

Pour Marx, l'échange présuppose une *commensurabilité* entre les produits échangés, des produits physiquement différents. Pour qu'il y ait échange, il faut donc que les grandeurs qui mesurent la valeur des produits soient déterminées *au préalable*, avant l'échange et en dehors de lui. Si on admet que ces grandeurs ne peuvent pas être liées à l'utilité subjective des produits, alors on est forcé de conclure qu'elles ne peuvent provenir que de leur processus de production. Et Marx ne voit pas d'autre grandeur utilisable que le temps de travail *abstrait* dépensé dans la fabrication des produits. Or le processus *d'abstraction* du travail ne peut se réaliser que par l'échange, par le marché. C'est en effet ce dernier qui, en permettant d'échanger des temps de travail concret, élabore et constitue en quelque sorte leur unité de mesure.

Ainsi la valeur d'échange ne peut pas être déterminée par l'échange, mais pas non plus sans lui… L'explication et la détermination de la valeur d'échange exige donc la prise en compte simultanée des deux processus de production *et* d'échange, qui constituent une véritable unité *dialectique*.

Sur ces bases, Marx pense avoir trouvé la détermination du système par la découverte d'une marchandise particulière, *la force de travail,* ensemble des facultés physiques et intellectuelles des travailleurs. La particularité de la force de travail réside dans le fait que sa *valeur d'usage* est supérieure à sa *valeur d'échange*. La valeur d'usage comporterait en effet deux parties : une fraction, *v*, représente la quantité nécessaire pour la reproduire (c'est sa *valeur d'échange*) et une autre fraction, *m*, représente le surtravail que s'approprie le capitaliste (c'est la fameuse *plus-value*). Le rapport m/v représente le taux de plus-value, expression du « degré d'exploitation de la force de travail par le capital ».

Reste maintenant à expliciter le rapport entre plus-value, dont la grandeur n'a jamais été mesurée par aucun calcul économique, et profit, dont la grandeur est mesurée matin, midi et soir par les capitalistes. Or la relation entre plus-value et profit ne peut être démontrée à l'aide du *schéma de transformation* des valeurs en prix exposé par Marx lui-même.

La théorie de la plus-value constitue donc, sur la base des analyses et conclusions de la théorie classique de Smith et Ricardo, et avec le renfort de la dialectique hégélienne, une spéculation convaincante sur l'origine des profit, rente et intérêt qui constituent le *surproduit* capitaliste, et donc sur l'origine du capital lui-même. Mais elle ne permet pas de déterminer les *grandeurs* prix et répartition du revenu.

La théorie marxiste de la valeur et de la plus-value est une réflexion critique sur le système d'économie politique, mais elle est totalement incapable d'en établir la *mesure* exacte : le système reste logiquement indéterminé et ouvert sur toutes les évolutions. Ce qui le détermine c'est la volonté collective des hommes, c'est-à-dire la résultante de rapports de forces politiques qu'il est impossible d'établir par avance.

Le système d'économie politique reste aussi indéterminé après l'élaboration marxiste qu'avec la théorie classique.

3. L'ultime **tentative néo-ricardienne de Piero Sraffa,** la construction d'un étalon-valeur dans le cadre d'un système de prix de production permet enfin de déterminer un système… mais il ne s'agit pas du système d'économie politique capitaliste !

Le système des prix de production conçu par Sraffa et la construction de l'étalon-valeur qu'il rend possible semblent à première vue supprimer l'indétermination de l'économie. En fait, il n'en est rien car :

- l'étalon de Sraffa change chaque fois que le taux maximum de profit dans l'économie change, ce qui rend la comparaison des prix qui s'établissent à divers stades de la concurrence capitaliste impossible ;
- l'une des caractéristiques essentielles du système de Sraffa est l'hypothèse que le salaire est une fraction du produit net, et non une fraction du capital engagé et donc un coût de production ; or cette hypothèse est inacceptable : le salaire n'est catégorie de la répartition que par ce qu'il est catégorie de la production ; le salaire « à la Sraffa » ne serait qu'une sorte d'impôt sur le produit net des branches de l'économie, prélevé pour le compte des travailleurs, ce qui ne reflète pas la véritable condition du salariat dans le système d'économie politique réel. En effet le capitaliste paie bien un salaire au travailleur sur son capital, préalablement à la vente de la marchandise produite, et il immobilise donc de l'argent, et en attend un profit.

Ainsi, toutes les tentatives pour établir rationnellement les prix des marchandises et la répartition du revenu entre capital et travail à partir du système de production et sur la base de la valeur-travail se sont soldées par des échecs.

3. La valeur serait l'utilité (cf. Annexe C)

L'offre et la demande, la théorie marginaliste et autres avatars de la pensée néoclassique dominante : tentatives de définition de la valeur des marchandises par l'utilité et la productivité marginales

La théorie néoclassique des prix et du profit est la théorie dominante dans la phase actuelle du système d'économie politique. C'est « l'horizon indépassable » de l'économie libérale qui s'étend sur toute la planète. Cette théorie est en symbiose totale avec le système. Elle a résisté à la critique marxiste et elle n'a pas de véritable concurrent, même si elle a de nombreux critiques dans le monde intellectuel actuel. Or ses différentes formulations aboutissent à des impasses logiques ou bien établissent des conclusions sur des bases irréalistes et/ou incohérentes.

La théorie néoclassique a de nombreuses composantes, dans la mesure où elle regroupe tout un ensemble d'argumentations et de modèles censés *prouver la rationalité* et *décrire le fonctionnement* du système économique dominant.

Nous n'avons pas la prétention de résumer et de commenter toutes les argumentations et tous les modèles néoclassiques. Mais dans la mesure où toute la théorie est fondée sur l'affirmation qu'il existe une possibilité de *préférences en fonction de l'utilité*, à la fois individuelles et collectives, suffisantes pour *fixer un prix* à une marchandise quelle qu'elle soit *et un revenu* à un acteur de production quel qu'il soit, nous nous contenterons d'exposer et de commenter seulement certaines de ses formulations les plus courantes.

Parmi ces formulations, nous aborderons successivement :

- la *théorie de la productivité marginale* proprement dite, qui se présente comme un prolongement de la théorie ricardienne de la rente ;
- la *fonction de production macro-économique*, qui prétend ramener le système économique à un ensemble de relations fonctionnelles entre quantités de produits et quantités de moyens de production ;
- la *théorie de la frontière des prix des facteurs* de Samuelson, dont le fondement consiste à imaginer une économie où le produit et le capital ne sont que des quantités différentes d'une même marchandise (cela rappelle Ricardo dans sa première version de la rente) ;

- la *théorie de l'offre et de la demande* de produits et de facteurs de production, qui considère que le marché est en mesure de fixer les prix et les revenus sur la base de l'utilité marginale généralisée ;
- et enfin la *théorie symétrique de la valeur* de Marshall qui associe plutôt un coût de production à l'offre et une utilité finale à la demande.

1. La **théorie de la productivité marginale** a comme point de départ l'idée que la production d'une marchandise se fait avec des facteurs de production (pour simplifier, du capital et du travail), et prétend expliquer le prix d'un facteur à partir du principe unique de sa productivité marginale, dans une situation donnée. La productivité marginale d'un facteur est mesurée par le supplément de production obtenu par l'emploi d'une unité additionnelle de ce facteur, les quantités des autres facteurs restant inchangées ; elle ne s'explique donc pas par la plus ou moins grande *efficacité intrinsèque* de la dernière unité de facteur utilisée, mais par la *proportion* dans lequel ce facteur est *combiné* avec les autres.

Il est de tradition d'interpréter la théorie de la productivité marginale comme une généralisation de la théorie ricardienne de la rente foncière. En fait, il n'en est rien. En effet, dans la théorie ricardienne, la productivité de la dernière unité de terre mise en culture ne dépend nullement de sa *combinaison* avec les autres facteurs de production ; elle dépend uniquement de sa *fertilité naturelle* ; or la théorie de la productivité marginale suppose le contraire. En outre, et pour être en mesure de parler de *combinaison* de facteurs, la théorie néoclassique suppose des facteurs physiquement *homogènes (l'unité marginale est exactement similaire aux autres unités du même facteur)*, ce que la terre n'est justement pas : la terre marginale de Ricardo est tout particulièrement *hétérogène* par rapport aux terres fertiles exploitées avant elle (puisqu'elle est moins fertile, elle est donc loin d'être exactement similaire aux autres terres).

D'entrée de jeu, la théorie néoclassique définit une relation *fonctionnelle* entre la *productivité marginale* d'un facteur et la *quantité* utilisée de ce facteur. Par exemple, plus grande est la quantité utilisée d'un facteur, moins il est productif, toutes choses égales par ailleurs. Or il n'existe pas une telle relation dans les rendements des terres agricoles : ces derniers dépendent de la *qualité naturelle* des terres et non de la *quantité* utilisée ; il peut parfaitement y avoir une grande quantité de terres fertiles et très peu de terres moins fertiles, ou inversement. La notion de productivité marginale néoclassique n'est donc pas du tout identique à la notion ricardienne de rendement décroissant des terres mises en exploitation.

Il existe une autre différence majeure entre la théorie ricardienne et la théorie de la productivité marginale : la première admet et affirme l'existence d'un surproduit, différence entre la valeur du produit global et celle du travail engagé pour sa production, alors que la deuxième occulte complètement l'existence d'un surproduit. La théorie de la productivité marginale affirme en effet que le profit est un revenu *de même nature* que le salaire, et non un prélèvement sur le produit du travail. Plus généralement, les revenus des facteurs peuvent, selon cette théorie, être tous considérés comme des *résidus*, lorsque les quantités de ces facteurs sont, alternativement, posées comme fixes. Autrement dit, si le profit est un prélèvement sur le produit du travail, alors le salaire est un prélèvement sur le produit du capital...

2. La **fonction de production macro-économique** se propose de déterminer la répartition (taux de profit et taux de salaire) à l'équilibre de concurrence correspondant à un stock donné de techniques et de facteurs de production, sur la base de la productivité marginale de ces facteurs. Pour que la contribution productive du facteur *capital* puisse être mesurée, il faut quantifier le capital lui-même ; or il n'existe pas d'autre possibilité pour quantifier ce facteur composé de quantités de marchandises forcément hétérogènes, que de recourir à la *valeur* de l'agrégat de marchandises qui le composent. La *quantité* de capital à l'équilibre, étant nécessairement exprimée en *valeur*, ne peut pas être connue avant que ne soit connu le taux de profit à l'équilibre, qui est ce que l'on cherche à déterminer... La théorie de la productivité marginale, formulée au moyen de la fonction de production macro-économique, s'enferme ainsi dans un raisonnement circulaire.

Dans ces conditions, c'est le concept même de fonction de production en tant qu'ensemble de *relations techniques entre quantités observées*, à la fois de capital et de produit, qui s'avère contradictoire avec le concept de productivité marginale du capital qui ne sait pas faire autrement que d'exprimer la quantité de ce facteur en *valeur*.

Lorsque le capital est exprimé en valeur, les prix relatifs des marchandises qui le composent dépendent évidemment du taux général de profit dans l'économie. On est obligé de réintroduire l'échange, qui suppose connu le taux de profit, qui est ce que l'on cherche à déterminer. Dans ces conditions, la productivité marginale du capital devient nécessairement indéterminée, puisqu'une même valeur du capital peut être compatible avec plusieurs techniques de production différentes. Autrement dit, on peut acheter telle ou telle machine avec la même valeur de capital, et chaque machine peut avoir une productivité marginale différente des autres.

3. La **théorie de la frontière des prix des facteurs** de Samuelson est élaborée en stipulant que les facteurs de production et le produit ne sont que des quantités différentes d'une même marchandise, ce qui est pour le moins réducteur. C'est une manière d'occulter l'hétérogénéité des biens capitaux, entre eux et par rapport à la marchandise produite. Samuelson pense que cela n'est pas essentiel, puisque sa théorie se réfère à un *modèle* économique qui n'est pas forcé de refléter *exactement* la réalité. Ce type de raisonnement peut mener très loin, et il est d'ailleurs à la base de la plupart des modèles qui prétendent *expliquer* la réalité et en fait lui substituent un modèle imaginaire, pour ne pas buter sur son indétermination fondamentale.

Critiquant la théorie de Samuelson, Garegnani[9] écrit : la réponse à la question de savoir *« s'il existe une fonction de production agrégée, dans laquelle les quantités de travail et de capital expliquent à la fois le niveau de produit national et, par les produits marginaux des facteurs, sa distribution... est que... soit dans l'économie est produite une marchandise unique et aucun problème d'agrégation ne se pose, soit sont produites plusieurs marchandises et aucune fonction de production agrégée n'existe ».*

4. La **théorie de l'offre et de la demande** représentée par des courbes monotones décroissantes du taux de profit en fonction de la productivité marginale du capital est contredite par la réalité du *« retour des techniques ».*

Toutes les formulations de la théorie de la productivité marginale ne sont que des expressions différentes de la même relation fondamentale entre taux de profit et valeur du stock de capital à l'équilibre de concurrence. Cette relation peut être représentée par une courbe caractérisée par

---

[9] Garegnani. "Heterogeneous Capital, the Production Function and the Theory of Distribution" in *Review of Economic Studies*. 1970.

l'égalité sur tous ses points entre le taux de profit et la productivité marginale du stock de capital correspondant à ce taux de profit.

Les économistes néoclassiques considèrent que les fonctions représentées par de telles courbes sont nécessairement *monotones et décroissantes.* Ils en déduisent que, sauf un cas particulier « d'excédent structurel des facteurs » qu'ils mentionnent, il existe toujours un niveau du taux de profit et du taux de salaire auquel la totalité du capital et du travail disponible se trouve entièrement employée : c'est le niveau d'équilibre concurrentiel des variables de répartition, déterminé ainsi en termes d'offre et demande des facteurs de production sous-jacents.

Dans ces conditions, la même loi, celle de l'offre et de la demande, réglerait à la fois le prix des produits sur le marché des marchandises et le prix des services des facteurs (c'est ainsi que les néoclassiques appellent la répartition du revenu) sur le marché des facteurs (capital et travail). Les néoclassiques prétendent en effet traiter pareillement par leur théorie le prix des produits et le prix des facteurs de production. Autrement dit, la théorie de la répartition n'est, dans la conception néoclassique, qu'un cas particulier de la théorie générale des prix. L'offre et la demande déterminent aussi bien le prix des marchandises que celui du capital et du travail, c'est-à-dire les profits et les salaires.

Mais il arrive fréquemment, dans le système d'économie politique réel, d'observer un *« retour des techniques »*, c'est-à-dire le fait qu'une technique de production qui a été la plus profitable à un taux de profit donné puisse redevenir la plus profitable à une autre période et à un autre taux de profit. Par exemple, des techniques jugées dépassées à un moment donné peuvent être réutilisées ultérieurement, alors qu'entre-temps le taux général de profit a bien varié. Le retour des techniques contredit évidemment l'existence d'une *relation monotone et décroissante* entre le taux de profit et la valeur du capital par travailleur (qui est une autre façon de désigner une technique de production), affirmée dans la théorie de la productivité marginale. Une augmentation du capital par travailleur peut bien avoir lieu en même temps qu'une augmentation du taux de profit.

Mais s'il n'existe pas de fonction monotone décroissante mettant en relation le taux de profit et le stock de capital, alors la conception même des taux de profit et de salaire comme indicateurs de *rareté* relative des facteurs de production – capital et travail – correspondants devient sans fondement. En d'autres termes, il peut parfaitement y avoir des taux de profit ou des taux de salaire identiques pour des raretés relatives du capital ou du travail différentes.

Cela a des conséquences considérablement négatives sur toutes les théories néoclassiques de l'allocation des ressources, du choix des investissements, de la spécialisation internationale et, pour tout dire, sur d'innombrables politiques économiques nationales et mondiales.

5. Les présupposés de **la théorie symétrique de la valeur** de Marshall sont peu réalistes. Cette théorie, formulée par Alfred Marshall dans ses *Principles of Economics,*[10] n'est rien d'autre qu'une théorie de l'offre et de la demande, dans laquelle on représenterait l'offre par des *coûts de production* et la demande par des *utilités finales*, offre et demande étant, bien entendu comme dans toute théorie néoclassique, décroissantes en fonction des quantités offertes et demandées. La théorie symétrique de la valeur et la théorie de la répartition en termes d'offre et de demande des facteurs de production ne sont en outre que deux formulations de la même chose.

Dans la théorie symétrique, les coûts de production sont censés être une fonction nécessairement décroissante des quantités produites : plus l'on produit, moins la production d'une unité coûte cher (ou consomme de facteurs de production). C'est le principe général des *économies d'échelle.* Ces économies peuvent être obtenues soit en interne à l'unité de production ou à l'entreprise, soit en interne à l'ensemble des unités de production constituant une industrie, soit enfin en externe à l'industrie, dans l'environnement économique général de celle-ci. L'ennui est que les économies d'échelle internes à la firme ou externes à l'industrie, incontestables sur le plan empirique, sont incompatibles avec les présupposés de la théorie symétrique de la valeur dans les conditions de concurrence pure et parfaite.

En effet, si l'on admet l'existence de coûts décroissants consécutivement aux *économies internes à la firme*, on est obligé d'admettre du même coup qu'en longue période tous les marchés *doivent* finir par être monopolisés (puisque plus une firme produit, plus ses coûts baissent et plus elle est en

[10] Alfred MARSHALL. *Principles of Economics.* Macmillan. 1920.

mesure d'éliminer ses concurrents ; il s'agit d'un cercle vicieux ou vertueux selon le point de vue où on se place), et on sort alors du cadre de l'hypothèse de concurrence pure et parfaite.

De même les économies d'échelle *externes à l'industrie* s'avèrent incompatibles avec l'analyse en termes d'équilibre partiel : agissant simultanément sur les coûts de plusieurs marchandises, la présence de telles économies contredit l'exigence d'indépendance de la courbe d'offre d'une marchandise particulière par rapport aux courbes d'offre des autres marchandises.

Finalement les seules circonstances dans lesquelles les économies d'échelle sont compatibles avec les présupposés de la théorie symétrique de la valeur et, plus généralement, de la théorie néoclassique sont celles des économies d'échelle externes à la firme *et* internes à l'industrie (c'est-à- dire dans l'industrie mais dans aucune des entreprises composant l'industrie), autrement dit des circonstances qui n'ont que très peu d'intérêt.

6. **La théorie néoclassique**, c'est finalement beaucoup de créativité dans le seul but d'optimiser le capitalisme… en occultant sa réalité.

La théorie néoclassique des prix et des revenus constitue un ensemble très diversifié de modèles économétriques, qui tentent tous d'expliquer et de mesurer les prix des marchandises produites et de leurs facteurs de production (ressources naturelles, capital et travail) par leur utilité ou productivité, respectivement, marginales.

À force d'être exposées, répétées et enseignées, les hypothèses et les conclusions de ces modèles sont souvent reçues comme des vérités premières. Pourtant, les prémices de ces modèles théoriques sont soit irréalistes, soit non prouvées, soit incompatibles avec les résultats prétendument établis.

Ces modèles supposent des facteurs de production homogènes qu'on ne rencontre nulle part dans la réalité économique, et prétendent expliquer les prix et les revenus par l'utilité marginale des produits ou la productivité marginale des facteurs alors que ces dernières, utilités et productivités, ne peuvent tout simplement pas être déterminées tant qu'on ne connaît pas les premiers, les prix et les revenus. La théorie néoclassique s'enferre systématiquement dans ce cercle vicieux.

Dans la théorie néoclassique, la société est conçue comme un ensemble d'individus différenciés uniquement par la nature des ressources (ressources naturelles, capital ou travail) qu'ils détiennent et par un système universel de préférences, qui prendrait sa source dans la *rationalité* ou la *nature* humaines et est donc antérieur à tout calcul économique et à tout positionnement social.

Qui plus est, cette différenciation sociale est considérée comme inessentielle par le marché, toutes les ressources étant considérées pareillement utiles. Ainsi tous les détenteurs de facteurs de production sont mis sur le même plan, présentés comme fondamentalement comparables : la détermination des revenus de tous se ferait sur la base du principe universel de l'offre et de la demande, elles-mêmes structurées en fonction de la productivité et de l'utilité marginales.

Or il est manifeste que l'on ne peut pas rendre compte du profit et du salaire, si on met le capital et le travail sur le même plan et si l'on tient pour négligeable et sans conséquence le rapport de force politique qui *norme* la société, une société historiquement déterminée, dans laquelle le travail devient *travail salarié* et les moyens de production deviennent *capital*.

En outre, les modèles néoclassiques butent constamment sur la difficulté *d'agréger* les préférences individuelles des détenteurs de produits ou de facteurs de production *en choix collectifs*, comme nous le verrons dans le chapitre suivant.

4. Conclusion :

L'économie est un système sans solution interne

Nous avons, dans ce chapitre, passé en revue quelques unes des principales formulations théoriques de « lois » censées expliquer et *déterminer* la valeur des marchandises produites dans une économie, et la répartition de cette valeur en revenus des différentes catégories d'acteurs de production.

Et nous avons vu que toutes ces théories, qu'elles soient apologétiques ou critiques du capitalisme, ne parviennent pas à établir la pure *rationalité économique* des prix et des revenus dans le monde réel. Certes, il existe des modèles et des constructions intellectuelles et des fonctions mathématiques et des courbes représentatives... mais la vérité pure et simple est que les prix et les revenus dans le système capitaliste de reproduction élargie *ne peuvent pas résulter mécaniquement d'un calcul économique,* aussi sophistiqué, aussi technique soit-il.

Car les prix et les revenus sont, dans le même temps, également la résultante d'une *confrontation politique* entre les acteurs de production : propriétaires, entrepreneurs ou financiers, travailleurs et régulateurs institutionnels, organisés, bien ou mal, en collectivités sociales. C'est cette confrontation politique qui est le moteur de l'Histoire et le déterminant en dernière analyse du système économique que nous avons, pour cette raison, appelé système d'économie politique.

Cette confrontation politique n'a ni repos ni point d'équilibre ; elle est permanente et toujours indécise ; elle est confuse : un jour, on fait la guerre parce que le dollar est trop fort et le pétrole, acheté en dollars, revient trop cher ; et un autre, on se prépare à la révolution parce que le dollar est trop faible et le prix du pétrole finalement stable... L'issue de la confrontation est constamment imprévisible, même quand tous désirent se persuader du contraire, chacun prenant bien entendu ses désirs (ou ses craintes) pour des prévisions.

Le système d'économie politique ne peut pas être une identité stable, immobile, que l'on saurait synthétiser en un *concept totalitaire.* Car une identité stable, sans évolution, est comme un cyclomoteur sans moteur : laissé à lui-même sur une route, il tombe ; avec une béquille, il peut donner l'impression de tenir debout, mais alors le moindre coup de vent le renverse encore. Le système d'économie politique, comme les civilisations, est mortel, sans que l'on puisse affirmer de manière catégorique que sa mort est vraiment inévitable, et encore moins quand ou comment.

Se pose alors la question du fonctionnement de cette confrontation politique, et des rapports que le politique entretient avec l'économique dans le système d'économie politique actuel. Ce sont les néoclassiques qui ont le plus tenté de trouver des mécanismes rationnels à l'agrégation des volontés et préférences individuelles en forces et choix collectifs. Des théoriciens comme Arrow ou Buchanan ont largement démontré que l'élaboration de choix sociaux à partir de préférences individuelles pose de redoutables problèmes théoriques et se réalise finalement soit par l'imposition d'une dictature, soit par la manipulation des groupes sociaux. On est loin des proclamations de *rationalité* et de *libéralisme* par ailleurs répétées avec profusion par les néoclassiques.

L'idée a donc émergé depuis les années 1970 d'un acteur purement politique, le pouvoir de régulation, qui interviendrait comme partenaire à part entière dans le système d'économie politique.

Chapitre 3

Les liens que le politique entretient avec l'économique

Des rapports de force collectifs pour donner un contenu et un sens au système d'économie politique

L'économique, qui est un calcul d'optimisation, ne peut se réaliser que dans le cadre d'une idéologie et d'un système politique de rapports de force. En effet, nous venons de voir qu'il n'existe pas de solution purement économique et mathématique au système d'économie politique. Il existe une détermination réciproque du politique et de l'économique, un rapport dialectique entre les deux. Il en découle que le système d'économie politique capitaliste est multiforme et condamné à évoluer, en fonction d'influences issues aussi bien du champ économique que du champ politique.

Or le politique est la synthèse, historiquement déterminée, de choix collectifs. Il est dès lors essentiel de comprendre comment se forment ces choix collectifs. Nous passerons donc en revue les principales théories qui tentent de modéliser le phénomène de collectivisation des choix individuels. Ces théories sont d'autant plus remarquables qu'elles sont élaborées par des économistes issus du courant néoclassique, qui prône la liberté individuelle et la rationalité économique à travers la concurrence pure et parfaite, et qu'elles finissent par démontrer... que la collectivisation des préférences individuelles débouche obligatoirement, parce que l'esprit humain ne sait pas mieux faire, sur des rapports sociaux de domination liberticides.

Dès lors surgit un quatrième acteur, à coté des capitalistes, des travailleurs et des propriétaires. C'est ce que l'on a, à partir des années 1970, appelé la *régulation*, qui joue un rôle décisif dans la gestion dynamique du système d'économie politique. Jusqu'au milieu des années 1970, on pourrait dire jusqu'au terme de la période des « 30 glorieuses », le revenu des autorités politiques, l'impôt, était considéré comme un simple prélèvement sur le produit net, c'est-à-dire sur le revenu national, ou encore la valeur de la production totale diminuée du montant des salaires. Le revenu des pouvoirs de régulation n'était donc pas plus étudié que la rente. Mais depuis cette époque, de nouveaux développements théoriques ont progressivement conduit à distinguer une nouvelle catégorie d'acteurs qui, sans être nécessairement impliquée dans la production économique proprement dite, joue un rôle essentiel dans sa régulation à moyen terme.

La régulation ne se substitue évidemment pas à l'ensemble du système d'économie politique : le régulateur est un acteur parmi d'autres ; sa rationalité est une synthèse dialectique de tout ou partie de celles des autres catégories d'acteurs.

Tel est l'état actuel des connaissances produites... par le système d'économie politique lui-même.[11]

[11] L'essentiel des thèses présentées dans ce chapitre constitue une reformulation orientée des trois articles publiés dans le *Dictionnaire des grandes œuvres économiques* (Éditions Dalloz. 2002) :

1. Isabelle Cassiers sur *La théorie de la régulation : une analyse critique* de Robert Boyer. Paris. La Découverte. 1986.
2. Louis Gevers & Fabrice Valognes sur *Social Choice and Individual Values* de Kenneth J. Arrow. New-York. Willey. 1951.
3. Walter Santagata sur *The Calculus of Consent . Logical Foundations of Constitutional Democracy* de James M. Buchanan et Gordon Tullock. Ann Arbor. The University of Michigan Press. 1962.

1. L'impossible démocratie

La collectivisation des préférences individuelles est soit impossible, soit génératrice de domination sous forme de dictature ou de manipulations « électoralistes »

De nombreux théoriciens se sont penchés sur les mécanismes d'agrégation des préférences individuelles en choix collectifs, pour essayer de rationaliser la compréhension du fonctionnement de la politique et des décisions du champ politique qui influaient sur les sociétés et sur le système d'économie politique.

1.1. Une agrégation impossible

La question posée par Kenneth J. Arrow, Prix Nobel 1972, dans son ouvrage *« Social Choice and Individual Values »* publié en 1951, est celle de la rationalisation des choix à l'échelle d'une collectivité, lorsque l'on connaît les préférences et les priorités de chaque membre individuel de cette collectivité.

Cet économiste néoclassique étudie de manière très formalisée les fondements normatifs des choix affectant les collectivités.

Une « règle d'agrégation » est définie comme toute procédure déterminant un classement social des diverses options, à partir des préférences individuelles relatives à ces mêmes options.
Il est essentiel d'examiner si une telle règle peut être à la fois rationnelle, opérationnelle, égalitaire et respectueuse de l'opinion unanime.

Déjà, en 1781, Borda avait formulé une *règle d'agrégation* en 2 étapes :

a) les classements individuels des options sont traduits en scores[12]
b) la somme des scores individuels d'une option représente le score social de l'option, ce qui permet un classement social égalitaire des diverses options, en supposant que chaque classement individuel est à la fois complet et transitif.

Mais, en 1785, Condorcet montre que la règle de Borda est peu rationnelle dès que le nombre total d'options classées dépasse 2 : en effet

[12] Le score d'une option est le nombre d'options surclassées, avec un correctif pour établir le score commun d'options classées ex aequo.

le classement social résultant de la règle dépend du nombre d'options « bidons » (unanimement surclassées, c'est-à-dire que personne ne considère importantes) incluses dans le classement. En d'autres termes, on peut parfaitement *fausser* les choix collectifs ; il suffit, pour cela, d'offrir au bon peuple de fausses options, qui ne le concernent pas.

Condorcet formule donc une autre règle, en préconisant d'appliquer la règle majoritaire simple à toute paire d'options, prises isolément des autres, en imposant au préalable l'abstention aux indifférents : on obtient ainsi une relation binaire entre options, à la fois collective et égalitaire.

Mais la règle de Condorcet ne fournit pas nécessairement un classement clair de l'ensemble des options. On peut le montrer simplement avec l'exemple suivant :

Soit une collectivité de 15 membres ayant à choisir entre 3 options A, B et C. Supposons que, en toute liberté et indépendance les préférences individuelles des membres de cette collectivité s'établissent ainsi :

Nombre de membres	**Préférence individuelle**
5	A > B > C
5	B > C > A
5	C > A > B

On a donc comme résultat du référendum : ⅔ de la collectivité qui préfèrent A à B, ⅔ qui préfèrent B à C (donc A à C, si la préférence est transitive), et enfin ⅔ qui… préfèrent C à A ! Aucun choix n'est possible, malgré ou à cause du recours à la démocratie.

1.2. Une agrégation génératrice de… dictature

Au lieu d'étudier les $(n!)^m$ règles d'agrégation (ou combinaisons de préférences) imaginables pour n options proposées à m votants dans une collectivité, Arrow analyse directement les relations entre *propriétés des règles d'agrégation.* Il pose 3 axiomes qu'une règle d'agrégation doit satisfaire.

Les axiomes sont les suivants :

1) Il faut que le nombre de votants soit fini, au sens mathématique du terme ; les caractéristiques des votants sont connues mais peuvent être quelconques ; le nombre d'options proposées est ≥ 3 ; toute préférence individuelle, tout classement individuel des options, peuvent être envisagés.
2) Lorsque de 2 options quelconques, l'une domine strictement l'autre dans le classement individuel de chaque votant, le classement social entérine cette dominance unanime (principe de Pareto faible).
3) Si un classement collectif doit être fait entre 2 options, il ne peut dépendre que des classements individuels des votants pour ces 2 seules options, indépendamment des autres aspects de leurs préférences (condition d'« indépendance binaire », qui, cette fois, ne tient donc aucun compte de la transitivité des préférences des votants).

À partir de ces axiomes, Arrow montre que la seule règle d'agrégation qui y obéisse est une règle de ***dictature*** (concentration de tout le pouvoir de choisir dans les mains d'un seul individu ; le classement social des options se borne à copier tous les aspects stricts du classement individuel de ce votant dominant).

La désignation du dictateur se situe en dehors du champ de l'analyse et doit être indépendante de ses préférences individuelles (que la collectivité ne pourra cependant contredire en aucun cas).

Ainsi aucune règle d'agrégation ne peut à la fois satisfaire les 3 axiomes d'Arrow et l'absence de dictature : c'est là ce qu'on a appelé le *« théorème de l'impossibilité générale »*.

Que l'on accepte le principe de la dictature ou qu'on le refuse, la meilleure règle de vote ne saurait de toute façon rien faire d'autre que répartir le pouvoir entre les votants. Mais comme, parmi ces derniers, certains ont des préférences asociales voire antisociales, on ne pourra pas empêcher le résultat d'un vote démocratique d'être inéquitable, voire contraire à l'intérêt général.

1.3. ...Ou une agrégation génératrice de...manipulations « électoralistes »

Arrow suppose connues les préférences individuelles. Or, pour connaître celles-ci, on est obligé d'interroger les individus concernés, lesquels se trouvent alors en mesure de biaiser leurs réponses en vue de faire prévaloir collectivement leurs préférences (comportement stratégique des acteurs). Gibbard (1973) et Satterthwaite (1975) montrent que toutes les procédures de vote non dictatoriales sont manipulables, c'est-à-dire incompatibles avec un équilibre correspondant à des réponses sincères de tous les votants.

Buchanan, le Prix Nobel 1986,[13] entend, lui, proposer, pour les *enjeux fondamentaux*, les règles de décision à la fois les plus efficaces et les plus attentives aux préférences individuelles des citoyens/électeurs.

Pour cet autre économiste néoclassique, la démocratie idéale est celle qui respecte parfaitement les préférences de l'unanimité de ses membres. Le consensus unanime, qui est en fait une quasi-unanimité, s'effectue au terme d'un processus par tâtonnements. Mais l'unanimité, garantie par le droit de veto, ou la quasi-unanimité impliquent des coûts élevés et paralysants de négociation entre les acteurs. La propension favorable à une procédure d'unanimité relative est, pour le Prix Nobel, acceptable en principe, mais inefficace et chimérique en pratique.

Si on n'exige pas l'unanimité, alors toute règle de décision collective implique 2 types de coûts :

a) des coûts externes (C), sorte de manque à gagner d'utilité collective, différence entre le niveau d'utilité atteint et celui qu'on aurait atteint avec la règle de l'unanimité ; ces coûts sont supportés par les perdants, mais sont d'autant plus faibles que la majorité requise est élevée (ils sont nuls dans le cas de l'unanimité) ;
b) les coûts du procès décisionnel (D), temps passé et argent dépensé à rechercher un accord, former une coalition, surmonter les comportements stratégiques des acteurs, informer et convaincre ; ces coûts augmentent avec le nombre de décideurs et tendent vers l'infini quand on cherche à s'approcher de l'unanimité.

---

[13] cf. Buchanan et Tullock. *The Calculus of Consent*. 1962.

La fonction d'agrégation des 2 coûts (C+D) passe par un minimum K, qui représente la règle de la « majorité optimale », pour un enjeu particulier.

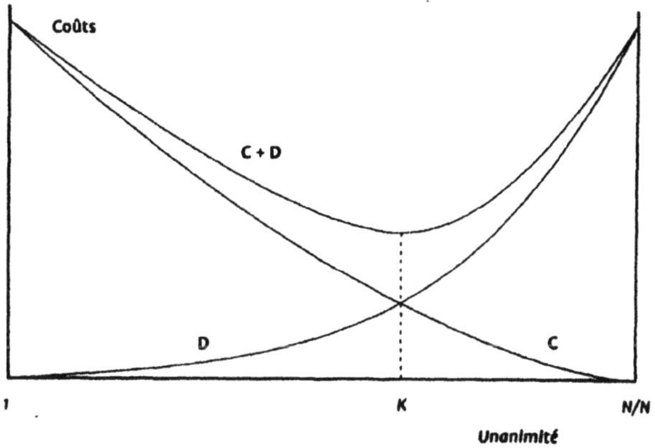

Mais l'importance et l'allure des coûts externes dépend nécessairement de la nature des enjeux : dans certains cas, la « majorité optimale » pourrait même devenir inférieure à la majorité simple, d'où une instabilité profonde du système. Celui-ci ne permet pas de déterminer à l'avance de l'opinion de quelle proportion de la collectivité tiendra compte le *choix collectif optimal* !

Pour se rapprocher davantage de la réalité, il faut tenir compte du *logrolling*, c'est-à dire de l'alliance politique dans un but intéressé, échange des votes, une procédure de *lobbying négatif* permettant à certains votants de renverser le résultat attendu d'une décision majoritaire, ou, à la suite de Buchanan et Tullock, un mécanisme permettant de tenir compte de *l'intensité* des préférences individuelles dans les processus de décision collective qui utilisent la *règle de la majorité optimale.*

Pour Buchanan et Tullock, il est évidemment possible d'améliorer son propre bien-être en acceptant une décision contraire à ses préférences dans un domaine où leur intensité est faible, en échange d'une décision favorable à ses préférences dans un domaine où leur intensité est forte. L'échange de votes peut générer des avantages réciproques.

Mais plusieurs conditions sont nécessaires pour que les avantages agrégés grâce au *logrolling* dépassent les coûts de prise de décision :

a) 2 ou plusieurs enjeux doivent faire l'objet d'un vote simultané ;
b) les préférences des votants ont des intensités différentes selon les enjeux ;
c) il faut que, en l'absence de *logrolling*, chacun des votants puisse s'avérer perdant ;
d) chaque votant doit disposer d'une information complète sur les préférences des autres ;
e) les coûts de transactions doivent être faibles ou nuls.

Illustration :

Les valeurs sont des mesures de l'intensité

Votants	**Enjeux**		
	X	**Y**	**X+Y (logrolling)**
A	- 20	- 20	- 40
B	+ 40	- 20	+ 20
C	- 40	+ 40	+ 20
Coalition gagnante, selon la règle de la majorité	A,C	A,B	B,C

Par application du *logrolling* en démocratie, les hommes politiques peuvent obtenir le consensus de différents groupes en offrant des politiques publiques qui garantissent à ces groupes des bénéfices nets et visibles, tout en répartissant les *coûts* de ces politiques sur la majorité ou la totalité des citoyens. Ce qui conduit à la croissance inexorable du rôle de l'Etat, de la dette publique et des déficits budgétaires.

La théorie de Buchanan et Tullock a contribué à élaborer une vision de l'organisation politique qui est strictement basée sur une forme de calcul économique : transposition dans le champ politique d'une rationalité optimisatrice et de la consolidation de la microéconomie en macroéconomie.

Il s'agit bien entendu d'une vision conservatrice, mais même pour une telle vision on ne peut éviter d'avoir recours à une forme de régulation. En effet, le Prix Nobel considère que le maximum de respect des préférences des électeurs est atteint quand on introduit des *normes constitutionnelles*, empêchant les hommes politiques d'exercer leur pouvoir de manière discrétionnaire, en endettant l'Etat de manière excessive ; il envisage donc l'élaboration de constitutions d'inspiration économiste (constitution monétaire ; constitution fiscale).

****

On voit au travers de ces théories que le choix collectif est nécessairement un rapport de forces, qu'il passe par la dictature ou par la manipulation. D'où la tentation de supprimer les espaces de décision collective, et par extension tous les organes de gouvernement et de régulation. Mais au-delà de l'aspect illusoire de ce souhait, même les économistes les plus libéraux reconnaissent la nécessité de l'existence d'un pouvoir de régulation minimum.

Le pouvoir de régulation représente imparfaitement le collectif (puisque la représentation parfaite est impossible) et bénéficie d'une certaine autonomie dans la formulation des choix qui engageront *volens nolens* l'ensemble des acteurs du système d'économie politique. L'étude de son fonctionnement en tant qu'acteur à part entière devient ainsi primordiale, et nécessaire à la survie du système.

2. Le pouvoir de régulation, acteur clé du système d'économie politique

La constante intervention du pouvoir de régulation est nécessaire à la survie et au développement du système économique capitaliste

A partir des années 1970, une école de pensée s'est progressivement constituée pour étudier les relations entre l'économie et la régulation. C'est le courant régulationniste. Selon ses maîtres à penser, le langage de la séparation néoclassique de l'économique et du politique, celui de la rationalité optimisatrice, est trop pauvre et trop réducteur pour rendre compte de la façon dont les êtres humains élaborent leurs actions et leurs interactions.

S'il n'existe pas un équilibre général, une autorégulation mécanique, du système économique, dans lequel seraient déterminés à la fois les prix des marchandises produites et la répartition de la richesse créée en rente, profit et salaires, alors il est nécessaire de recourir à un « acteur nouveau », distinct à la fois des propriétaires de ressources naturelles, des capitalistes et des travailleurs, pour garantir la possibilité et établir les conditions d'une alternative globale à la théorie de l'équilibre général, assurant la reproduction du système d'économie politique dans ses lois générales, et permettant de *contrôler* la répartition des richesses produites en revenus des différentes classes sociales. Cet acteur nécessaire existe bel et bien : c'est le régulateur, le pouvoir de réglementation ; il s'agit d'un acteur intrinsèquement politique.

Les régulationnistes considèrent que c'est parce que des formes nouvelles leur ont à chaque fois été trouvées par le régulateur que les rapports sociaux, qui structurent le système d'économie politique, ont pu :

a) perdurer dans le temps, malgré les crises,
b) s'élargir à de nouveaux espaces géographiques sur lesquels ils ont écrasé les rapports sociaux économiques préexistants.

Ainsi la régulation est-elle indispensable à la reproduction élargie du capital.

La théorie de la régulation, qui porte la marque de sa filiation marxiste, analyse les modes de production et leur articulation. L'accumulation est reconnue comme une tendance inhérente au mode de production capitaliste, qui engendre des déséquilibres et des contradictions. La régulation caractérise les réglementations juridiques, sociales et économiques, bref politiques au sens large, qui permettent à l'accumulation de se développer sur le long terme, malgré - ou à travers - les crises.

Les réglementations sont conçues et mises en œuvre par les institutions qui régissent la concurrence, la monnaie, les rapports sociaux et l'insertion dans les relations internationales.

Les régulationnistes trouvent, non pas un modèle général et invariant, mais une variété de régimes d'accumulation, puisque les formes institutionnelles qui les sous-tendent sont elles-mêmes soumises au *changement.*

Sont identifiées 5 formes institutionnelles fondamentales :
1) les formes de la contrainte monétaire
2) les configurations du rapport salarial
3) les formes de la concurrence
4) les modalités d'adhésion au régime international
5) les formes de l'État.

Un mode de régulation désigne « tout ensemble de procédures et de comportements, individuels et collectifs, qui a la propriété de :
- reproduire les rapports sociaux fondamentaux,
- piloter le régime d'accumulation,
- assurer la compatibilité dynamique de décisions décentralisées, sans que soit nécessaire l'intériorisation par les acteurs économiques des principes d'ajustement de l'ensemble du système. »[14]

La théorie de la régulation *règle* ainsi à sa manière, sans la poser vraiment, la question de l'agrégation des choix individuels traitée notamment par les auteurs néoclassiques, et dont nous avons parlé plus haut.

Pour elle, les marchés sont insérés dans un ensemble de formes institutionnelles qui socialisent l'information et les comportements. Les acteurs économiques interagissent à partir d'une série d'institutions, de règles du jeu et de conventions, historiquement datées et localement

---

[14] Boyer Robert. *La théorie de la régulation : une analyse critique.* Paris. La Découverte. 1986

ancrées. L'économie est donc enchâssée dans les rapports politiques et dans les systèmes de valeurs idéologiques.

La théorie de la régulation accorde une attention particulière à l'étude des crises, qui sont partie intégrante du processus d'accumulation, de la *dynamique* du système d'économie politique.

Elle propose d'engager des réflexions sur la genèse des crises structurelles, sur la logique des institutions, sur les processus de sortie de crise.

Mais, à l'échelle de la planète, *il n'existe pas une mais plusieurs* formes de régulation du système d'économie politique capitaliste. Il n'y a pas de cohérence entre les dynamiques de l'accumulation, qui dépassent les espaces contrôlés par les pouvoirs politiques, et il est difficile, peut-être impossible, de constituer de nouveaux principes d'intervention collective au niveau pertinent, qu'il soit national, régional ou mondial.

Non seulement le système d'économie politique ne trouve son salut et sa dynamique que dans la régulation politique, elle-même reflet de rapports de force collectifs organisés institutionnellement, mais la régulation à son tour doit constamment chercher son contenu et son sens dans une confrontation permanente et à l'issue toujours provisoire avec d'autres formes et principes de régulation.

3. Que faire ?

Ainsi, l'équilibre général du système économique, s'il existe, ne peut être assuré que par l'intervention des autorités de régulation, c'est-à-dire du pouvoir politique. Il n'y a pas de système économique, il n'y a qu'un système d'économie politique.

Cela signifie qu'il n'existe pas de juste prix des marchandises, ni de revenus rationnellement optimisés. Il n'y a que des prix et des revenus dans la détermination desquels intervient nécessairement le rapport de force, de nature politique.

Les autorités de régulation représentent des institutions qui, sous des formes politiques diverses, arbitrent entre les intérêts collectifs des trois autres grandes catégories d'acteurs de production : les propriétaires de ressources naturelles, les capitalistes et les travailleurs ; ces institutions assurent de cette manière la reproduction élargie du système. Mais celle-ci, malgré le secours de la régulation, est mise en danger par deux écueils jusqu'ici insurmontables.

Le premier écueil est celui du processus de socialisation, du passage des préférences individuelles aux choix collectifs. De quoi parle-t-on, en effet, lorsque l'on parle des intérêts collectifs des propriétaires, des capitalistes ou, surtout, des travailleurs, les plus nombreux ? Et comment s'agrègent les petits pouvoirs locaux éparpillés sur un territoire multiforme et à l'histoire fragmentée, en un pouvoir national de régulation ? De ce point de vue, la régulation court constamment le risque *d'imploser*, par défaut de représentativité.

Le deuxième écueil vient du grand écart, un écart grandissant, entre, d'une part, les limites territoriales d'une régulation nationale et, d'autre part, une réalisation mondiale, de plus en plus mondiale à cause de sa nature intrinsèquement expansionniste, du système d'économie politique capitaliste. Car il n'existe pas à ce jour de régulation mondiale, et le risque de guerre entre les différentes régulations est réel.

Dans ces conditions, que faire ?

Nous proposons :

1. de prendre acte de la nature ouverte, indéterminée et évolutive du système d'économie politique, qui conditionne la vie de tous, à la ville comme à la campagne, dans tous les pays du monde ;
2. de reconnaître que les valeurs de toutes les marchandises produites, et les revenus qui leur sont liés, se fondent nécessairement sur des rapports de force collectifs ;
3. d'accepter, comme une limite de l'esprit humain, le caractère inévitablement bancal de la socialisation des préférences individuelles, de la constitution de groupes, communautés, peuples, nations, etc.

Dès lors, plutôt que de continuer à fabriquer des « lois objectives », dans une optique dogmatique et totalitaire, n'est-il pas plus pertinent de privilégier l'observation des stratégies des différents acteurs décisifs sur une succession de domaines d'intervention et d'enjeux limités, dans une acceptation tolérante de représentations imparfaites, de visions multilatérales nécessairement contradictoires et de réussites forcément provisoires ?

Pour nous, le maître mot sera *négocier*.

Et la ville dans tout cela ? Précisément, la ville est étroitement insérée dans le système d'économie politique, et fonctionne selon les mêmes mécanismes. D'où l'importance que nous avons accordée à bien expliciter ces mécanismes, afin de bien comprendre les tenants et les aboutissants de l'évolution urbaine. On retrouve dans l'urbain les quatre catégories d'acteurs, les détenteurs du pouvoir de régulation et les propriétaires fonciers, acteurs politiques et immobiles, les capitalistes et les travailleurs, acteurs économiques et mobiles. S'y jouent les mêmes rapports de forces qu'au sein du système d'économie politique dans son ensemble, ou mieux, les rapports de force qui s'y jouent font partie de ceux du système dans son ensemble. L'urbain évolue de façon totalement indéterminée et, pas plus que l'économie, n'obéit à des lois mécaniques ou normatives.

Chapitre 4

La ville, fille de l'économie

Production et consommation de la ville dans le cadre du système d'économie politique

Le système d'économie politique s'applique à la fois *dans* la ville (qui est son principal terrain d'action) et *à* la ville (il surdétermine la production et la consommation de ville). La ville est de ce fait en constante évolution, une évolution qui est le produit de la mobilité des acteurs de production et de leur adaptation aux évolutions du système. Loin d'être uniquement un legs de l'Histoire, une permanence historique, la ville est aussi et surtout le *lieu* d'application du système d'économie politique, avec des inerties liées aux processus de transformation dans l'Histoire.

Cette interdépendance étroite entre ville et système d'économie politique est incontournable quelle que soit l'époque, mais nous n'examinerons que celle qui se manifeste en Europe depuis la fin du Moyen-Âge, juste avant l'avènement du système capitaliste. Il s'agit d'une véritable *inter*dépendance : le système d'économie politique a besoin de l'urbain, quoique d'aucune ville en particulier, pour survivre et se développer, et il influence fortement l'évolution urbaine dans ce sens.

1. Que serait la ville sans l'échange ?

Ville et économie, un partenariat ancien

Pour analyser les relations entre la ville et le système d'économie politique dans l'Histoire, nous partirons de la naissance des villes européennes modernes, à partir des Xème-XIème siècles.[15]

1.1. Un système féodal de reproduction simple

Le lien étroit entre ville et système d'économie politique remonte en Europe au moins jusqu'au Moyen-Âge[16]. Après la chute de l'Empire romain et les invasions barbares, l'Europe, faute d'un pouvoir suffisamment fort pour assurer l'ordre sur son territoire, est en proie à l'insécurité, aux pillages et aux invasions. Dans ce contexte, les échanges commerciaux, les déplacements de biens et de personnes, deviennent des entreprises à haut risque, et sont donc très limités.

Les villes exercent avant tout des fonctions défensives. Elles sont petites, organisées autour du pouvoir militaire (bourgs fortifiés en Flandres) ou religieux (villes épiscopales dans le Nord de l'Italie). Elles abritent presque exclusivement des nobles, c'est-à-dire des soldats et/ou des religieux, leurs serviteurs directs, et des serfs attachés aux terres agricoles qui entourent les villes. Ces terres sont la propriété inaliénable des nobles ou des religieux auxquels elles sont rattachées. Les serfs, qui n'habitent d'ailleurs pas en ville, travaillent les terres pour nourrir l'ensemble de la population. Ils fournissent un produit juste suffisant pour nourrir, en plus d'eux-mêmes et de leurs familles, les habitants de la ville, de l'abbaye ou du château auxquels ils sont rattachés. Ces ensembles démographiques fonctionnent de manière presque autarcique et il n'existe alors pas de bourgeoisie.

Les objets du quotidien, vêtements, outils, ustensiles, etc. sont soit autoproduits, soit fabriqués par des artisans spécialisés (vanniers, forgerons, maréchaux ferrants, etc.) pour un usage local. Ces artisans

[15] Ce chapitre est fortement inspiré de *La ville au Moyen-Âge*, de l'historien belge Henri Pirenne, dont nous avons nuancé les propos en utilisant les critiques de ses successeurs.

[16] Le propos n'est pas de brosser un panorama exhaustif de l'histoire des villes européennes et de leur évolution, mais de tester la cohérence de notre propos avec l'évolution de ces villes, en remontant jusqu'au Moyen-Âge.

peuvent d'ailleurs être en même temps cultivateurs, quand le territoire n'offre pas assez de clientèle et de surplus agricole pour supporter économiquement une telle spécialisation à temps plein. Le grand commerce est limité à quelques articles de luxe et à une clientèle restreinte de nobles fortunés ; on peut le considérer comme *hors économie.*

Ce mode de fonctionnement peut être qualifié de « reproduction simple » (sans surplus à accumuler), par opposition au système moderne « de reproduction élargie » basé sur l'accumulation. Cette reproduction simple est alimentée et encadrée par une vision du monde *identitaire*, partagée par tous les acteurs, dont les piliers sont la religion catholique et le servage. Une vision du monde qui affirme le pouvoir de droit divin, garantit la place de chacun dans un système stable, où la liberté individuelle n'existe pas et la propriété foncière est inaliénable.

1.2. L'émergence de nouveaux acteurs

A partir des Xème-XIème siècles se développent progressivement des échanges commerciaux entre régions et entre villes. Ces échanges sont stimulés quand il y a des surplus agricoles. Ils sont structurés autour de la production spécialisée de certains biens, dans certains endroits (draperies en Flandres, par exemple), et de leur distribution par des intermédiaires, les commerçants. Les échanges se font dans ou à proximité des villes, lesquelles acquièrent alors progressivement un rôle de centres de production et d'échange.

La naissance de la ville « ouverte » est ainsi le fait de nouveaux acteurs, dont une partie vient d'autres contrées, commerçants au statut indéterminé : ni serfs, ni nobles, ni religieux, mais « bourgeois », habitants des bourgs. Ces « étrangers » sont pour partie d'anciens serfs ayant quitté leur lieu d'origine à la recherche de liberté. A ceux-ci se mêlent des « précurseurs » locaux, souvent serviteurs des nobles, mais également des représentants de la petite noblesse, qui trouvent là une alternative à un statut prédéfini de subalternes dans le système féodal.

Ce sont ces *migrants* et ces *pionniers* qui, d'abord en Italie du Nord, en Provence et en Flandres, puis progressivement dans l'ensemble de l'Europe, vont fonder des colonies marchandes et ouvrir les bourgs sur l'échange et sur l'extérieur, en articulation avec les artisans, producteurs locaux. L'émergence d'une véritable vie urbaine, basée sur la production artisanale et sur l'échange marchand, est donc dès le Moyen-Âge le fait d'acteurs qui sont pour une grande partie étrangers à la ville. De manière générale, l'urbanisation est le fruit des relations de la ville avec l'extérieur. On assiste dès cette époque à l'affirmation de deux groupes sociaux interdépendants, bien que parfois opposés : les artisans et les commerçants. *Ces catégories d'acteurs n'ont aucune place dans le système féodal, et en sont donc d'emblée un facteur d'évolution.*

Ils habitent dans les villes, dont ils vont progressivement faire évoluer les fonctions et la culture. En effet, c'est *dans* les villes que se trouve leur principal lieu de travail (production et échange). Mais c'est également là qu'ils peuvent jouir d'une certaine liberté (hors des villes, les habitants sont attachés à leur terre par le servage) et que le foncier est cessible (les terres rurales sont inaliénables et propriété du seigneur). C'est le fameux « *Stadtluft macht frei* »[17] de Max Weber[18].

Ces marchands sont perçus au départ comme des intrus, qui menacent un ordre traditionnel, au sein duquel ils n'ont aucune place. Par rapport aux nobles et aux paysans, promoteurs de stabilité et de maintien d'un système de reproduction simple et autarcique, ils amènent un élément de mobilité, de transformation et d'expansion. Ils amènent également d'autres modes de vie, l'exemple de la liberté, l'ouverture sur le monde, et des idées nouvelles qui remettent en question le système féodal. C'est l'amorce d'un mouvement d'expansion et d'évolution indéterminées qui se poursuit jusqu'à nos jours. Des visions du monde nouvelles vont apparaître progressivement et prendre tout leur essor à la Renaissance. Ce mouvement sera accompagné d'une production intellectuelle *libérale* et soutenu par celle-ci.

À partir de cette époque, [19] même si la campagne en fournit le combustible, c'est la ville qui devient le moteur du changement et de la croissance : « en Europe, les paysanneries représentaient 90% de la population. Mais si la terre est le fondement de cette société, le dynamisme vient des villes. (...) S'il est impensable d'évoquer pour cette

[17] « L'air de la ville rend libre »

[18] *La ville*. Max Weber. 1921.

[19] Jacques Le Goff. « Un jour couleur de neige ».Propos recueillis par Bernard Écrement et Thierry Paquot le 26 janvier 1996.

période l'idée de "progrès", (...) on peut, par contre, affirmer que les villes appellent alors la "croissance". Celle-ci s'opère de deux manières à la fois : intensive et extensive. Toute cette évolution économique favorise l'enrichissement de toute une catégorie de paysans qui s'émancipent et fondent des "villeneuves", des "villefranches", des "bastides", pour ne citer que quelques termes français. Ainsi, la "révolution agricole" entraîne-t-elle l'essor des villes et donne-t-elle aux marchands et aux artisans une place économique particulièrement enviable. »

L'arrivée d'une nouvelle classe « bourgeoise », qui va progressivement supplanter les classes dirigeantes du régime féodal,[20] finira par détruire ce régime. Les nouveaux bourgeois s'organisent collectivement, en corporations, pour les artisans, et en guildes pour les commerçants, afin de renforcer leurs positions dans les rapports de force et d'influer sur le pouvoir de régulation. La forme et les mécanismes de cette structuration ont suscité des interprétations diverses : Max Weber parle d'individualisme, d'association librement consentie des individus en communes ; mais Robert Ledru préfère parler de corporations, rejetant l'idée wébérienne de droit individuel pour la remplacer par un autre type de droit collectif lié à l'entité ville (les bourgeois obtiennent des droits collectivement et en tant qu'habitants des villes, non comme individus). Le pouvoir des clans et des lignages reste certes présent, mais on assiste indubitablement à l'émergence de structurations différentes de celles du régime féodal.

Que ce soit sous forme individuelle ou collective, ces nouveaux acteurs vont interagir avec ceux de l'ancien régime, c'est-à-dire avec ses régulateurs, les nobles et les religieux. Cette interaction se matérialisera d'abord par des conflits qui aboutiront à la création des premières communes (Cambrai en 1077).[21] Le territoire des villes et ses habitants acquièrent progressivement une autonomie par rapport au système politique féodal, par le développement des institutions communales. Avec le temps, la cohabitation avec les nobles se traduira de plus en plus

---

20 A. Raulin. *Histoire des modèles urbains.*

21 Le 22 février 1358, Etienne Marcel, prévôt des marchands, organise la première insurrection parisienne contre la politique du Dauphin. Il sera assassiné la même année, et bien qu'il ait pactisé avec les Anglais au cours de la révolte, il deviendra un héros de la ville, au point que ses couleurs (le rouge et le bleu) deviendront celles de Paris, et qu'on lui consacrera une rue et une station de métro.

par une adaptation du pouvoir de régulation, qui va se positionner en protecteur du commerce et de la production, et prélever sa dîme. En effet, dès le XIIème siècle, les princes comprennent l'intérêt d'attirer les marchands et de favoriser les artisans, car ils voient rapidement en eux la promesse d'un revenu important (taxes). La production artisanale et le commerce deviennent ainsi une source de richesse pour les nobles, et leur contrôle est un enjeu politique majeur, qui sera la cause de guerres fiscales comme d'affrontements militaires.

Ces évolutions entraînent dès le Moyen-Âge l'apparition d'une régulation spécifique, pour organiser les rapports entre les acteurs du système, et notamment d'un nouvel appareil de régulation pour la protection du producteur et du consommateur. Des taxes étaient déjà prélevées par le prince avant l'apparition de la bourgeoisie, en contrepartie d'un service public de police, de justice et de défense militaire, voire d'un embryon de système social (redistribution des réserves de vivres en cas de famine). Mais avec les marchands et les artisans apparaissent des réglementations nouvelles, visant à protéger le consommateur (sur les poids et mesures), et des mécanismes de contrôle de la production et de protection des artisans, notamment au travers des corporations, qui limitent et organisent la concurrence par le contrôle du nombre d'artisans et de leur formation.

On l'a vu, la régulation s'applique sur un territoire limité, et ne peut fonctionner que quand ce territoire est fermé. Or les villes de la fin du Moyen-Âge et de la Renaissance sont foncièrement ouvertes, ne serait-ce que du fait des besoins en matières premières venant de l'extérieur pour la fabrication des produits. Ainsi, les efforts de stabilisation par la régulation sont dès cette époque constamment battus en brèche par la circulation des marchandises et la mobilité des acteurs de la production et de l'échange.

Malgré des ajustements constants, le conflit restera récurrent entre, d'une part les nobles, à la fois autorités de régulation et détenteurs de ressources naturelles, percevant des taxes et une rente pour cela, et d'autre part les bourgeois, estimant la rente trop élevée. Il ne se conclura par la défaite des nobles qu'à la prise totale du pouvoir politique par les bourgeois, au cours des diverses révolutions dites précisément « bourgeoises » qui essaimeront en Europe aux XVIIIème et XIXème

siècles. Sur le continent Américain, on assistera à un phénomène similaire de révolutions émancipatrices, la noblesse étant dans ce cas remplacée par la puissance coloniale dans le rôle d'adversaire de la bourgeoisie locale.

1.3. Les transformations des villes

Les transformations du système d'économie politique ne vont pas influer uniquement sur les structures sociales. Elles façonneront également la *forme* des villes, ainsi que leur population. Le système entre au Moyen-Âge dans une phase d'expansion structurelle et continue, même si des crises politiques ou économiques pourront conjoncturellement occasionner des rétractions. Et la traduction physique de cette expansion se retrouve principalement dans la morphologie des villes.

Les quartiers marchands se constituent souvent initialement *à la périphérie* de la ville ou du château, à proximité du marché, *situé hors les murs*, ou des *voies de transport.* Ces quartiers sont ensuite progressivement intégrés aux villes. La croissance économique et démographique des villes se traduit ainsi par la constitution de *faubourgs* successifs, intégrés les uns après les autres au travers *d'extensions des murs d'enceinte.*

Ces murailles perdent petit à petit leur fonction défensive. Elles acquièrent rapidement un rôle économique en tant que systèmes de contrôle des flux de marchandises par le pouvoir de régulation en vue du prélèvement de taxes (*octroi*,...).

Prenons, pour illustrer ce phénomène d'expansion progressive, l'exemple de Paris :[22]

Les enceintes fortifiées de Paris

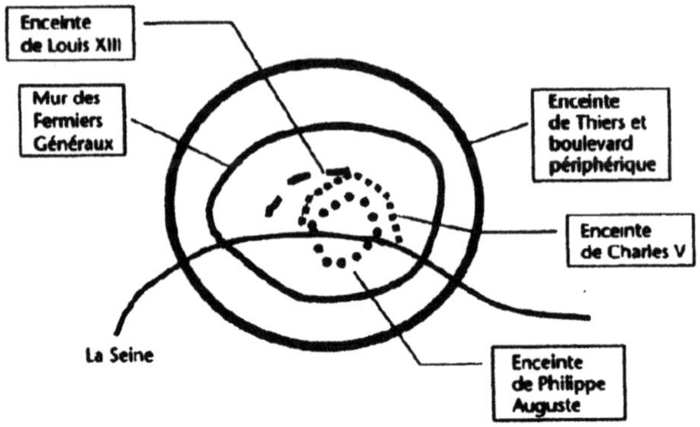

Source : Michel Pinçon et Monique Pinçon-Charlot, *Paris mosaïque*, Calmann-Lévy, Paris, 2001.

A Paris, la première enceinte (celle de Philippe Auguste) est construite entre 1190 et 1213. Lui succèdent les enceintes de Charles V (fin XIVème siècle) et de Louis XIII (XVIème siècle). Ces 3 enceintes sont défensives. Ce n'est pas le cas de l'enceinte des Fermiers Généraux, construite peu avant la Révolution de 1789, dans un but exclusivement fiscal. Les fortifications de Thiers, construites entre 1841 et 1844, retrouvent une vocation défensive, et fixent les limites contemporaines de Paris. Cette expansion s'accompagnera en 1860 de l'absorption de nombreux villages de faubourg, en totalité (Passy, Auteuil, Batignolles-Monceau, Montmartre, La Chapelle, La Villette, Belleville, Charonne, Bercy, Vaugirard, Grenelle) ou en partie (Neuilly, Clichy, Saint-Ouen, Aubervilliers, Pantin, Pré-Saint-Gervais, Saint-Mandé, Bagnolet, Ivry, Gentilly, Montrouge, Vanves, Issy).

Les villes passent ainsi par un processus d'expansion physique qui leur permet en quelque sorte de *prendre acte* de leur croissance économique et démographique.

---

22 Michel Pinçon & Monique Pinçon-Charlot. *La sociologie de Paris*. 2004. p. 10.

Dans un deuxième processus, à partir du XVIIIème siècle, elles sont restructurées en profondeur jusque dans leurs centres, afin de s'adapter de façon plus opérationnelle aux évolutions du système d'économie politique capitaliste. Ces remodelages, fruits des actions entreprises par les acteurs de production, sont également influencés par les visions du monde de ces acteurs, par les idéologies qu'ils portent.

En étudiant l'évolution de Caen à l'aube de l'ère capitaliste à la fin du XVIIIème siècle, on voit bien cette relation étroite entre l'évolution urbaine et le système d'économie politique, à travers deux phases de restructuration urbaine. La première a lieu au cours d'une période de croissance économique généralisée, la deuxième au cours d'une période de récession locale. Cette deuxième phase va orienter les investissements vers la consolidation de l'activité *d'exportation* de la dentelle. Et sur l'ensemble de la période, les idées vont orienter la restructuration urbaine parallèlement à l'économie.

« De 1750 à 1775, le premier cycle est un effet du réseau routier national, il supprime les obstacles à la circulation, des murailles sont abattues, des portes éventrées, une action contre les étranglements des rues principales pousse à concevoir des voies à programme et de nouvelles percées. Le deuxième cycle de 1775 à 1800 est moteur : il regarde l'aménagement du port, le lotissement d'entrepôts, la construction de ponts, la viabilité de la foire. Pourquoi ces discordances partielles de l'urbanisme avec l'économie (...) ? Parce que celui-là est le fruit d'une politique volontaire et qu'il mobilise adversaires et thuriféraires de la société des Lumières : il remue autant et plus d'idées que d'argent. Le message politico-urbain de l'Antiquité, les traditions architecturales de la Renaissance, constituent toutes sortes de filtres que doit traverser l'aménagement des cités. Cependant une fois commencée, la transformation matérielle remodèle toute la culture citadine, le même processus est à l'œuvre sous nos yeux.

Il y a deux siècles, ses prolongements sociaux et mentaux tendaient à rendre la ville plus sûre dans les domaines que Nicolas Delamare examine dans son Traité de Police : l'éclairage, la propreté, le silence ; plus saine aussi par la greffe de l'hygiène collective. Mais il se présente un revers : l'intolérance s'accroît devant les gêneurs et s'exprime dans la chasse aux mendiants, aux fous, le cantonnement des soldats, et jusque dans l'expulsion des morts des cimetières centraux qui gaspillent l'espace de la cité. Le progrès de la marchandise impose une meilleure efficacité urbaine, l'élimination de toute chose, de tout être excentriques ou inutiles ; on a pensé, dans un projet transmis à l'intendant, enfermer à Caen tous les *malfigurés*. »[23]

Ce mouvement de transformation de la ville va s'accélérer aux XIXème et XXème siècles, avec la révolution industrielle puis l'avènement d'une société de services. L'exemple du Paris haussmannien montre bien comment ce mouvement de mutation urbaine est la résultante de la conjonction de plusieurs facteurs, tous en rapport avec l'évolution du système d'économie politique. Du 23 juin 1853 au 5 janvier 1870, soit en un peu plus de 16 ans comme préfet de la Seine, le Baron Haussmann va organiser la transformation du centre de Paris à une échelle et à une vitesse inconnues jusqu'alors.[24] Comme tous les grands réformateurs de la ville du XIXème siècle, il s'appuie totalement sur les évolutions du système d'économie politique pour justifier ses propositions. De fait, cette métamorphose sera rendue possible par la conjonction de plusieurs facteurs, dont les plus importants sont :

- Des besoins nouveaux de l'économie en matière d'infrastructures de communication et de transport (élargissement des voiries et angles droits, multiplication des ponts, routes, chemins de fer, gares), d'éducation (écoles), de commerce (marchés), de contrôle et d'assistance sociale (hôpitaux, casernes,...).
- Des progrès technologiques, notamment dans le génie civil et dans le bâtiment, qui vont rendre techniquement possible le remodelage de la ville à grande échelle. Des méthodes modernes de construction sont ainsi utilisées, qui privilégient la construction d'îlots en masse, l'angle droit et le gabarit uniforme, qui donneront le fameux style « haussmannien » qui deviendra un modèle mondial.
- Une évolution du système d'économie politique qui va permettre l'émergence de nouveaux mécanismes de financement à long terme. Haussmann, devant les réticences des financeurs traditionnels qui jugent son projet pharaonique, développera avec quelques entrepreneurs aventureux (les Pereire notamment et le Crédit Mobilier) un système de capitalisme populaire qui va permettre par

---

[23] Jean-Claude PERROT. *Genèse d'une ville moderne : Caen au XVIIIe siècle*. 1974. Cité dans *Villes et Civilisation Urbaine*. Marcel Roncayolo et Thierry Paquot. 1992. p. 45.

[24] Pierre Francastel. *Le Paris de Napoléon III*. 1968. in *Villes et Civilisation Urbaine*. op. cit. p. 131-134.

« emprunts nationaux » de faire financer les travaux par la population (bourgeois, ouvriers et paysans). L'émergence de l'épargne populaire, clé de voûte du nouveau système de financement, est rendue possible par la généralisation du travail régulier, elle-même conséquence des évolutions du système d'économie politique. Ces mécanismes nouveaux de financement à long terme seront utilisés par la suite pour la construction d'autres infrastructures majeures (canal de Suez, chemins de fer,...).

- Une idéologie positiviste, scientiste et hygiéniste, héritée de la Renaissance, qui oriente la forme de la restructuration urbaine, et participe de la stigmatisation des quartiers anciens et de leur association avec la criminalité. « Louis Chevallier avait démontré avec brio l'association de l'idée de *criminalité* à des paysages anciens de Paris : cristallisation amenant l'irréversible et que seule la destruction du tissu urbain lui-même parvenait à effacer ».[25] L'hygiène (démolition des taudis, appartements aérés et ensoleillés) est ainsi fréquemment invoquée pour justifier les travaux.
- Enfin, une volonté forte et continue du régulateur (Napoléon III), maintenu au pouvoir par des intérêts économiques convergents, qui voit dans la restructuration de Paris le moyen de réaliser ses objectifs de démonstration de pouvoir et de contrôle social

1.4. Le rôle clé et le statut ambigu de *l'étranger* dans la constitution et l'évolution des villes

Tout au long de ce processus d'adaptation du tissu urbain et jusqu'à nos jours, l'élément allogène, le migrant, le nouvel arrivant s'impose comme un élément constitutif de la ville en développement, et finalement comme un facteur au moins aussi important que l'« autochtone », l'habitant plus ancien.

Ainsi, un parisien sur 4 seulement est né à Paris, un sur 8 d'un parent parisien et un sur 20 seulement de deux parents parisiens.[26] Élargissant l'analyse à l'Île-de-France, une étude de l'INED sur les franciliens âgés de 50 à 70 ans fait apparaître que 39 % seulement de ces derniers sont nés en Île-de-France, et parmi ceux-ci 43,5 % ont leurs pères nés également en Île-de-France (26% ont leurs deux parents nés en Île-de-

[25] Marcel Roncayolo. *Villes et Civilisation Urbaine.* 1974. op. cit. p. 416.
[26] CIEP.

France). Ainsi, moins de 17 % des Franciliens sont nés en Île-de-France de père également né en Île-de-France, et à peine 10 % sont nés en Île-de-France de père et mère également nés en Île-de-France. Les personnes dont tous les ascendants (parents et grands parents) sont nés en Île-de-France représentent à peine 2% de la population ![27] Sur deux générations, la quasi-totalité des franciliens ont donc des ascendances « exogènes ».

Ce constat de la place de l'apport extérieur dans la ville est dressé dès les années 1920 par les sociologues de l'École de Chicago, qui soulignent l'incapacité structurelle de la ville à se reproduire sans apport étranger. Analysant les villes américaines à cette époque, le sociologue Robert Park constate en cherchant à définir le « phénomène urbain » cette caractéristique structurelle qu'est la présence de l'exogène. Il remarque notamment que « les immigrés et leurs enfants constituent près des deux tiers de l'ensemble des habitants des villes de plus d'un million d'habitants », que « si l'on considère que l'âge, le sexe, la race et l'origine ethnique sont associés à d'autres facteurs, tels que le métier et l'intérêt, il devient clair qu'un trait majeur du citadin est d'être différent des autres », et que « l'incapacité de la population urbaine à se reproduire elle-même apparaît comme la conséquence biologique d'une combinaison de facteurs dans le complexe de la vie urbaine ; la baisse de la natalité peut être considérée en général comme l'un des signes les plus nets de l'urbanisation en occident. »[28]

1.5. Étranger, extérieur… périphérie ?

Tout au long de l'évolution des villes, les notions *d'autochtone/étranger*, et leur transposition géographique en *centre/périphérie*, restent à la fois puissantes et ambiguës. Dès le Moyen-Âge, les éléments exogènes, les « étrangers », se concentrent pour partie à la périphérie des villes (hors les murs). Ces périphéries, sous des dénominations variables (zones, banlieues, fortifs, bidonvilles, favelas), vont cristalliser à travers le temps le rejet des nouveaux arrivants par les « anciens » habitants et le refus des évolutions démographiques de « leur » ville par ces derniers. Ils vont symboliser *l'autre* non intégrable, le dangereux, le sale, le fou.

---

[27] « Population et modes de vie ». Note rapide 376/B. janvier 2005. IAURIF/INED.
[28] Robert Park. 1926 et 1938. in *Villes et Civilisation Urbaine*. op. cit. pp. 323-324.

Mais la périphérie, notamment dans sa dimension d' « expansion périurbaine », est devenue, au moins pour partie, aux États-Unis comme en Europe, un territoire regroupant plutôt des segments stables de la population, classes moyennes et familles moins enclines à la mobilité, et habitants plus « anciens » et installés de l'agglomération. A l'inverse, les centres-villes jouent depuis longtemps un rôle d'accueil des nouveaux arrivants, et dans de nombreux endroits une partie significative des quartiers « marginaux » s'y concentrent. « Jean Claude Perrot a montré, à propos de Caen, comment « dans les vieux moules de pierre du XVIème et du XVIIème siècle », s'insèrent à la fois les classes populaires anciennes et les nouveaux immigrés, porteurs d'instabilité, de mouvement : *enveloppé de passé, le centre, dans son présent saccadé et fragile, semblait s'approcher beaucoup plus rapidement du XIXème siècle* que les faubourgs. »[29]

« À l'échelle de l'Île-de-France, Paris reste le département regroupant le plus d'étrangers [308 266, soit un quart, sur un total de 1 301386 (14,5% de la population parisienne)]. La Seine-Saint-Denis arrive en seconde position avec 20 % des étrangers [18,7% de la population du Département]. (...) Malgré des disparités entre les arrondissements, tous présentent des taux d'étrangers supérieurs ou pratiquement égaux au taux moyen de l'Île-de-France (11,9 %), et nettement supérieurs au taux moyen pour la France entière (5,6 %). »[30]: On voit donc que Paris concentre une bonne partie des étrangers d'Île-de-France, et que la Seine Saint Denis, département de la première couronne, talonne la capitale. La grande banlieue, à l'inverse, est plutôt peuplée de classes moyennes *autochtones.*

Aux États-Unis, la grande ville concentre typiquement, autour de son hyper-centre d'affaires non habité, une ceinture de quartiers populaires centraux qui accueillent les migrants récemment arrivés et les minorités ethniques. Les classes moyennes et les élites se concentrent dans les « *suburbs* », secteurs périurbains d'habitat individuel.

Ainsi, au stade contemporain du développement du capitalisme, le schéma d'un centre concentrant à la fois les autochtones et le pouvoir, par rapport à une périphérie qui recevrait les apports extérieurs, est une notion qui s'avère peu pertinente à l'analyse. *Le centre économique et de*

---

29 Marcel Roncayolo. 1974. in *Villes et Civilisation Urbaine.* op. cit., p. 416.
30 Pinçon et Pinçon –Charlot. op.cit.

décision n'est plus nécessairement le centre géographique ou historique du territoire urbain, ni la périphérie obligatoirement sa marge.

A une autre échelle, l'Union Européenne a mobilisé au cours des années 1970 et 1980 de nombreux chercheurs pour établir une segmentation territoriale économique liée aux notions de centre et de périphérie (segmentation notamment utilisée pour la distribution de subventions de « développement régional » (FEDER)). Mais il n'a jamais pu être établi de principes généraux opérationnels pour déterminer où se trouvaient le centre et la périphérie *économiques*. Au terme de plusieurs changements de définition, l'Union Européenne a dû renoncer à un « concept » aussi compliqué que fumeux.[31]

Ces difficultés de définition viennent du fait que la dimension pertinente d'analyse est bien plus d'ordre systémique et symbolique que géographique et morphologique. L'opposition se situe entre celui à qui l'on s'identifie, considéré comme l'autochtone, placé au *centre* (tous les peuples regardent le globe terrestre en plaçant leur propre pays en son centre), et celui que l'on rejette, l'étranger, placé à la *périphérie* symbolique. On peut ainsi remarquer que, paradoxalement, les territoires qui attirent les étrangers (lesquels y viennent s'établir parce qu'il y a une demande pour eux en tant que force de travail, parce que le système d'économie politique local trouve à les employer avec profit), les rejettent idéologiquement (xénophobie, racisme), parallèlement aux conditions de vie matérielles précaires. Les mouvements et idées xénophobes qui parcourent régulièrement les pays européens (l'Europe étant l'un des principaux pôles mondiaux d'immigration), en sont une illustration patente. Inversement, les territoires qui font fuir leur population du fait de la corruption, du népotisme, de l'absence de véritables décideurs économiques autonomes et représentatifs, de l'incapacité de l'État à réguler le système économique et à redistribuer les richesses produites, cherchent souvent à les retenir *idéologiquement* (barrières juridiques et policières à l'émigration, discours nationaliste, identitaire...).

---

[31] Cf. Luc VANDENDORPE. « Les indicateurs européens de convergence régionale : une rétrospective ». Contribution au colloque de l'Association de Science régionale de langue française *Renouveau régional, renouveau urbain*, tenu à Lille du 1er au 3 septembre 1997.

Les *banlieues* françaises sont un bon exemple de ce paradoxe. Elles concentrent les « étrangers » (même quand ils sont de nationalité française, parfois depuis plusieurs générations). Ceux-ci sont considérés par une grande partie de la population française *de souche* comme *allogènes*, extérieurs, non intégrés. Mais l'économie française en a un besoin vital pour fonctionner, c'est-à-dire pour s'adapter elle-même aux évolutions du système d'économie politique *global*. Ces *allogènes* sont par ailleurs totalement inclus dans le système par leurs modes de consommation (vêtements de marque, produits high-tech,...), et même par leur *production* culturelle qui est l'une des sources d'inspiration majeure de la culture nationale contemporaine (gastronomie, musique, danse, graphisme, stylisme, etc.). Les ghettos noirs ou latino américains s'inscrivent dans le même type de schéma, bien qu'ils soient plutôt situés géographiquement en proximité des centres-villes. Ces lieux symboliquement « périphériques » représentent et signifient l'avènement de la mondialisation du système d'économie politique, ainsi que la mobilité des travailleurs, c'est-à-dire des acteurs détenteurs du déterminant « travail », qui lui est inexorablement associée. L'opposition centre/périphérie fait partie des rapports de forces et des relations nécessairement conflictuelles entre acteurs du système d'économie politique.

****

La naissance et l'évolution de la ville, dans un système d'économie politique ouvert, se réalisent donc, au moins depuis un millénaire, à partir du *mouvement* des personnes et des biens. C'est le mouvement, le changement et non la permanence, qui est fondateur de la ville ; le mouvement (et les réactions qu'il suscite, dans une relation dialectique) modèle la ville. La forme de celle-ci, qui semble physiquement stable à un moment donné, est nécessairement provisoire ; elle traduit l'usage qui est fait de la ville et reflète les mouvements des flux (de personnes et de marchandises) qui la traversent.

Ainsi, au cours des siècles, l'évolution des villes dépendra de rapports de force et d'articulations fondamentalement indéterminés et imprévisibles entre les acteurs de production. La révolution industrielle et l'avènement du capitalisme, sa diffusion sur l'ensemble de la planète, l'accélération des déplacements des biens et des personnes, liée aux progrès technologiques, n'ont fait que renforcer l'interdépendance entre évolution économique et évolution urbaine au cours des deux derniers siècles. La ville est même au centre du système. A ce titre, et du fait de sa porosité totale par rapport au système, elle est engagée dans un mouvement continu d'adaptation en fonction des rapports de forces entre acteurs.

C'est une relation à double sens, car si la ville est pour une large part la fille et le *produit* des évolutions du système d'économie politique, elle en constitue également le point d'application, le véritable *lieu de réalisation.*

2. La ville, carte maîtresse de l'économie capitaliste

Le rôle de l'urbain dans le système d'économie politique

2.1. Le poids prépondérant de l'urbain dans l'économie

Dès le Moyen-Âge en Europe,[32] la ville est le moteur de la croissance, même si elle ne regroupe alors que 10 % de la population totale. Aux XIXème et XXème siècles, ce rôle capital va encore se renforcer, et les villes vont concentrer toujours plus de richesses et de population. Ainsi, la part des villes et de l'urbain n'a cessé de croître dans les territoires dominés par un système d'économie politique qui s'étend aujourd'hui sur la quasi-totalité de la planète.

La population urbaine a été multipliée par 20 en cent ans alors que la population mondiale était multipliée par 4, et l'essentiel du PIB mondial provient des territoires urbains. En 1800, seulement 2% de la population mondiale était urbanisée, 30 % en 1950. En 2007, 50 % de la population mondiale vit en ville, et ce taux devrait atteindre 62 % (5 milliards sur 8,1) en 2030, avec un taux de croissance de la population urbaine (1,78 %/an) deux fois plus élevé que le taux de croissance de la population mondiale totale.[33]

L'évolution récente est encore plus spectaculaire en Afrique et en Asie, dont l'urbanisation est plus récente que celle de l'Europe ou des Amériques. Ces deux continents connaissent des taux de croissance de leur population urbaine compris entre 2,5 et 4,6 % (contre 0,75 % en Europe et en Amérique du Nord). L'Afrique et l'Asie devraient passer d'un taux d'urbanisation de moins de 40 % en 2005 à environ 54 % en 2030.[34]

---

32 Cf. Jacques Le Goff. « Un jour couleur de neige ». Propos recueillis par Bernard Écrement et Thierry Paquot, le 26 janvier 1996. p. 66.

33 ONU – Habitat. 2006.

34 ONU – Habitat. 2006.

Proportion de la population urbaine vivant dans les grandes villes du Tiers-Monde (1900-1980)

	1900	1930	1950	1980
Dans les villes de 500 000 habitants et plus				
Afrique	10%	17%	25%	45%
Amérique latine	11	28	30	38
Asie (économie de marché)	10	10	32	44
Tiers - Monde (économie de marché)	10	16	30	42
Dans les villes d'un million d'habitants et plus				
Afrique	-	12	16	30
Amérique latine	-	17	23	31
Asie (économie de marché)	3	5	22	35
Tiers - Monde (économie de marché)	2	10	22	33

Source : Paul Bairoch. *De Jéricho à Mexico, villes et économie dans l'histoire. 1985*

L'analyse du Produit Intérieur Brut est encore plus significative. En effet, plus de 40 % de la population de la planète vit principalement de l'agriculture (les pays du Sud regroupent 96% de cette population), ce qui représente plus de 80% de la population rurale. Or l'agriculture ne représente que 5% du PIB mondial. On peut estimer par conséquent que plus de 80 % du PIB mondial est produit en ville.

Le système utilise ou crée les villes car il a besoin de cette concentration de population, qui permet de réunir sur des lieux définis et relativement peu étendus les moyens de production et la consommation. Les villes concentrent ainsi l'essentiel de la production, des revenus et de la consommation dans le cadre du système d'économie politique. Le schéma production – revenu – consommation/accumulation que nous avons décrit ci-avant s'applique principalement dans la ville.

Pour ce qui est de la **production**, la quasi-totalité des biens et services est produite au moins en partie en milieu urbain :

- production matérielle et immatérielle (usines, entreprises), distribution (commerce de gros et détail, entreposage,...),
- services publics et privés (santé, éducation, droit, services bancaires, loisirs, prestations intellectuelles, transport,...),
- autres manifestations de la régulation (administrations)

Pour ce qui est des **revenus**, les biens et services ci-dessus en génèrent pour les acteurs de leur production, dont la plupart sont urbains.

En ce qui concerne la **consommation**, la ville est le *marché* par excellence pour la production mondiale (y compris la production qui lui est structurellement extérieure, comme les produits agricoles). Il s'agit soit de consommation finale (liée à la reproduction de la force de travail), soit de consommation « intermédiaire » entrant dans la production d'autres biens et services.

Pour ce qui est de l'**accumulation**, enfin, les sièges sociaux des entreprises et tous les centres financiers sont implantés en ville.

On retrouve dans les villes la plupart des détenteurs d'au moins 3 des 4 déterminants de la production :

- le *capital* : les centres financiers sont urbains, les entreprises y ont presque toutes leurs sièges ;
- le *travail* : comme on l'a vu, 50 % de la population mondiale est urbaine (62 % en 2030, selon l'ONU), et plus de 80 % du PIB mondial est produit en ville ;
- la *régulation* : toutes les institutions et administrations publiques d'importance, ou au moins leurs centres de décision, y sont localisées.

En revanche, les *ressources naturelles* sont en général localisées hors des villes, à l'exception notable des terrains à construire qui, en valeur, se trouvent presque exclusivement concentrés dans les villes ou à leurs périphéries.

À l'échelle d'une ville particulière, le système n'est jamais fermé : d'une part, l'urbain a besoin des apports de territoires non urbains (ressources naturelles, aliments, industries basées en milieu rural) et y exporte une partie de sa production ; d'autre part, de manière plus significative encore, la compétition et les complémentarités entre villes génèrent des flux croisés de biens et services.

La ville constitue ainsi, et depuis le Moyen-Âge, le lieu de réalisation privilégié du système d'économie politique, selon un mécanisme qui trouve un appui, une base arrière, dans les campagnes. La croissance de la productivité dans l'agriculture, puissamment favorisée par l'innovation *technologique*, a été le moteur d'un exode rural qui a libéré la main-d'œuvre pour… la production industrielle, tout en générant une augmentation de la productivité et de la production agricoles. Ce processus a permis d'alimenter la totalité d'une population en expansion, dont une part toujours plus faible est restée employée dans les champs.

D'abord, la production industrielle a eu besoin pour se développer de fortes densités de population, qu'elle s'est procurées soit par mise à profit des concentrations existantes, soit en favorisant l'exode rural. Les descendants des travailleurs industriels trouvèrent ensuite à s'employer dans le tertiaire, lorsque l'augmentation de la productivité dans l'industrie elle-même et la compétition mondialisée commencèrent à générer un tarissement de l'emploi industriel dans les centres urbains.[35]

Le système d'économie politique a d'ailleurs souvent créé de toutes pièces des villes, notamment quand, au XIXème siècle, des usines s'installèrent à la campagne pour se rapprocher des ressources naturelles (charbon, minerais,…) et d'une main-d'œuvre bon marché et docile. Des villes ouvrières se sont alors formées autour des usines (Le Creusot, Sochaux avec Peugeot) ; en Angleterre, le développement économique a plutôt eu lieu en milieu rural et a généré des villes quasiment ex nihilo, dont beaucoup persistent jusqu'à nos jours.

« L'analyse statistique confirme l'étroite liaison qui a existé durant tout le XIXème siècle entre le niveau de développement économique et le niveau d'urbanisation. Ainsi, si l'on calcule (…) les coefficients de corrélation linéaire entre les niveaux de produit national brut par habitant réel (…) et

---

35 Ce type de mécanisme peut paraître de moins en moins efficace pour absorber les migrants ruraux dans le système de production urbain. Ainsi, aujourd'hui, dans les pays du sud, et même du Nord, on assiste à des concentrations de plus en plus grandes de populations désœuvrées ou très sous-employées en ville. Certains chercheurs, comme Mike Davis (*Le pire des mondes possibles.* 2006.) ou Loïc Wacquant (*Parias urbains.* 2006.), y voient un phénomène structurel qui ne peut que s'amplifier. En effet, tout se passe comme si le système n'avait plus ni le besoin ni la capacité d'absorber la force de travail provenant des zones rurales, voire des villes elles-mêmes, et ces mêmes zones, du fait de l'expansion du système d'économie politique (économie marchande, progrès de la médecine…) et de ses effets secondaires (réchauffement climatique), assurent de moins en moins la subsistance des populations qui y vivent. Voir également à ce propos l'analyse à suivre de Paul Bairoch sur la sururbanisation.

les taux d'urbanisation, on trouve des coefficients fort élevés et fort significatifs sur le plan statistique pour chacune des cinq périodes (...) du XIXème siècle : 1800, 1850, 1880, 1900, 1910). »[36]

Cependant, aux XVIIIème et XIXème siècles, la grande ville n'est pas nécessairement un facteur de développement économique. « La ville (...) a toujours été un facteur favorable à l'innovation et à la diffusion de celle-ci. Mais alors comment expliquer l'effet négatif de l'urbanisation dans la diffusion internationale de l'industrialisation, telle que l'analyse empirique la fait ressortir ? Là aussi subsistent des incertitudes ; toutefois, selon toute probabilité, la solution du paradoxe réside dans les niveaux trop élevés de l'urbanisation, et il faut faire intervenir les notions de sururbanisation, d'hyperurbanisation, etc. L'Espagne, l'Italie, le Portugal et les Pays-Bas notamment avaient, au XVIIIème siècle, un niveau d'urbanisation (et aussi un nombre de grandes villes) qui ne correspondait plus aux fonctions économiques antérieures qui avaient suscité cette urbanisation. En définitive, on est en présence d'une sururbanisation, d'une hypertrophie urbaine un peu semblable à celle qui existe depuis quelques décennies dans le Tiers Monde. Si les causes de cette hypertrophie sont différentes, les conséquences en sont, grosso modo, les mêmes. Il est certain que ce niveau trop élevé d'urbanisation a freiné la mobilisation des investissements vers les secteurs productifs en raison même des besoins de consommation et parfois d'équipement des villes. Ce fort secteur urbain implique aussi, en effet, un sous-emploi urbain, donc une diminution de la productivité de l'ensemble de l'économie. Le sous-emploi a dû être également un facteur de gonflement des emplois tertiaires d'où, par la suite, une rigidité de l'offre de la main-d'œuvre et un manque de mobilité. »[37]

L'urbanisation ou la densité ne sont donc pas nécessairement des facteurs de développement économique en eux-mêmes. On voit comment, à la fin du XVIIIe siècle, un certain nombre de grandes villes, moteurs du développement économique des siècles antérieurs, lié au commerce, restent à l'écart des évolutions industrielles.

---

[36] *De Jéricho à Mexico : villes et économie dans l'histoire.* 1985. Chapitre 21. in *Villes et Civilisation Urbaine.* op. cit. pp. 395 et suivantes.

[37] *De Jéricho à Mexico : villes et économie dans l'histoire.* op. cit. pp. 397-398.

2.2. Ville précaire, ville jetable ?

Certes, le système d'économie politique a besoin de l'espace urbain, qui reste, jusqu'à nouvel ordre, son lieu d'application privilégié.

Mais, en définitive, le territoire est « neutre » pour le système, c'est-à-dire qu'aucune ville *particulière* ou, plus généralement, aucun territoire particulier, n'est essentiel à son fonctionnement. Au XXème siècle, de nombreuses villes connurent un développement spectaculaire, lié à une phase donnée de l'évolution du système d'économie politique, suivi d'un déclin tout aussi rapide du fait de nouvelles évolutions auxquelles ces territoires n'ont pas su s'adapter.

L'exemple de Detroit aux États-Unis le montre jusqu'à la caricature : cette ville a connu en moins d'un siècle la prospérité et une expansion rapide à travers la production de l'automobile, symbole de l'économie capitaliste de masse, puis un déclin spectaculaire jusqu'à presque devenir une ville fantôme. La ville a perdu 1/4 de sa population entre 1950 et 1960, et encore 1/3 depuis. Le centre-ville n'est plus qu'une coquille vide. Certains immeubles sont abandonnés depuis si longtemps que des arbres adultes ont poussé à l'intérieur. Entre 1979 et 1999, 9 000 permis de construire et 108 000 permis de démolir ont été accordés (sans compter les immeubles détruits par le feu ou le vandalisme).[38]

Au Japon, la cité minière de Yûbari est devenue un symbole national, l'emblème de la déchéance toujours possible des territoires. Située sur l'île d'Hokkaido au nord de l'archipel, cette ville née en 1888 avec la découverte de sa première houillère vit depuis le XIXème siècle de l'extraction minière. Grâce à la qualité de son charbon, elle est vite devenue extrêmement prospère, et a constitué l'un des piliers du développement économique du Japon dans la première moitié du XXème siècle. En 1960, elle comptait 117 000 habitants. Avec la libéralisation des importations de pétrole, l'économie locale a commencé à connaître des difficultés dans les années 1960 ; ces difficultés sont allées en s'amplifiant jusqu'à la fermeture de la dernière mine en 1990. En quelques décennies, la ville s'est vidée de sa substance économique et démographique. Aujourd'hui, la commune compte 12 920 habitants,

[38] *Mutations*. Rem Koolhaas et al. 2000. p. 596 et suivantes.

dont 40 % ont plus de 65 ans. Les tentatives de reconversion, notamment dans le tourisme, de la part des pouvoirs publics locaux se sont soldées par des échecs retentissants, tout en endettant la ville au point de la mettre en situation de quasi faillite, précipitant encore la fuite de ses habitants.[39]

L'exemple de la ville de Fontana aux États-Unis[40] est également exemplaire de l'influence des transformations du système d'économie politique sur l'évolution de l'urbain. Au début du XXème siècle, l'entrepreneur A. B. Miller crée un complexe agroalimentaire en viabilisant 73 km^2 de plaine rocailleuse dans les environs de Los Angeles. Il y bâtit un système intégré d'élevage de porc, le plus grand du monde à l'époque, basé sur l'alimentation des porcs par les ordures de Los Angeles. Il vend une partie du territoire en petites parcelles à de nombreux adeptes d'un retour à la terre, avec en toile de fond le mythe jeffersonien. Il propose également aux acquéreurs une combinaison d'élevage de poulets et de culture d'arbres fruitiers, qui est censée leur assurer l'autofinancement. Ces parcelles s'avèrent moins rentables que ne le vantait la campagne marketing, mais Fontana devient quand même une communauté néo-agricole qui alimente toute la région de Los Angeles, alors en forte croissance démographique, en poulets, porcs et agrumes.

Un autre entrepreneur, Henry Kaiser, y installe dans les années 1940 une aciérie (la première de l'Ouest des États-Unis), liée à un chantier de construction navale lui appartenant à Richmond, et plus largement au complexe militaro-industriel. Il transforme Fontana en une cité industrielle pionnière. Ses ouvriers (5 000 ouvriers et leurs familles viennent s'y installer) bénéficient d'avantages sociaux très favorables pour les standards de l'époque. Mais à partir des années 1970 l'usine cesse d'être compétitive, et elle est fermée dans les années 1980, alors qu'elle employait plus de la moitié de la population active de la ville. Cette fermeture est un temps compensée par un boom immobilier financé en grande partie par l'argent public. Dès la fin des années 1970 en effet, les édiles mettent en place une politique d'attraction des promoteurs immobiliers (cadeaux fiscaux, investissements publics fondés

[39] « Comment survivre dans une ville en faillite » Masashi Kanda. Article paru dans *Asahi Shimbun*. Japon. Retranscrit dans *Courrier International* n°846 du 18 janvier 2007.

[40] Relaté par Mike Davis dans *City of Quartz : Los Angeles, capitale du futur*. 1997 pour l'édition française. pp. 286 – 346.

sur l'endettement) dans un contexte favorable d'expansion de l'agglomération de Los Angeles. Avec l'arrivée de classes moyennes, qui travaillent à Los Angeles, la population passe de 35.000 à 70.000 habitants entre 1980 et 1987. Dès la fin des années 1980, la bulle spéculative locale éclate, les problèmes structurels de la ville (corruption des élus, endettement énorme et indisponibilité à long terme des recettes fiscales, *disproportion entre emploi et logement*, misère des services de base) sont exposés au grand jour et Fontana s'écroule. En 1990, Fontana est une ville à l'abandon, dont on peut encore voir les carcasses du passé (cheminées des aciéries, ruines de la ferme porcine modèle,...). C'est le plus grand cimetière de voitures de la région... et la principale zone de production locale de drogues synthétiques bon marché.

Ce phénomène de prospérité suivie de déclin peut se réaliser également à l'intérieur d'une même agglomération, entre quartiers d'une même ville. Ainsi à Naples, le *centre-ville* a perdu 160 000 habitants en quelques décennies, et est progressivement devenu une zone de non droit à l'instar de ses *périphéries* dégradées. On peut, pour Naples, parler de *deux banlieues*, l'une située au centre et l'autre à la marge de la ville.[41]

Il y a eu enfin un phénomène de déplacement de l'activité et de la richesse à l'intérieur même de la ville de Los Angeles au cours du XXème siècle : les secteurs résidentiels aisés, puis les activités économiques, ont progressivement quitté le centre-ville pour des quartiers périphériques de l'agglomération. Le centre s'est paupérisé pour devenir l'un des secteurs socialement et économiquement les plus en crise de la ville. Des politiques de spéculation foncière soutenues par les pouvoirs publics et les capitaux nationaux et internationaux ont permis pour un temps de revaloriser une partie du centre-ville, dédiée aux activités économiques, en utilisant à outrance la privatisation de l'espace public et la ségrégation spatiale, mais la plupart des quartiers centraux constituent néanmoins les secteurs les plus dégradés de la métropole.[42]

---

[41] « Naples et ses deux banlieues en crise : le centre et la périphérie », de Jean-Jacques Bozonnet, in *Le Monde* du 25 octobre 2006.

[42] Mike Davis. *City of Quartz*. op. cit.

2.3. L'intervention de la régulation

C'est sur ce constat de relation certaine mais mécaniquement indéterminée de la ville en général avec le système d'économie politique que sont déployés les efforts des pouvoirs de régulation pour attirer l'activité économique et ses acteurs dans des villes particulières, soit dans une logique de concurrence interurbaine (guerre fiscale), soit dans une logique de coopération et/ou d'organisation de l'offre de territoire (politiques régionales, harmonisation fiscale, marchés communs : Europe, Mercosur, ALENA,...).

Pour reprendre l'exemple de Los Angeles, les pouvoirs de régulation locaux, fortement influencés par les propriétaires fonciers du centre (*Downtown*), vont mettre en œuvre une stratégie de revalorisation d'un centre en déclin, basée sur l'injection massive d'argent public et le contrôle de l'espace public de certains secteurs. Cette politique, soutenue par les élites économiques les plus anciennes, mais progressivement combattue par d'autres groupes d'influence émergents et dont les intérêts sont hors du centre, utilise le pouvoir de régulation à des fins principalement privées, dans le but d'orienter géographiquement le développement économique local. « Depuis la Première Guerre mondiale, une élite de plus en plus consciente d'elle-même a essayé de colmater les brèches du pouvoir de *Downtown* et de renforcer la centralité régionale de l'ancien district des affaires. Cette stratégie n'a fait qu'entraîner une escalade guerrière de concurrence darwinienne avec les *nouveaux* sites du pouvoir et les élites correspondantes qui, de *Century City* au triangle d'or *d'Orange County*, n'ont cessé de défier *l'aristocratie* de *Downtown.* »[43] Des sommes énormes sont alors investies, en particulier dans des investissements de sécurisation de l'espace public, et de contrôle de ses usagers.

En Europe, la ville de Bilbao est devenue un symbole de régénération urbaine, dont l'icône est sans doute le musée Guggenheim conçu par l'architecte Franck Gehry. Dans les années 1980, cette ville ouvrière et industrielle, capitale du pays basque espagnol, est sinistrée. Au début des années 1990, les divers niveaux de régulation, de la municipalité à l'Etat espagnol, décident de s'associer au sein d'une entité baptisée Ria 2000 (la

---

[43] Mike Davis. *City of Quartz*. op. cit.

Ria est la rivière qui traverse Bilbao), pour mettre en œuvre une stratégie ambitieuse de renouvellement urbain et économique. Au-delà des partenariats public-privé sur les opérations d'aménagement proprement dites (d'un montant total de 400 millions euros, entièrement financé par le privé, mais avec apport d'un foncier public), 3.2 milliards euros d'argent public furent investis en infrastructures (extension du port, création de deux lignes de métro, d'un tramway, dépollution de la Ria, aéroport, musée Guggenheim et Palais des Congrès). Cette stratégie a apparemment été couronnée de succès, au moins au niveau de l'image de Bilbao et du pays basque, grâce notamment à une *bonne coordination des acteurs locaux*, et a permis d'organiser la mutation de la ville pour l'adapter aux évolutions du système d'économie politique. Bilbao s'est ainsi affirmée comme un pôle d'activités tertiaires et de tourisme culturel (le musée Guggenheim attire 1 200 000 visiteurs par an), à travers la mise en place d'une offre et l'amélioration de l'attractivité et de la qualité de vie locales (accessibilité et transport, régénération environnementale et urbaine, formation et ressources humaines, culture).[44] Les retombées de cette politique pour les habitants restent à évaluer.

Birmingham est un autre exemple de politique publique visant à adapter la ville aux évolutions du système d'économie politique et à « séduire » les *décideurs* de ce dernier. Deuxième ville du Royaume Uni (1 million d'habitants pour une agglomération de 2.5 millions), située au centre de l'Angleterre et au cœur des bassins de houille et de fer, elle fut dès le XVIIème siècle un important centre métallurgique et de commerce. En rapide expansion au début de la révolution industrielle, elle fonde sa prospérité sur un large éventail d'activités (caoutchouc et cacao, machines-outils, cycles et automobiles, bijoux…). Fortement touchée par les bombardements lors de la seconde guerre mondiale, elle est reconstruite en fonction de la circulation automobile, avec notamment la construction d'un *« Concrete Collar »* autour de l'hypercentre, et dotée de grands ensembles de logements, avec un pic de construction de 9 000 logements en 1967. La ville entre en crise dans les années 1970 et perd 30 % de ses emplois entre 1971 et 1984, soit la moitié de ses emplois industriels, dont 90 000 entre 1980 et 1982. C'est la ville la plus ethniquement mixte du Royaume-Uni, avec 30 à 40% d'ethnies non européennes. Le choc de l'évolution du système d'économie politique

---

[44] « Bilbao, la culture comme projet de ville ». Sous la direction d'Ariella Masboungi. *Projet Urbain n°23*. septembre 2001.

s'est fait sentir à Birmingham bien plus qu'ailleurs, car ce haut lieu de l'industrie britannique, mal préparé à la révolution des services, n'a pas su créer assez d'emplois, et sa population, insuffisamment formée, s'est appauvrie.
A la fin des années 1980, les dirigeants politiques de tous bords se mettent d'accord sur la nécessité de s'engager dans une politique de régénération urbaine. Ils s'inspirent des exemples de Baltimore et de Boston, et misent sur le partenariat public-privé. Plusieurs opérations d'aménagement de grande envergure sont alors mises en œuvre, qui transforment complètement la physionomie du centre-ville. Birmingham est ainsi devenue en 2006 le 2ème centre commercial du Royaume-Uni après Londres (elle était le 5ème dans les années 1990). La ville passe de 250 000 emplois industriels et autant de tertiaires en 1981 à 475 000 emplois dont 390 000 tertiaires vingt ans plus tard. Ici aussi, l'impact réel de cette politique, qui a mobilisé d'importants fonds publics, sur la population locale, et notamment ses couches les plus modestes, reste à évaluer.[45]

De nombreuses grandes villes dans le monde s'engagent ainsi dans une course à l'attraction des activités à forte valeur ajoutée, inspirée du concept de *Global City* développé par Saskia Sassen.[46] L'idée de base en est que l'évolution urbaine va dans le sens de la constitution d'un *réseau mondial de mégapoles* intimement reliées entre elles, qui concentreraient à la fois les activités à haute valeur ajoutée et les richesses, et une population pauvre attirée par ces richesses. Les villes qui ne gagneraient pas leur place dans la compétition des *Global Cities* seraient destinées à décliner plus ou moins brutalement. Beaucoup d'édiles et de techniciens locaux se sont emparés de ce concept simple et séduisant, souvent en oubliant le corollaire de l'accroissement des richesses qu'est selon Saskia Sassen l'augmentation des inégalités et de la pauvreté urbaines.

Ainsi, Clive Dutton, responsable de la planification et du renouvellement urbain à la Mairie de Birmingham, peut-il affirmer : « La ville manque encore d'un schéma d'aménagement qui lui permette de définir activement sa vision. J'engage des réflexions afin de préparer le futur

---

45 « Birmingham, faire la ville en partenariat ». Sous la direction d'Ariella Masboungi. *Projet Urbain.* 2006.
46 *The global City : New York, London, Tokyo.* Saskia Sassen. 1991.

international de Birmingham et en faire une *Global City* au sens où l'entend Saskia Sassen. »[47]

Dans le même esprit, le Maire de New York, Michael Bloomberg, a lancé fin 2006 un plan à l'horizon 2030 pour transformer NYC en une « ville durable » et attractive en termes de qualité de vie, à travers un ambitieux plan d'urbanisme et d'aménagement à 25 ans.[48] Les trois objectifs de ce plan sont l'accroissement de la population new yorkaise (augmentation d'un million en 25 ans, pour arriver à 9 millions en 2030), la mise à niveau des infrastructures de la ville (réseaux électriques, assainissement, etc.) et la mise en place d'un plan global d'implantation d'espaces verts. Son plan pour transformer New York en « ville durable » passe par 10 axes, qui comprennent la fourniture de logements abordables, le fait qu'à terme aucun new yorkais n'habite à plus de 10 mn d'un parc public, ou encore l'extension des transports publics et du métro. Le but affiché de ce plan est de donner un avantage comparatif décisif à la ville dans la bataille continuelle – qui l'oppose notamment à Londres – pour être la grande métropole mondiale du XXIème siècle, et pour attirer l' « élite globale », de plus en plus riche et mobile. Le coût de ce plan implique évidemment de forts investissements publics, donc un partenariat financier entre la ville, l'État et le gouvernement fédéral, et une priorisation de ces dépenses par rapport à d'autres postes budgétaires.

Paris n'échappe pas à cette compétition mondiale, et les pouvoirs publics y sont également sollicités et extrêmement attentifs au positionnement compétitif de leur ville. Ainsi, du côté des atouts de la capitale française, Chiara Corazza, Directrice générale de l'association Paris-Île-de-France Capitale Économique, explique que les firmes internationales optent de plus en plus pour l'Île-de-France « pour trois raisons. D'abord, la région possède un bassin de clients unique en Europe, avec un fort pouvoir d'achat dans un rayon de 200 km autour de Paris. Ensuite, les entreprises trouvent ici une main-d'œuvre très qualifiée, très diversifiée et très bon marché. Les salaires de nos ingénieurs sont moins élevés qu'à Londres ou à Berlin. Enfin, s'implanter à Paris coûte aujourd'hui 9 % moins cher qu'à Londres ou Francfort, notamment parce que les prix des bureaux sont moins prohibitifs. »[49] Mais si la région veut rester une concurrente

---

47 « Birmingham, faire la ville en partenariat ». op. cit.

48 « The new New York ». in *The Economist*. 16 décembre 2006. p. 27.

49 Propos recueillis par Laure de Charrette. in *20 minutes* du 21.11.2006.

crédible, elle préconise qu' « il faudrait notamment créer des tours symboliques, peut-être à la Défense, régler les problèmes de liaison avec l'aéroport de Roissy CDG, et puis surtout simplifier les visas pour le public économique. (...) La région doit montrer qu'elle bouge, qu'elle n'est pas sclérosée, pour rester attractive et compétitive face à des villes comme Madrid ou Francfort, qui nous talonnent. »

Ainsi, alors que les avantages comparatifs sont plutôt économiques et de l'ordre des coûts de production (main-d'œuvre, immobilier, proximité de la clientèle), les préconisations sont dirigées vers le pouvoir de régulation et, pour partie, orientées par les idées à la mode (créer des tours symboliques, par exemple). Le pouvoir de régulation se saisit d'ailleurs de la question, puisque la compétitivité globale de Paris (par rapport à Londres, Barcelone, Madrid, Berlin, Francfort) et les méthodes pour l'améliorer sont l'objet de débats réguliers entre la gauche et la droite au Conseil de Paris.[50]

Et de fait plusieurs grands projets d'investissement public locaux vont dans ce sens, comme par exemple la liaison dédiée avec l'aéroport de Roissy (desserte ferroviaire express de Roissy, deuxième aéroport européen, opérationnelle en 2012 : projet CDG Express), la création d'un second lycée international de 1 200 élèves à Noisy-le-Grand (93) (prévu pour 2010 ou 2012), ou la construction de nouvelles tours à la Défense. Grâce au plan de relance de la Défense, le parc immobilier, vétuste, devrait être renouvelé et des tours neuves créées entre 2007 et 2013. L'ambition affichée est que La Défense redevienne le quartier d'affaires numéro un en Europe.

S'ils peuvent parfois aboutir à des succès apparents et à des effets positifs visibles, qui dépendent d'ailleurs beaucoup des critères d'évaluation choisis, comme à Birmingham ou à Bilbao, les efforts du pouvoir de régulation pour adapter le territoire sur lequel il exerce son pouvoir à l'évolution d'un système d'économie politique global par essence, peut connaître des échecs retentissants, comme à Yûbari ou à Fontana.

---

[50] Laure de Charrette. « Paris se voit en terre d'accueil des boîtes étrangères ». in *20 minutes* du 21.11.2006.

2.4. Quel futur pour l'urbain dans le cadre du système d'économie politique ?

Le fait que la ville ait été essentielle au développement du système d'économie politique par le passé ne préjuge en aucun cas de son rôle dans l'avenir. Le système, dans ses évolutions technologiques et fonctionnelles, offre des possibilités de dynamiques de concentration comme d'éclatement, parfois de manière simultanée. Ainsi, le développement des transports rapides a permis de redynamiser Orléans ou Marseille en les reliant plus intimement à Paris, mais ce même type de lien est en train de tuer Porto au profit de Lisbonne. Plusieurs théories, basées sur l'évolution des technologies de l'information et les possibilités qu'elles offrent de communiquer et travailler à distance (télétravail), postulent la fin des villes. Des auteurs comme Saskia Sassen décrivent au contraire, comme on l'a vu, l'avènement de Global Cities, mégapoles interconnectées concentrant la production de richesses et les inégalités sociales (concentration à la fois de professions intellectuelles supérieures *globales* et de laissés pour compte du capitalisme *tout aussi globaux*). Actuellement on constate que ce sont les villes moyennes qui absorbent l'essentiel de la croissance urbaine mondiale (les villes de moins de 500 000 habitants concentrent plus de 53% de la population urbaine, et les villes de plus de 10 millions d'habitants seulement 9%).[51] Mais la constitution d'un *réseau mondial de villes moyennes* n'est peut-être pas encore à l'ordre du jour.

On voit clairement dans ce qui précède que le pouvoir de régulation n'est qu'un acteur parmi d'autres et n'est pas maître des transformations urbaines qui ont lieu au cours de l'histoire, même s'il y participe, ce qui nous ramène à l'indétermination fondamentale de l'évolution des villes et de leur rôle dans le cadre du système d'économie politique. Car si le système a eu besoin des villes pour se reproduire et se développer, les villes sont également les fruits du système, et leurs tailles, leurs formes ou leurs fonctions en dépendent en grande partie.

---

[51] ONU – Habitat. 16/06/2006.

3. La ville-marchandise

Le rôle du système d'économie politique dans l'urbain

La ville n'est pas qu'un décor, un outil ou un territoire pour l'application du système d'économie politique, elle en est directement le produit. Plus exactement, la ville est à la fois *produite* et *consommée* dans le cadre du système. « C'est que la construction de l'espace urbain est d'abord un acte économique que l'on peut saisir à travers l'évolution de la courbe de certaines valeurs ; courbes alourdies de la rente foncière et de la valeur des immeubles (...). »[52]

3.1. La ville, produit du système d'économie politique

Le système d'économie politique produit la ville, ses infrastructures, ses bâtiments et ses services urbains, qu'il adapte continuellement à ses propres évolutions, malgré les inerties et résistances, et même à partir de l'inertie physique que représente le bâti existant.

La ville est à la fois produite (viabilisation, bâtiments publics et privés, logements, commerces, activités, stationnements, voiries, espaces publics, transports, etc.) et consommée par les acteurs de production. Elle est consommée soit comme un ensemble de « biens-salaires » (logement, transports communs, services urbains), soit comme un ensemble de « biens de production » (bureaux et locaux d'activité, commerces, routes, moyens de transport et autres équipements collectifs) qui entrent dans la production d'autres biens.

De nombreux chercheurs se sont penchés sur ce rapport à la fois nécessaire et violent entre ville et économie :

« L'industrie peut se passer de la ville ancienne (préindustrielle, précapitaliste), mais en constituant des agglomérations dans lesquelles le caractère urbain se détériore. N'est-ce pas le cas aux États-Unis et en Amérique du Nord, où les « villes » au sens où l'on prend ce mot en France et en Europe sont peu nombreuses : New York, Montréal, San Francisco ? Cependant, là où préexiste un réseau de villes anciennes, l'industrie l'assaille. Elle s'empare du réseau, le remanie selon ses besoins. Elle attaque aussi la ville (chaque ville), lui livre l'assaut, la prend, la ravage. Elle tend à

---

[52] Louis Bergeron et Marcel Roncayolo. *De la ville préindustrielle à la ville industrielle, essai sur l'historiographie française.* 1974. in *Villes et Civilisation Urbaine.* op. cit. p. 416.

briser les noyaux anciens en s'en emparant. Ce qui n'empêche pas l'extension du phénomène urbain, villes et agglomérations, cités ouvrières, banlieues (avec adjonction de bidonvilles là où l'industrialisation ne parvient pas à occuper et à fixer la main-d'œuvre disponible).
Nous avons devant nous un double processus, ou si l'on veut un processus à deux aspects : industrialisation et urbanisation, croissance et développement, production économique et vie sociale. Les deux « aspects » de ce processus, inséparables, ont une unité, et cependant le processus est conflictuel. Il y a, historiquement, heurt violent entre la réalité urbaine et la réalité industrielle. Quant à la complexité du processus, elle se révèle de plus en plus difficile à saisir, d'autant plus que l'industrialisation ne produit pas seulement des entreprises (des ouvriers et des chefs d'entreprise) mais des bureaux divers, des centres bancaires et financiers, techniques et politiques. Ce processus dialectique, loin d'être élucidé, est aussi loin d'être terminé. Il provoque encore aujourd'hui des situations problématiques. »[53]

« Nous sommes exposés à des contrastes éclatants entre splendeur et misère, entre richesse et pauvreté, intelligence et ignorance, ordre et chaos. La compétition pour l'espace est forte, de telle sorte que **chaque zone tend en général à être affectée à l'usage qui est source du meilleur rendement économique.**[54] *Le lieu de travail tend à être séparé du lieu de résidence, car la proximité d'établissements industriels et commerciaux rend une zone impropre – à la fois économiquement et socialement – à des fins résidentielles. La densité, les valeurs foncières, les loyers, l'accessibilité, la salubrité, le prestige, les considérations esthétiques, l'absence de nuisances telles que le bruit, la fumée et la saleté déterminent l'attrait de diverses zones de la ville comme lieux d'implantation pour diverses tranches de la population. Le lieu et la nature du travail, les revenus, les caractéristiques raciales et ethniques, le statut social, les coutumes, les habitudes, les goûts, les préférences, les préjugés font partie des facteurs significatifs en vertu desquels la population urbaine est triée et distribuée en des localisations plus ou moins distinctes. Divers éléments de population concentrés dans une aire d'habitat dense tendent ainsi à connaître une ségrégation d'autant plus forte que leurs exigences et leurs modes de vie sont incompatibles et qu'ils s'opposent les uns aux autres. D'une manière similaire, les personnes de statuts et de besoins similaires se retrouvent dans la même zone par l'effet d'un mouvement non voulu, d'un choix conscient ou encore de la pression des circonstances. Les différentes parties de la ville acquièrent ainsi des fonctions spécialisées. Du coup, la ville tend à ressembler à une mosaïque de mondes sociaux entre lesquels le passage se fait brutalement. (...) L'essentiel, c'est que le changement*

---

[53] *Le droit à la ville.* 1974. in *Villes et Civilisation Urbaine.* op. cit. p. 425.
[54] Mis en gras par les auteurs.

de métier, la réussite personnelle ou l'échec tendent à se traduire par des changements de localisation ; à long terme, l'organisation physique ou écologique d'une communauté est une réplique à l'organisation des emplois, de la culture et en est le reflet. La sélection et la ségrégation sociales, qui créent des groupes naturels, déterminent ainsi, en même temps, les aires naturelles dans la ville. »[55]

Le système d'économie politique organise la ville physique et ses fonctionnalités ; il contribue à sa valorisation relative. L'usage et le prix des différentes composantes de la ville sont surdéterminés par l'utilisation que le système *global* fait de telle ville à tel moment. Les conditions de production du système dans son ensemble conditionnent la demande locale en logements, bureaux, équipements, activités, prix et revenus. Dans ses caractéristiques fonctionnelles comme dans la valorisation de ses composantes, la ville est impactée par les *rapports de force entre acteurs du système d'économie politique global.*

3.2. Les quatre déterminants de la production *de* la ville

L'urbain étant produit et consommé de la même manière que les autres types de marchandises, on retrouve dans la production de la ville, détenus par des acteurs de production, les 4 déterminants habituels.

Les ressources naturelles

Il s'agit principalement de la ressource foncière, mais d'autres ressources naturelles influencent également la production de la ville, notamment les matières premières entrant dans les matériaux de construction (calcaire pour le ciment, métaux pour les produits sidérurgiques, pétrole pour le goudron et les plastiques, etc.). Leurs détenteurs sont les propriétaires sous toutes leurs formes, notamment les propriétaires fonciers (privés et publics, personnes physiques ou morales).

La rente foncière est un prélèvement, une forme de taxation, sur le prix du produit immobilier complet.[56] C'est le prix du logement, du bureau,

---

[55] Robert Park. *La communauté urbaine, un modèle spatial et un ordre moral.* 1926. Louis Wirth. *Le phénomène urbain comme mode de vie.* 1938. in *Villes et Civilisation Urbaine.* op. cit. pp. 320-321 et 330.

[56] Le lien entre ressources naturelles et volet immobilier du développement économique est très important, mais le type de ressources naturelles nécessaire peut évoluer : on

etc. qui détermine le prix du foncier, et non l'inverse. On achète un produit global dont le prix est déterminé par les possibilités financières des acheteurs potentiels. Par exemple, le prix d'un logement est principalement fonction des revenus du travail, celui d'un bureau est fonction des revenus du capital, qui vont utiliser ce produit. Les détenteurs du foncier (et des autres ressources naturelles) se contentent d'exercer un prélèvement sur ce prix global. Les détenteurs de foncier sont donc des acteurs passifs sur le long terme, la valeur du foncier *dépendant* du système d'économie politique.

En général, ce n'est pas seulement le prix, mais également la détention même de la ressource foncière et son utilisation qui sont déterminés par le système à long terme, notamment à travers la taxation du foncier par la régulation. Détenir un terrain coûte de l'argent, se traduit par un manque à gagner, ce qui pousse à lui donner une utilisation productive, conforme aux besoins du système d'économie politique à un moment donné.

Les détenteurs de foncier peuvent cependant influer sur la régulation pour éviter la confiscation de tout ou partie de leur rente. Ainsi, à Paramaribo, capitale du Surinam, les pouvoirs publics, historiquement propriétaires d'un foncier très important, l'ont découpé et largement distribué selon des logiques clientélistes. Cette redistribution a été effectuée au travers d'un système de baux emphytéotiques assimilés à la pleine propriété, avec une taxation si faible que le coût de recouvrement est supérieur au produit de l'impôt, ce qui conduit à une absence de fait de taxation. Pour les terrains en pleine propriété, il n'existe pas de taxe foncière. Cette situation a été perpétuée du fait de l'alliance objective des classes populaires titulaires des baux emphytéotiques et des grands propriétaires, qui ont poussé le pouvoir de régulation à ne pas réformer le système foncier. Les impôts sont prélevés au moment de la mutation des terrains, et sont très élevés, ce qui conduit à freiner les mutations et à ne pas officialiser certaines d'entre elles (d'un père à ses enfants par exemple, si la famille est trop modeste pour payer les frais de mutation). Cette situation induit la présence d'un très grand nombre de terrains vides et non utilisés jusqu'au cœur de la ville, aux mains de spéculateurs,

peut imaginer des villes sous l'eau ou suspendues, mais cela entraînerait sans doute un nouveau système d'appropriation privée ou publique des ressources naturelles devenues nécessaires.

d'émigrés ou objets de successions complexes, et en même temps une paradoxale pénurie de foncier disponible.

Ce type d'influence des détenteurs de ressources naturelles sur le système d'économie politique au travers de la régulation empêche l'optimisation sociale et économique de la ressource foncière. Elle peut avoir l'effet pervers d'affaiblir économiquement le territoire où s'applique le pouvoir de régulation au profit d'autres lieux et de diminuer la richesse locale globale. A Paramaribo, le contexte foncier rend par exemple plus difficile l'installation physique d'entreprises.

Mais il faut bien comprendre qu'il s'agit ici des *formes d'appropriation* de la rente foncière, mais non de son *existence même* qui, elle, est incontournable. Dès qu'il y a production de marchandises, et rareté des ressources naturelles nécessaires à cette production, *il y a* rente (foncière en l'occurrence) ; cette rente peut être plus ou moins privatisée, plus ou moins collectivisée (par le biais de systèmes de taxation), cela a sans doute des incidences sur les *modalités* d'application du système d'économie politique, mais ce système *ne peut pas s'empêcher de générer de la rente, tout en restant son maître*, quelles qu'en soient les formes de répartition entre les différentes catégories sociales d'acteurs.

Le capital

C'est le capital investi dans la construction neuve d'immobilier ou dans la réhabilitation (qui est une forme alternative de production). Il est constitué des fonds propres d'investisseurs particuliers ou institutionnels, qui construisent pour leur compte (sièges sociaux d'entreprises, usines, etc.), dans une logique de promotion immobilière ou d'investissement locatif. La plupart des financements des opérations proviennent d'emprunts bancaires. Le capital nécessaire aux investissements dans les infrastructures, espaces et locaux de services publics peut être contrôlé par le régulateur, et/ou par des organismes privés à travers les concessions et tous les mécanismes existants de partenariat public-privé. Le régulateur peut également intervenir comme promoteur et aménageur, par exemple en France au travers de SEM d'aménagement et tous les outils apparentés.

Ici aussi, ce sont les évolutions du système d'économie politique local et global qui vont influencer les décisions d'investissement, dans une perspective de maximisation des profits, donc d'adéquation la plus étroite possible à un besoin réel ou supposé du système. Les détenteurs de capital, aussi bien publics que privés, sont également influencés par leur interprétation du monde. Ainsi, leurs objectifs et leurs stratégies pour atteindre ces objectifs seront influencés par leurs systèmes de valeurs, et définis au travers de leur analyse subjective et nécessairement limitée de la réalité, ce qui ne conduira pas nécessairement in fine à maximiser leur profit ou à atteindre leurs objectifs...

Le travail

Les détenteurs de la force de travail dans la production de la ville sont : la main d'œuvre du secteur BTP, les employés des promoteurs, les agents immobiliers, architectes, urbanistes, ingénieurs... Tous contribuent à réaliser les transformations urbaines décidées par les investisseurs capitalistes, en fonction des stratégies des acteurs du système d'économie politique.

La ville entre elle-même dans la reproduction de la main-d'œuvre : elle est consommée en grande partie par les travailleurs/habitants, soit directement (logement, transport, services urbains), soit indirectement, comme intrants dans la production des biens et services (équipements publics). La forme, la quantité et le prix des composants de la ville dépendent donc beaucoup des besoins locaux de la main-d'œuvre, eux-mêmes surdéterminés par le système d'économie politique.

La régulation

Il s'agit de l'ensemble des organismes qui produisent la réglementation encadrant la production et l'utilisation de la ville. La régulation est élaborée et exercée par le pouvoir politique et administratif sous toutes ses formes (État central, collectivités locales, services publics décentralisés), selon une répartition des compétences définie par le système politique. La régulation est sujette à des évolutions dans le temps : ainsi, en France, le processus de décentralisation mis en œuvre depuis les années 1980 a profondément modifié l'équilibre des pouvoirs et des compétences entre État central et collectivités locales ; au Brésil, le retour à la démocratie dans les années 1980 s'est également traduit par une importante redistribution du pouvoir au profit des États fédérés et des Municipalités. Le mouvement actuel au niveau mondial tend à la fois à une certaine décentralisation de la régulation et à sa consolidation à l'échelle des agglomérations.

Les acteurs de la régulation ont un rôle important dans l'évolution urbaine. En effet, leur pouvoir s'applique sur un territoire où ils disposent de deux types de leviers très puissants : ils définissent ce qui est permis ou interdit en matière d'urbanisme, et ils redistribuent la richesse au travers des taxes/prélèvements et des politiques d'investissement/subventions.

Ainsi, les acteurs de la régulation peuvent interdire certaines formes ou certaines fonctions urbaines. Ils autorisent ou interdisent l'extension verticale et horizontale des villes (réglementation urbanistique, permis de construire). Ils peuvent définir les hauteurs maximum des bâtiments, l'emprise au sol, la distance entre les immeubles, les usages possibles et prohibés. Il s'agit principalement d'un pouvoir négatif, car autoriser certaines formes de ville ne signifie pas que l'évolution urbaine ira nécessairement dans le sens voulu par la régulation, et les politiques publiques peuvent avoir des effets pervers importants, liés à l'utilisation de ces politiques par les autres acteurs de production dans un sens différent et non voulu.

Pour illustrer l'incertitude entourant les effets réels de certaines politiques publiques, on peut prendre l'exemple de la Région Île-de-France, qui a adopté en février 2007 un projet de schéma directeur visant à augmenter la production de logements tout en réduisant les terres urbanisables, afin de limiter l'étalement urbain. Ce projet a immédiatement soulevé l'inquiétude des acteurs immobiliers, privés comme publics (HLM), qui s'interrogent sur sa faisabilité. En effet, ce type de démarche peut rapidement conduire à une baisse de la production de logements du fait des contraintes supplémentaires, pas nécessairement compensées par les incitations, et donc à une augmentation de la pénurie.

L'autre levier d'action puissant à la disposition du pouvoir de régulation est la redistribution de revenus entre les acteurs locaux, à travers les prélèvements d'une part (taxes, impôts) et leur utilisation d'autre part. La régulation produit ainsi des infrastructures, des services publics, peut mettre en œuvre des politiques de subventions et d'incitations, qui ont pour objectif d'orienter le développement de la ville dans le sens souhaité par les régulateurs.

3.3. La régulation et le système d'économie politique

Ces divers leviers donnent à la régulation un pouvoir significatif sur le fonctionnement urbain. L'alimentation de Paris en denrées périssables en est un exemple frappant.[57] Elle est *contrôlée* par l'État depuis le Moyen-Âge. Ce contrôle permet à la fois de favoriser la paix sociale par l'approvisionnement sans heurts de la capitale et de prélever un impôt sur toutes les denrées entrant dans la ville. Dès le XVIIème siècle, l'ensemble des marchandises entrant sur un territoire s'étendant jusqu'à la Picardie et la Normandie doit passer par Les Halles à Paris. Au XXème siècle, les Halles centrales, du fait de leur succès et de la croissance de l'agglomération parisienne, ne parviennent plus à contenir l'ensemble des activités qu'elles sont censées accueillir. Situées au cœur de Paris, elles ne peuvent s'étendre. De nombreux autres lieux de vente en gros commencent à voir le jour en banlieue après la seconde guerre mondiale. Les flux sont de moins en moins contrôlés par l'État. Celui-ci décide alors, en 1959, de créer un nouveau site, à Rungis, et d'y transférer Les Halles. On peut remarquer que cette décision est fortement influencée par les évolutions du système d'économie politique : croissance de l'agglomération parisienne, difficultés d'accès et plus globalement obsolescence du site des Halles à Paris, pressions des acteurs (habitants des quartiers concernés, corporations de grossistes).

Le nouveau « Marché d'Intérêt National » (MIN), inauguré en 1969, est conçu de manière à ce que le contrôle y soit aisé : pas de sous-sol, vastes circulations internes, spécialisation thématique des bâtiments, contrôle hygiénique strict, clôture du périmètre avec points d'accès limités, vidéosurveillance. L'organisation générale (horaires de fonctionnement, organisation physique et agencement, droit d'accès) en est totalement

---

[57] Les données ci-après sont tirées du mémoire de 3e cycle de Fabrice Seechurn. *La mise en forme d'une liberté – Belle-Épine : « le centre dont vous êtes l'invité' »*. École Nationale Supérieure d'Architecture de Paris-Belleville. novembre 2006. Ce mémoire traite entre autres du déplacement des Halles de Paris à Rungis.

contrôlée par l'État. Afin d'éviter les extensions non prévues et non contrôlées, un périmètre d'interdiction de vente en gros est institué autour du marché. Avec Rungis, l'État reprend un contrôle quasi-total sur l'approvisionnement en gros de l'agglomération parisienne. On peut juste remarquer que dans ce cas également, le pouvoir de l'État dépend de l'importance du MIN, donc de l'agglomération parisienne, dans le système d'économie politique. Le pouvoir est *lié* au territoire.

Lors du transfert du marché de gros parisien des Halles à Rungis, l'État ne s'est pas contenté d'assurer le maintien et le renforcement de son contrôle sur cette seule branche d'activité. Il a également tenté d'instaurer un monopole de l'offre de commerce de détail par la création du Centre Commercial Régional Belle-Épine (120 magasins) en aménageant plus de 400 ha d'« annexes » du MIN, un véritable morceau de ville. Pour cela, il a pris le contrôle du foncier sur un périmètre très important autour du MIN, effectué de lourds investissements en infrastructures publiques, notamment routières, pour élargir la zone de chalandise jusqu'à Paris, défini un schéma d'aménagement général pour le secteur, et mis en place une législation visant à assurer la pérennité de ses projets (notamment l'interdiction d'implantation d'un centre commercial concurrent à proximité). Il a utilisé pour la mise en œuvre de son projet une série de sociétés publiques et de SEM qu'il contrôle.

A l'échelle de l'agglomération, au travers d'une stratégie similaire de mise en place de Centres Commerciaux Régionaux (CCR) autour de Paris, l'État a tenté à partir de la fin des années 1960 de planifier le développement commercial de l'ensemble de la périphérie parisienne, comme on le voit dans le schéma de la page suivante.

Cette politique, qui a utilisé partout une combinaison de régulation (pour assurer un monopole local) et d'investissement en infrastructures (pour renforcer l'accessibilité), a eu un impact important sur la structuration morphologique de l'agglomération parisienne, mais aussi sur l'aménagement local. On peut néanmoins observer que les fondements de cette politique de l'État se trouvent dans le système d'économie politique : d'une part, en effet, la concentration de population autour de Paris et l'augmentation constante de son pouvoir d'achat sont la résultante de l'expansion économique des *30 glorieuses*, et d'autre part, l'automobile est au centre de la politique d'aménagement de Belle-Épine et des CCR en général, l'automobile qui est bien une technologie intimement liée au système d'économie politique (l'aménagement du secteur de Belle-Épine a d'ailleurs fait l'objet d'études de *flux* approfondies).

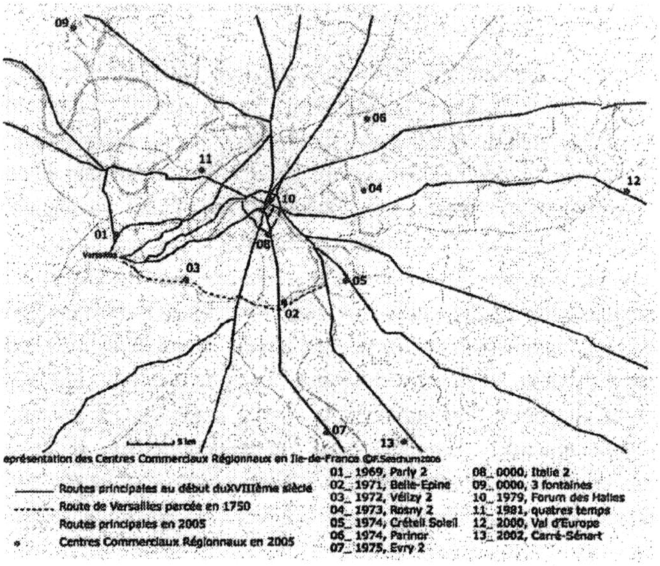

F. Seechurn. 2006.

Le pouvoir de régulation a un rôle important de facilitateur et d'incitateur dans l'évolution urbaine. C'est même un élément clé du développement urbain, car c'est le seul acteur capable d'effectuer des investissements très lourds, dont la rentabilité financière est faible ou à très long terme, mais dont les externalités positives sont importantes. Avec les évolutions du système d'économie politique et la perméabilité toujours plus grande des territoires (la fameuse « mondialisation »), ses modalités d'action évoluent, comme on l'a vu dans les exemples de Bilbao ou Birmingham, mais impliquent toujours de forts investissements publics.

De même que Bilbao ou Birmingham, la Plaine Saint-Denis, qui est aujourd'hui l'un des plus grands secteurs d'expansion urbaine à proximité immédiate de Paris, a bénéficié de lourds investissements publics. Ce secteur de 700 ha situé au nord de Paris et réparti entre 3 communes fut dès le XIXème siècle et jusque dans les années 1970 le plus grand site industriel de la région parisienne. Mais la désindustrialisation de l'agglomération a posé la question de sa reconversion. Petit à petit émergea donc un projet, d'abord industriel (de par la vision du monde des élus locaux, d'obédience communiste), puis de plus en plus tertiaire, devant le constat de l'impossibilité de réindustrialiser un secteur situé aux portes de Paris (pollution, accessibilité, coût du foncier), et donc de l'inadéquation du projet politique initial aux évolutions du système d'économie politique. Pour que le projet démarre au milieu des années 1990, il a fallu une convergence exceptionnelle de mouvements de nature politique *et* économique :

- un portage politique à tous les niveaux (qui évita des affrontements dommageables au projet)
- de très lourds investissements de l'État : construction du Stade de France, de deux stations du RER ; couverture de l'autoroute A1 sur 1,3 km et 5 ha ; de nombreux aménagements urbains
- la création d'un organisme d'aménagement : la SEM Plaine Commune
- un marché immobilier en sortie de crise (à partir de la deuxième moitié des années 1990), avec des acteurs qui reconstituent leurs capacités d'action, et un fort déficit immobilier en bureaux lié à la faible production pendant la crise
- des charges foncières très compétitives pour un positionnement en première couronne.

Cette conjonction de facteurs a permis de réaliser et de commercialiser plus de 500 000 m^2 d'immobilier en quelques années.

Ce type d'intervention plus incitative et moins directrice est devenu la norme et la seule manière d'agir efficace, pour des pouvoirs publics confrontés à l'affaiblissement de leurs moyens et à l'ouverture grandissante du système, qui se traduit par une *porosité* toujours plus grande de leur territoire aux influences extérieures. Dans le cas de Belle-Épine et des CCR en général, le monopole du commerce de détail mis en place de manière régalienne est battu en brèche par une concurrence de plus en plus présente, autorisée par les municipalités, qui y voient un facteur d'amélioration de la qualité de vie de leurs habitants et qui, parallèlement, acquièrent la compétence de réglementer le commerce grâce à la décentralisation. Le Centre commercial de Belle-Épine revient ainsi progressivement vers une logique de marché concurrentiel, et « réintègre » le système de valeurs libéral ; ce qui n'est pas le cas pour le marché de gros, qui reste un monopole public.

L'importance du pouvoir de régulation fait de son contrôle l'enjeu d'un rapport de forces permanent entre acteurs locaux du système d'économie politique. L'action des régulateurs est constamment influencée par les divers acteurs locaux, détenteurs des déterminants de la production, qui essaient de l'instrumentaliser à leur profit.

« Qui dirige Los Angeles ? Pendant les cinquante années qui vont de la guerre hispano-américaine (1898) à la guerre de Corée (1950-1953), la dynastie Otis-Chandler du Los Angeles Times a présidé aux destinées de la machine municipale la plus centralisée – la plus militarisée même – des États-Unis. Ce sont ses membres qui ont mené une politique antisyndicale féroce, exclu les premiers Juifs de la bonne société de Los Angeles et pillé la région par le biais de toute une série de sociétés immobilières. Il reste des traces de cette domination – et de ce pillage – dans la structure actuelle du pouvoir de Downtown, et l'équipe municipale [des années 1990] de Bradley en subit encore l'influence, même si la vieille garde est aujourd'hui [dans les années 1990] remplacée par des acteurs plus puissants, originaires de Tokyo, de Toronto et de New York. (...) Avec la montée des industries du loisir et de l'aéronautique dans les années vingt et trente, et la relocalisation des autres entreprises le long du couloir du Wilshire, la machine chandlerienne (...) a perdu son monopole régional. Du coté du Westside, une nouvelle élite majoritairement juive et démocrate a commencé à tisser ses réseaux sociaux et politiques, et à construire une hiérarchie rivale. Plus récemment, la mondialisation de l'économie sud-californienne a introduit de nouveaux acteurs et de nouveaux centres de pouvoirs, déstabilisant les cultures patriciennes désuètes. (...) Le pouvoir politique en Californie du sud continue d'être organisé par de grandes constellations de capital privé, qui, tout comme ailleurs, sont le véritable gouvernement permanent des affaires locales. Ce qui est exceptionnel à Los Angeles, c'est le degré extrême de développement d'un processus qui reste à l'état latent dans l'évolution d'autres villes des États-Unis. En premier lieu, la formation des élites locales tend à obéir aux mêmes lois imprévisibles que l'évolution géologique de la Californie du sud : **des changements brusques de l'infrastructure économique produisent des recompositions fondamentales au niveau des blocs de pouvoir. »**[58] [59]

---

[58] Mis en gras par les auteurs.

[59] Chapitre « Les jeux du pouvoir » de *City of Quartz*. 1990.

Los Angeles est dirigée depuis la fin du XIXème siècle par un petit nombre d'acteurs, gros propriétaires fonciers et/ou promoteurs immobiliers. Ces acteurs, regroupés au sein de groupes d'intérêt, contrôlent très directement le pouvoir de régulation, et orientent sa politique en fonction de leurs intérêts particuliers (aboutissant par exemple à des investissements publics énormes dans les années 1980 dans un centre ville en déclin qui appartient pour sa plus grande part à quelques propriétaires fonciers). On assiste ainsi à une redistribution inversée. Les taxes prélevées sur l'ensemble de la population (et principalement sur les classes moyennes et les familles modestes, car les populations les plus aisées ont utilisé à plein le mécanisme de sécession fiscale, comme on le verra plus loin) sont utilisées pour valoriser les terrains et immeubles de quelques très riches propriétaires et entrepreneurs, et pour mettre en place un système policier dont l'objectif principal est de contrôler les populations pauvres.

Les acteurs du pouvoir de régulation agissent en étant, parfois à leur insu, influencés par leur propre vision du monde et de la ville telle qu'elle « devrait être ». Or leur origine sociale et culturelle influe énormément sur la vision des acteurs de la régulation en matière de développement urbain et de « bonnes pratiques » à suivre. Le relais des urbanistes et des sciences sociales dans la création de « lois urbanistiques » s'avère alors fondamental ; celles-ci constitueront une formulation prétendument scientifique de ce qui n'est que vision du monde subjective.

L'impact du pouvoir de régulation est limité à long terme, car il reste lié à un territoire particulier, et à la place de ce territoire dans le système global. Or, dans ce système, le capital et le travail sont *mobiles*, les acteurs qui les détiennent se déplacent en fonction des opportunités qui s'offrent à eux. Il existe bien sûr des inerties dans cette mobilité, mais à long terme les acteurs concernés auront quand même tendance à chercher le territoire le plus adapté à leurs attentes. Les territoires se trouvent ainsi en situation de concurrence au sein du système d'économie politique, et, en l'absence d'une régulation mondiale qui n'est pas près de voir le jour, une régulation particulière a forcément un pouvoir restreint au seul territoire qu'elle couvre.

Ainsi, une politique publique mal élaborée, qui rendrait son territoire globalement moins attractif comparativement à d'autres, peut entraîner une fuite des acteurs mobiles et un déclin relatif de son territoire immobile. Inversement, une politique de développement mise en place par le pouvoir de régulation ne portera ses fruits que si elle est cohérente avec l'évolution du système d'économie politique global. On voit dans l'exemple de la Plaine Saint-Denis que le succès du projet est dû autant à une conjoncture immobilière favorable, tirée par la place de la région parisienne dans le système d'économie politique européen et mondial, qu'aux lourds investissements publics qui y ont été faits.

Les autorités de régulation peuvent aussi, si elles ne tiennent pas suffisamment compte du système d'économie politique et de son fonctionnement, engendrer une captation des bénéfices de leur politique par des acteurs qui n'étaient pas ceux visés a priori. Les politiques d'aide au logement pâtissent souvent de ces effets pervers, comme on le verra plus loin. Ainsi, il est estimé que la création puis l'extension des aides personnelles au logement ont exercé une pression à la hausse sur les prix de location, car elles ont augmenté le pouvoir d'achat des locataires. A moyen terme, 50 à 80 % de leur montant aurait en fait été capté par les propriétaires sous forme d'augmentations de loyer.[60]

****

[60] Gabrielle FACK. « Pourquoi les ménages pauvres paient-ils des loyers de plus en plus élevés – L'incidence des aides au logement en France (1973 – 2002) ». in *Economie et Statistiques* n°381-382. octobre 2005.

Ainsi, à l'instar de n'importe quelle marchandise, la ville est produite dans le cadre du système d'économie politique global, à partir de déterminants du système qui la dépassent. Les fonctions affectées au bâti, les quantités de m^2 produites par fonction et les prix de vente sont largement définis par leur utilisation dans le cadre du système d'économie politique. Comme pour le reste du système d'économie politique, la production de ville obéit à un système d'équations dont la solution est obtenue par un ensemble de prix et de revenus. Ce système n'est pas fermé mais ouvert, il n'est pas territorial mais mondial.

Les acteurs locaux (à l'exception des détenteurs du foncier, nécessairement passifs), peuvent faire évoluer les caractéristiques locales et améliorer, ou dégrader, le positionnement du territoire dans le système global. Les actions qu'ils mettent en œuvre dans ce but résultent autant d'une vision du monde que d'une rationalité économique.

On peut appliquer à l'urbain quelques conclusions que nous avons tirées de l'analyse du système d'économie politique dans son ensemble :

- comme pour le reste des ressources naturelles, la rente foncière est une résultante passive de l'évolution des valeurs de toutes les marchandises et du taux général de profit ;
- les prix de l'immobilier ne sont pas liés à la seule demande de biens immobiliers, mais aux conditions de production du système d'économie politique dans son ensemble, lequel détermine la demande en général et celle de biens immobiliers en particulier ;
- enfin et surtout le prix de production de la ville, et sa répartition entre les acteurs du système, sont déterminés par une confrontation politique entre les catégories d'acteurs du système d'économie politique, aussi bien internes qu'externes à la ville. Le prix de la ville est surdéterminé par le système d'économie politique dans son ensemble. Ainsi, le déclin ou le dynamisme économique général vont être les facteurs déterminants du secteur de l'immobilier local, à la fois au niveau des prix des produits et de la production, quantitative et qualitative.

La production de ville est la résultante de la confrontation permanente de stratégies d'acteurs, son évolution est par essence indéterminable à son propre niveau. La ville se modèle et évolue en fonction du système d'économie politique, avec cependant une inertie et des permanences physiques (immeubles anciens conservés) parfois très significatives. Ces permanences s'expliquent notamment par deux types d'inertie :

- une inertie *physique* du bâti, soit du fait du temps de sa réutilisation, soit à cause du déplacement géographique du système d'économie politique, qui laisse derrière lui un bâti obsolète, ni réutilisé, ni adapté, ni transformé, puisque précisément le lieu de la production immobilière n'est plus le même ;
- une inertie *politique*, liée à des visions du monde, qui contribue à l'élaboration de toutes ces politiques de *conservation patrimoniale*, elles-mêmes issues des rapports de forces dans le cadre du système d'économie politique et de la lutte pour le contrôle du pouvoir de régulation, acteur clé dans ce domaine.

4. La valeur pétrifiée

Le statut particulier du produit logement

Dans ce contexte, le produit « logement » a un statut particulier. Dans de nombreux pays, la *crise du logement* est un thème récurrent, depuis plus d'un siècle. Le nombre de logements en Europe serait théoriquement suffisant pour loger de manière satisfaisante la totalité de la population, puisque chaque logement hébergerait en moyenne 2 à 3 habitants (les ratios sont de l'ordre de 490 logements pour 1000 habitants en France, en Espagne ou en Suède, de 445 en Allemagne et de 420 au Royaume-Uni ou aux Pays-Bas, de 324 en Irlande).[61] Mais plusieurs facteurs concourent à entretenir la pénurie. D'abord une donnée sociale et culturelle généralisée en Europe : l'augmentation du nombre de *ménages* et la diminution de leur taille, et notamment l'augmentation des « ménages » d'une seule personne. Ces évolutions sont liées à l'augmentation de l'espérance de vie (personnes âgées), à la modification des trajectoires individuelles et familiales (mariages plus tardifs, séparations plus fréquentes, célibataires) et à la reconfiguration des conditions d'autonomie économique (tous, hommes ou femmes, adultes ou mêmes adolescents, peuvent désormais aspirer à avoir un revenu personnel).[62] Ces évolutions sont évidemment liées, à la fois causes et conséquences, aux évolutions du système d'économie politique.

Mais pourquoi celui-ci ne semble-t-il pas capable de produire suffisamment d'un bien qui est fondamental pour la reproduction de la force de travail ? Par exemple, sur les 30 dernières années en France, la production de voitures, autre bien entrant dans la reproduction de la force de travail, est restée stable autour de 2 millions d'unités avec une légère tendance à l'augmentation,[63] reflétant un marché mature, dans lequel les besoins sont satisfaits après une forte augmentation de la production dans les décennies 1950 à 1980 ; en revanche, la production de logements a varié substantiellement à la baisse, dans un marché qui semble structurellement déficitaire en offre. Ainsi en France, la

---

[61] Claudie Louvot Runavot. « Le logement dans l'Union Européenne : la propriété prend le pas sur la location ». in *Économie et Statistiques* n°343. 2001.
Ces chiffres incluent les résidences secondaires (40/1 000 en France) et les logements vacants (de 3 à 30 % du parc selon les pays, 7.7 % en France).

[62] *Le logement dans l'Union Européenne.* op. cit. p.38.

[63] Syndicat des Constructeurs.

production de logements passe de 550 000 en 1975 à moins de 300 000 en 1993, et à peine plus de 400 000 en 2005 malgré les discours triomphalistes. En Allemagne, elle oscille, de 1974 à 1999, entre 200 000 et 600 000 par an.[64]

On peut être amené à penser que cette situation s'explique par le statut particulier du produit logement. Comme toute marchandise, celui-ci est l'agrégation de ressources naturelles non reproductibles (dont, notamment, le foncier) et d'une production économique (le bâti). Son prix est évidemment déterminé dans le cadre du système d'économie politique dans son ensemble ; il est bien sûr influencé également par les facteurs qui ont un impact sur son coût réel pour l'acquéreur.[65] En France, sur une longue période, les évolutions du prix des logements suivent assez étroitement celles du revenu brut global des ménages, avec des écarts temporaires lors des guerres et des crises ou des « bulles » immobilières.[66] La plupart du temps, l'augmentation de population dans une région va de pair avec l'augmentation du prix du logement (exemples de Midi Pyrénées, PACA, Languedoc Roussillon, Rhône Alpes, Aquitaine).[67]

Il existe un facteur très significatif de la pénurie de logement, directement lié aux évolutions du système d'économie politique ; c'est: le déséquilibre *structurel* des marchés locaux de l'habitat : le logement est par définition immobile ; or au cours de ses évolutions le système d'économie politique utilise successivement des territoires différents : la mobilité de la main-d'œuvre et des acteurs du capital crée inévitablement un déséquilibre. Les territoires en expansion économique attirent les acteurs détenteurs du capital et du travail, qui doivent y trouver à la fois de quoi s'y loger et développer leurs activités ; il s'ensuit une pression forte sur les prix de l'immobilier local et une pénurie relative de bâti, au premier rang duquel le logement. Inversement, les territoires en déclin

---

64 *Le logement dans l'Union Européenne.* op. cit.

65 Ceux-ci sont souvent suivis et contrôlés par le pouvoir de régulation, mais pas toujours spécifiquement orientés en fonction d'une politique du logement clairement élaborée ou stable : on peut citer, par exemple, les taux d'intérêt ou les politiques d'aide (prêts à taux zéro, prêts bonifiés, aides à la personne ou plus généralement à la pierre).

66 Alain Sauvant. Étude DAEI, Ministère de l'Équipement, document de travail. 2004.

67 Il y a cependant des contre-exemples, comme l'Alsace et les Pays de la Loire, où l'augmentation de la population ne s'est pas traduite par une augmentation correspondante du prix des logements.

économique subissent une réduction de l'utilisation de leur bâti, du fait du départ progressif des activités et des travailleurs, évolution qui entraîne localement une baisse des prix de l'immobilier et un excédent de bâti (vacance non voulue).

Du fait de ces mécanismes, le mal logement (surfaces trop petites, manque de confort, insalubrité) est *structurel* pour les populations les plus pauvres, et aggravé en cas d'absence d'intervention de la régulation. Ces populations, que leur faible niveau de formation rend plus sensibles aux évolutions de la conjoncture économique et souvent plus mobiles, ont tendance à s'implanter dans les secteurs en *développement* économique, ceux dont le bâti est précisément le plus cher et le plus rare. La précarité du logement et le manque de confort contribuent, réciproquement, à entretenir cette mobilité, le logement confortable et cher étant un élément de fixation de la main-d'œuvre et d'inertie au sein du système d'économie politique ; en cas de crise locale, les mal-logés et les locataires en général se déplaceront plus facilement que les propriétaires. La crise structurelle du logement fait spontanément partie de la reproduction élargie du système d'économie politique.

La propriété immobilière est, de diverses façons, un facteur important d'immobilisation de la main-d'œuvre : d'un point de vue économique, pour un propriétaire habitant un territoire entré en crise, la mobilité signifie :

- vendre son logement, à un prix relativement faible du fait de la moindre attractivité du territoire qu'il est obligé de quitter,
- et déménager vers un territoire en expansion, où le logement aura tendance à coûter plus cher.

A cette inertie mécanique, s'ajoute un facteur psychologique. Le logement représente, pour le propriétaire, la stabilité et la permanence durement acquises, un rempart symbolique contre la précarité, une résistance au temps qui passe. S'y ajoute aussi la valeur nostalgie, la dimension sentimentale d'attachement au logement qu'on peut éprouver pour d'autres objets (voitures, meubles, vêtements, objets d'art) ainsi qu'au voisinage social.

Aux États-Unis, le système d'économie politique a généré une réponse partielle aux inconvénients de l'immobilité à travers le *mobil home*, sorte de

« logement voiture » qui représentait en 2000 un septième des logements construits dans ce pays. Le *mobil home* est la seconde plus importante catégorie de logement en taux de croissance sur la période 1980-2000.[68] Mais il s'agit d'une réponse adaptée à une culture de la mobilité bien plus développée qu'en Europe, qui rend possible notamment l'implantation de villages entiers de mobil homes, politiquement inconcevables sur le vieux continent (on peut le percevoir en observant, en France, les difficultés liées à l'implantation d'aires pour les gens du voyage, pourtant très peu nombreux).

De manière générale, on peut donc avancer que le système d'économie politique fonctionne structurellement de façon à *ne pas* répondre totalement aux besoins en logement, notamment pour les populations les plus pauvres. Il le fait, mais de manière très précaire, souvent honteuse dans les pays qui ont des normes en matière d'habitat, car par définition la réponse se situe en dessous de ces normes (bidonvilles, marchands de sommeil, tentes, etc.).

Devant ce constat de « carence du marché », la plupart des pays qui en ont les moyens se sont dotés de *politiques du logement*. Ces politiques sont basées sur une vision du monde affirmant le « droit au logement » et le droit au logement « décent ». Ainsi l'Union Européenne reconnaît l'aide au logement comme droit fondamental. Dans son rapport sur la stratégie européenne d'inclusion, la Commission reconnaît que le marché du logement est moins *efficace* pour les populations à faibles revenus et que les interventions en matière d'habitat social doivent surmonter les déficiences du marché afin de garantir un accès à un logement décçnt et abordable aux tranches les moins fortunées de la population.[69]

Ces politiques sont basées sur deux types d'aides : « à la pierre » (à la construction) et « à la personne » (au bénéficiaire). Les aides à la pierre, destinées aux maîtres d'ouvrage privés, publics ou parapublics (logement social), comprennent notamment des incitations entrant dans le financement de la construction ou de la réhabilitation de logements (prêts bonifiés, incitations fiscales, subventions). Elles permettent d'agir directement sur l'offre et d'élaborer des politiques pour des populations

---

[68] *Mutations*. op. cit. p. 538.

[69] Carine Puyol. « Europe : le logement, outil de cohésion sociale et territoriale ». in *Habitat et Société* n°39. septembre 2005. p. 27.

spécifiques (par exemple handicapés, réfugiés,...) mais son ciblage est très large, pouvant aboutir à des rentes de situation illimitées. Les aides à la personne sont plus ciblées et varient dans le temps en fonction des revenus. Elles ont fortement augmenté en France ces vingt dernières années, au détriment des aides à la pierre, et représentent en 2001 57 % des aides publiques au logement.[70] L'ensemble de ces aides a pour objectif de faire baisser le *taux d'effort* de la population cible, c'est-à-dire la part de son revenu qu'elle consacre à se loger. L'aide à la pierre permet d'abaisser le niveau du loyer demandé par les bailleurs (ou celui du prix à l'achat du logement), et l'aide à la personne permet, elle, d'augmenter le montant du loyer accessible aux locataires (politique de solvabilisation de ces derniers).

En France, l'ensemble des aides publiques au logement dépassait 2% du PIB et 10 % de la dépense nationale en 1984. Ces chiffres ont eu tendance à diminuer depuis, oscillant jusqu'en 2001 entre 1,5 et 1,75 % du PIB et 8 à 9 % de la dépense nationale, notamment du fait de la faible revalorisation des aides à la personne. Ces aides peuvent être très significatives. L'aide à la pierre pour l'investissement locatif (public ou privé) représente selon les produits 7 à 56 % du prix de revient d'un logement en France en 2005, pour des engagements de montants de loyer de sortie situés entre 90 et 30 % des prix du marché.[71] Les aides à la personne peuvent couvrir entièrement, voire dépasser dans certains cas, le montant du loyer hors charges.

Les politiques publiques ont un fort impact sur la production de logement. Les variations de cette production en France sont dues pour une grande part aux évolutions des politiques publiques en la matière. En 1975, année record de production, une bonne partie des logements produits appartenaient au parc social. Il en est de même, à partir du milieu des années 2000, avec la mise en œuvre du Plan Borloo.

Cependant, les bénéficiaires réels des aides du régulateur français ne sont pas nécessairement les populations cibles. Ainsi 50 à 80 % des aides à la personne ont été absorbées par la hausse des loyers, et ont donc

70 Claude Taffin. « De l'aide à la personne vers l'aide à la personne ». in *Habitat et Société* n°39. septembre 2005. p. 8.

71 Michel Amzallag. « Quelles aides ? Quelles contreparties ? ». Dossier « Financement du logement social : état des lieux » in *Habitat et Société* n°39. septembre 2005.

bénéficié aux propriétaires bailleurs.[72] Et même si le Prêt à Taux Zéro (PTZ) a permis à des ménages modestes de devenir accédants, ce qui était son but, 85 % des bénéficiaires de cette aide auraient choisi de déménager pour devenir propriétaires même sans elle... dénotant ainsi un *effet d'aubaine* important. En outre, le PTZ est un facteur de hausse des prix à moyen terme, selon les mêmes mécanismes que les aides à la personne ; et son effet multiplicateur sur l'investissement en logement résidentiel serait assez modeste, de l'ordre de 1,3.[73]

Dans le contexte de pénurie relative du bien logement, malgré la perte de mobilité que cela entraîne, l'accession à la propriété est une aspiration très forte de la plupart des Européens et des Américains. Rendue possible par l'augmentation des revenus des classes moyennes et stimulée par les politiques de l'État (prêts bonifiés, vente de logements locatifs sociaux à leurs occupants, mesures défavorables au secteur locatif,...) ou par leur absence (absence de secteur locatif social), l'accession à la propriété est devenue le mode d'habiter majoritaire presque partout en Europe. Ainsi, la proportion de propriétaires est de 55% en 1996 contre 32% en 1955 en France, de 67% en 1997 contre 30% en 1950 au Royaume-Uni, de 80% en 1998 contre 45% en 1950 en Espagne. Seule l'Allemagne reste relativement à l'écart de ce phénomène massif d'accession à la propriété.[74] Mais n'est-ce-pas là un reflet pur et simple des modalités de reproduction élargie du système pendant la deuxième moitié du XXème siècle en Europe, lesquelles pourraient bien engendrer à plus long terme des rigidités très dommageables ?

Symbole de réussite sociale, garantie de stabilité et protection contre les incertitudes du lendemain, la propriété jouit d'un engouement dont les raisons sont multiformes et souvent plus psychologiques qu'issues d'un calcul économique rationnel. En effet, selon les époques, il est parfois plus avantageux de rester locataire et de placer le montant destiné à l'achat d'un bien immobilier sur d'autres supports d'investissement. Le logement est un besoin qui vient juste après la satisfaction des besoins vitaux, et la propriété apporte le sentiment que ce besoin de se loger est

72 Gabrielle Fack. « Pourquoi les ménages pauvres paient-ils des loyers de plus en plus élevés ». in *Économie et Statistiques* n°381-382. 2005.
73 Laurent Gobillon. « Quelques effets économiques du prêt à taux zéro ». in *Économie et Statistiques* n°381-382. 2005.
74 *Le logement dans l'Union Européenne : la propriété prend le pas sur la location.* op.cit.

définitivement comblé.[75] Or les besoins de sécurité (au premier rang desquels la sécurité d'un abri, d'un logement) viennent juste après les besoins physiologiques (boire, manger, dormir) dans la hiérarchie élaborée par Abraham Maslow dans sa célèbre pyramide des besoins.[76] Le besoin, très largement partagé, de permanence et de sécurité, va d'ailleurs, sous des formes multiples, jouer un rôle majeur dans l'évolution des villes.

[75] Ce sentiment ignore totalement les évolutions indéterminées du système d'économie politique, qui peuvent forcer la mobilité résidentielle des propriétaires.
[76] Abraham Maslow. *A theory of human motivation*. 1943.

Deuxième partie

LA VILLE ENTRE RÊVE ET RÉALITÉ

Idéologie et Urbanisme

Nous allons maintenant nous pencher sur les *visions du monde* des acteurs de la ville, en analysant comment celles-ci influencent l'évolution urbaine. Nous nous arrêterons en particulier sur les constructions mentales et les systèmes d'interprétation élaborés par ces acteurs pour se préserver de l'angoisse qu'engendre l'incertitude de l'avenir (et l'indétermination du système d'économie politique). Et nous examinerons ce paradoxe qu'une ville en mutation constante soit le plus souvent perçue comme un symbole de permanence.

Nous passerons ensuite en revue les principales « lois urbanistiques », qui sont le produit des visions du monde des *professionnels* de l'urbain, et nous étudierons leur impact sur la ville. Nous porterons alors une attention particulière à la *préservation patrimoniale*, archétype d'une vision du monde prétendant résister aux évolutions inexorablement engendrées par le système d'économie politique.

Chapitre 1

Le désir d'éternité

Permanence et changement dans la ville

Il y a, nous semble-t-il, une tendance générale à construire des « visions du monde » pour conjurer l'indétermination du réel. A la base de ces constructions se manifeste un besoin de permanence et de stabilité ; il s'agit de contrôler, domestiquer ou stabiliser l'indéterminé, ne serait-ce qu'en représentation. Ces constructions ont évidemment un impact sur le système d'économie politique. Tous les acteurs qui produisent la ville portent en eux-mêmes des représentations, qui orientent leurs objectifs, leurs stratégies et leurs actions. La ville peut elle-même devenir un élément clé des aspirations à la permanence et des proclamations identitaires, une référence et un symbole de stabilité rassurante, malgré ses perpétuelles mutations réelles.

1. Le réel et son double ou l'insoutenable solitude

Le besoin de permanence

1.1. Indétermination du réel et « vision du monde »

La réalité, le monde réel sont d'une complexité qui dépasse l'entendement humain. Les évènements quotidiens du monde vivant et non vivant interfèrent, en nombre infini, entre eux et il est impossible d'en prévoir la résultante. L'esprit voudrait que le monde infini soit régi, ordonné et rendu prévisible par des lois de causalité.

Les sciences physiques tentent par l'expérimentation, la déduction et l'induction d'en comprendre le fonctionnement. Elles procèdent par simplification, et expérimentent en milieu fermé, dans des laboratoires. Les découvertes et théories sont constamment remises en cause et/ou incorporées comme cas particuliers dans des systèmes d'interprétation plus généraux. Il s'agit d'une quête nécessaire, mais vouée à l'approximation, surtout lorsque l'expérimentation en laboratoire n'est pas envisageable, ce qui est le cas dans de domaine des sciences humaines.

Le monde est indéterminable pour l'esprit humain, ses évolutions sont imprévisibles, en ce sens qu'elles comportent une infinité irréductible de *degrés de liberté*. Ce caractère incertain de l'évolution du monde est difficile à supporter, il est hautement insécurisant. De l'insécurité naît l'aspiration à la permanence, laquelle constitue un des fondements de la « vision du monde » ; celle-ci permet de donner un *sens* au monde qui nous entoure, aux évènements, petits et grands, dont nous sommes témoins et que nous subissons ; elle contribue dans le même temps à nous *situer*, en pensée et en actes, à l'intérieur de ce monde « décodé ».

Nous utiliserons le terme « vision du monde » (*Weltanschauung*) au sens de système de représentations du monde et de son évolution. Il s'agit d'une élaboration individuelle, mais ses aspects les plus structurants sont en général partagés par la communauté à laquelle l'individu appartient. Les visions du monde individuelles intègrent des éléments de visions collectives ou collectivisées, souvent holistes, relativement consensuelles, qui peuvent prendre la forme de religions ou de cultures. La vision du monde est sous-tendue par un système de valeurs qui oriente à la fois l'analyse que chaque individu fait du réel, et ses actions.

Ces constructions mentales jouent le rôle de *filtre* dans l'interface avec le monde réel, filtre qui aide et empêche à la fois de voir le monde tel qu'il est [77]. Les exemples les plus illustratifs, car les plus caricaturaux, de ce phénomène de déformation de la réalité perçue se retrouvent en psychiatrie, dans ces « maladies » mentales nommées schizophrénie ou paranoïa, dans lesquelles les « malades » se construisent des mondes ou des personnalités parallèles. Mais c'est un mécanisme que l'on retrouve virtuellement chez tous les êtres humains, à des niveaux et sous des formes très variés. Les névroses, les problématiques narcissiques, la relation complexe à soi et à l'autre, entraînent la construction de *« doubles du réel »*. Le « double du réel » est le résultat d'une stratégie pour faire face à un futur incertain et à une solitude difficilement supportables.

Le philosophe Clément Rosset identifie trois instances dans la construction du double : l'illusion oraculaire (l'évènement et son double), l'illusion métaphysique (le monde et son double) et l'illusion psychologique (l'homme et son double) :

- L'illusion oraculaire permet d'échapper à la réalité de l'évènement. Nous nous convainquons par le biais de ce type d'illusion que les événements tels que nous les voyons ne sont pas ce qu'ils sont mais autre chose, plus conforme à ce que nous souhaitons qu'ils soient.
- L'illusion métaphysique est liée à la construction d'une représentation du monde qui lui donne sens et finalité, qui en « *explique* » donc les évolutions. Les religions en sont des exemples typiques.
- L'illusion psychologique est la construction d'une représentation de nous-mêmes, qui est l'objet d'étude de la psychanalyse. Nous ne pouvons alors nous voir tels que nous sommes, car l'image que nous projetons de nous-mêmes nous en empêche.[78]

Pour nous aider dans notre rapport au monde, nous créons donc des systèmes d'interprétation qui nous aident à supporter notre solitude et notre finitude tout en nous empêchant de les voir telles qu'elles sont.

---

[77] La philosophie débat au moins depuis les Grecs (cf. Platon et le mythe de la caverne, par exemple) pour savoir s'il est possible à l'homme d'appréhender le réel, et de quelle manière, et si celui-ci doit ou non passer par un filtre déformant.

[78] Clément Rosset. *Le réel et son double*. Gallimard. 1976/1984.

Les visions du monde varient selon les sociétés et les cultures. En dernière analyse, elles sont d'ailleurs individuelles. L'adoption d'une vision du monde *« collective »* permet à la fois de renforcer l'impression que la vision du monde individuelle *est* la réalité (plus on est à croire plus on a confiance en ce en quoi l'on croit, la croyance des uns renforçant les certitudes des autres) et de se sentir appartenir à un groupe, dans un mécanisme identitaire qui éloigne la peur de la solitude.

Les religions, et plus généralement les idéologies, sont des exemples de visions du monde collectives. Elles offrent toutes un système global d'interprétation du réel et de ses évolutions, et permettent de lui donner un sens. Elles positionnent l'individu dans le monde, lui donnent une raison d'exister, un rôle. Toutes les formes de valorisation du collectif (le clan, la famille, le peuple, la nation) par rapport à l'individuel remplissent également cette fonction de sécurisation de l'individu. Celui-ci se sent alors partie d'un tout plus grand, qui le dépasse. Cette appartenance à une collectivité, même si elle comporte des obligations et peut priver l'individu de certaines libertés de pensée ou d'action, apporte le sentiment à la fois d'une utilité et d'une sécurité. Nous ne sommes plus seuls, nous sommes pris en charge.

Les systèmes d'interprétation du monde peuvent aussi prendre la forme de valeurs plus personnelles, même quand celles-ci sont partagées par beaucoup. Par exemple, l'accumulation de biens matériels, d'argent, peut être considérée comme un but dans la vie, pour diverses raisons : elle peut être considérée comme un *étalon de la valeur* de l'individu (le plus riche est le meilleur), comme une *garantie contre les aléas* du futur, comme un *moyen de laisser une trace* après sa mort... C'est une vision du monde fortement présente aux Etats-Unis par exemple (valeurs du protestantisme anglo-saxon), qui se répand progressivement dans l'ensemble du monde occidental. La recherche d'un emploi à vie, de la garantie d'un futur professionnel sans menace, assurés par l'État ou grâce à une *culture* d'entreprise, est une aspiration répandue dans des pays comme la France (où le statut de fonctionnaire est devenu un idéal) ou le Japon (où l'emploi à vie faisait jusqu'à récemment partie des avantages implicites dont les salariés bénéficiaient en échange d'un investissement sans faille dans l'entreprise).

On pourrait citer bien d'autres exemples de systèmes d'interprétation, partielle ou globale, du monde, collectifs ou individuels. Chaque individu est influencé par plusieurs de ces systèmes, et se crée le sien propre.

Le corollaire d'une vision du monde collective est la perception de ceux qui ne la partagent pas comme *étrangers*, différents. Perception qui peut se traduire en rejet en cas de besoin, notamment quand il faudra trouver un responsable pour une catastrophe. Ce processus peut être mis en application dans une perspective de résistance au changement, l'*autre* ou l'extérieur étant perçus comme facteurs de déstabilisation et comme menaces. Les exemples de ce type de comportement sont innombrables : il suffira de mentionner les conflits du Moyen-Âge entre seigneurs et serfs d'un côté, marchands et artisans de l'autre.

Les visions du monde partagées visent à cimenter le collectif et, parallèlement, sont exploitées par les *décideurs* au sein de ce collectif, comme nous l'examinerons plus en détail dans la troisième partie. Car « l'idéologie est toujours l'idéologie de la classe dominante ».[79] Ainsi, au Moyen-Âge, la défense du système féodal profitait principalement à une partie de la noblesse et du clergé. Et ceux-ci utilisaient la religion et la peur des désordres pour entraîner d'autres catégories de population à leur suite contre les marchands et les artisans.

---

[79] R. Barthes. *Mythologies*. Points. 1970.

1.2. Visions du monde et système d'économie politique capitaliste

Le système d'économie politique est le cadre des relations des hommes entre eux et avec le monde ; il est une infrastructure de la société et, à ce titre, une des facettes du réel. Son évolution est complètement symbiotique avec l'évolution du monde en général et, comme celle-ci, indéterminée. Son appréhension par les individus est donc incorporée dans leur vision du monde. Les mécanismes du système d'économie politique sont fondés sur des *valeurs* qui, tout en étant facteurs d'insécurité pour certaines catégories de la population, constituent également des repères, une interprétation sécurisante du réel.

La dynamique même du système d'économie politique capitaliste se met en œuvre parallèlement au besoin individuel et collectif de consommer et/ou d'épargner, dans un contexte historiquement déterminé. Le consumérisme, le fait d'attacher collectivement de la valeur à la consommation de biens et services, et à l'épargne qui permet l'accumulation et l'investissement, c'est-à-dire l'expansion et/ou la protection contre les aléas du futur, est essentiel au fonctionnement du système. Ce besoin de consommer est formulé dans le cadre de logiques diverses (hédonisme, marque de statut social...), mais devient un but en soi pour un type particulier de vision du monde, lequel est néanmoins partagé par un nombre grandissant d'individus. C'est ce moteur qui fait tendre les énergies humaines vers la production et la consommation de richesses matérielles.

Des visions du monde alternatives ou simplement différentes, qui prônent la croissance maîtrisée ou lente (« slow growth »), le partage ou le « Bonheur National Brut » (c'est la doctrine officielle au Bhoutan),[80] en opposition au PNB, sont régulièrement mises en avant, mais ce ne sont là que des pseudo-visions, virtuelles, limitées, et leur influence reste

---

[80] Minuscule royaume de l'Himalaya, le Bhoutan contrôle très strictement l'ouverture de ses frontières afin de préserver un mode de vie traditionnel que ses dirigeants estiment équilibré et préférable pour les bhoutanais à l'adoption indiscriminée du système capitaliste. Il est intéressant de noter que malgré toutes ces précautions, ce dernier a quand même pénétré le « système de reproduction simple » que le Bhoutan essaie de préserver, par le biais de l'amélioration de la santé publique, qui a elle-même entraîné la baisse de la mortalité, une croissance de la population et une pression de plus en plus forte sur les terres, créant un déséquilibre et ouvrant sur un futur indéterminé pour ce petit pays.

suffisamment marginale pour ne pas mettre en danger la mécanique globale du système. Elles sont d'ailleurs présentées selon des termes et à l'intérieur d'un paradigme (de valorisation, de quantification) qui est celui du capitalisme. Cela permet à tout le monde de comprendre les idées proposées, mais consacre également la soumission de ces visions du monde à la pensée capitaliste dominante. En outre, certaines d'entre elles peuvent être récupérées par le système : ainsi, la « slow growth » est un concept utilisé par les propriétaires fonciers à Los Angeles pour combattre l'urbanisation à proximité de leur patrimoine, et ainsi préserver sa valeur marchande.[81]

Cette absence de réelle alternative explique l'engouement de la quasi-totalité des acteurs pour la « croissance » de l'économie. La vision du monde « capitaliste » tend à se répandre aux quatre coins de la planète, en même temps que le système d'économie politique lui-même ; elle est devenue la pensée dominante.

La vision du monde a immanquablement un impact extrêmement fort sur les objectifs et sur les actes. Ainsi, l'ensemble des acteurs du système d'économie politique, et donc parmi eux les acteurs de la ville, orientent leurs stratégies et leurs actions en fonction de leur perception de la réalité, en fonction de leur vision du monde. Ces constructions mentales subjectives sont donc extrêmement opératoires et importantes dans l'évolution du système et de la ville.

L'accélération des mutations du monde physique et du système d'économie politique au cours des deux derniers siècles a renforcé dialectiquement la résistance à ces mêmes mutations. Plus le changement est rapide, plus il fait peur et génère des résistances et des stratégies individuelles de préservation vis-à-vis des évolutions. Le changement induit des tentatives pour « l'apprivoiser », au travers de schémas téléologiques d'interprétation qui le mettent en perspective par rapport à une finalité. Ainsi les idéologies révolutionnaires ont-elles un temps remplacé la religion pour de nombreux individus, et constitué un modèle de société qui se voulait alternatif.[82] Et on assiste depuis leur déclin dans

---

[81] Mike Davis. *City of Quartz*. op. cit.

[82] Le libéralisme peut prendre les mêmes accents téléologiques que le communisme, prêchant le jeu du marché et la fin de l'État comme moyens de la liberté et du bonheur universel…

les années 1980, parallèlement à une accélération sans précédent de l'évolution du système d'économie politique, à un renforcement du sentiment religieux, et du rôle politique et public des religions : 50 % des habitants de la planète adhéraient aux quatre principales religions (Catholicisme, Protestantisme, Islam, Hindouisme) au début du XXème siècle, ils sont 64 % au début du XXIème siècle, et ce pourcentage pourrait approcher 70% en 2025.[83] Ce phénomène prend place dans un monde apparemment plus démocratique, plus éduqué et moins misérable.[84] Et la religion *re*-devient de plus en plus un vecteur d'opposition politique en même temps que d'identité.[85]

Dans le Chicago des années 1920, la résistance au changement (et à ses corollaires, les menaces sur l'emploi et les styles de vie) prend des formes progressives, depuis l'utilisation de la régulation jusqu'à la violence physique extrême contre les symboles de changement, les descendants d'esclaves noirs libérés par exemple : *« Une société où des changements importants et rapides se multiplient a un besoin grandissant de l'espèce d'éducation publique dont nous bénéficions d'ordinaire au travers de la presse, de la discussion et de la conversation. Par ailleurs, comme l'observation personnelle et la tradition – qui servent d'ultimes appuis au sens commun comme aux recherches les plus systématiques de la science – ne parviennent pas à suivre le rythme du changement, il en résulte ce phénomène de « retard culturel » décrit par Ogburn. Notre savoir politique et notre bon sens n'arrivent plus à suivre les changements réels qui apparaissent dans notre vie courante. Par conséquent, comme le public a le sentiment d'aller à la dérive, les actes législatifs se multiplient, alors que le contrôle réel s'affaiblit. Puis, lorsque le public se rend compte de la futilité des mesures législatives, il en arrive à réclamer une intervention énergique, et cette demande s'exprime dans de pures et simples émeutes populaires : par exemple, les lynchages dans les Etats du Sud et les violences racistes*

---

83 Données World Christian Encyclopedia, in « La ferveur religieuse, une valeur montante ». Thimoty Samuel Shah et Monica Duffy Toft. in *Foreign Policy*. Cité dans *Courrier International*. Hors série mars-avril-mai 2007.

84 Selon l'organisation américaine Freedom House, le nombre de pays « libres » ou « partiellement libres » a augmenté de 93 en 1975 à 147 en 2005. L'UNESCO estime qu'entre 1970 et 2000 le taux d'alphabétisation des adultes a doublé en Afrique subsaharienne, dans les pays arabes ainsi qu'en Asie du Sud et de l'Ouest. Selon les chiffres de la Banque Mondiale, la proportion moyenne d'habitants de pays en développement vivant avec moins de 1 dollar par jour est tombée de 28 % en 1990 à 22 % en 2002. In La ferveur religieuse, une valeur montante, article cité.

85 43 % des guerres civiles qui ont eu lieu depuis 2000 avaient des motifs religieux, contre 25 % environ dans les années 1940 et 1950.

du Nord. Dans la mesure où ces désordres sont liés à des déplacements de population, comme le montrent des études récentes sur les émeutes raciales et les lynchages, l'étude de ce que nous avons appelé métabolisme social peut fournir un indicateur, sinon une explication du phénomène. »[86]

Dans cette recherche de permanence et de contrôle des évolutions, l'espace physique peut jouer un rôle fondamental. Ainsi, les individus créent des liens affectifs et émotionnels avec des espaces perçus comme des symboles identitaires et de permanence. Ce peut être une maison de famille, le quartier ou le village de son enfance,... Martin Heidegger souligne le lien identitaire entre l'habitant et son *terroir* (« Heimat »). Dans ce contexte, le territoire en général, la ville et ses composantes en particulier, malgré leur caractère fondamentalement évolutif, représentent des symboles de permanence et offrent des repères physiques de résistance au changement.

Dans un article écrit en 1919 sur l'irruption de l'angoisse (et sur les rapports inconscients entre le réel, le symbolique et l'imaginaire), Freud souligne que le mot allemand « heimlich » qui, au départ, signifie familier peut *aussi* signifier *son contraire* « unheimlich », c'est-à-dire étrange, étranger...[87]

---

[86] Robert Park et Louis Wirth. op. cit. in *Villes et Civilisation Urbaine*. op. cit. pp. 329-330.
[87] Sigmund Freud. "Das Unheimliche". 1919. in *Gesammelte Werke Bd. XII*. Frankfurt am Main 1999. S.227-278.

2. La ville rêvée

La résistance à l'évolution urbaine

2.1. La ville en constante évolution et pourtant symbole de permanence !

La morphologie de la ville, son utilisation et sa population changent sans arrêt. Les vestiges du passé n'y demeurent qu'en fonction de leur reconversion et de leur réutilisation au présent. Le Paris actuel par exemple, symbole mondial de la ville patrimoniale, est issu principalement des évolutions urbaines de la deuxième moitié du XIXème siècle[88] et du XXème siècle. Et la Ville de Paris, qui regroupe l'essentiel du patrimoine historique de l'agglomération, n'en représente qu'une petite partie (moins de 20 % de ses habitants, et moins de 1 % de sa superficie). On peut signaler par ailleurs qu'en termes strictement physiques, la « permanence » passe par le renouvellement des édifices. Des monuments aussi emblématiques que la cathédrale Notre-Dame ne comportent plus aucune pierre d'origine, celles-ci ayant été progressivement remplacées au cours des restaurations successives dont elle a fait l'objet.

Paris est en fait la superposition dans le temps de *plusieurs* villes à l'évolution indéterminée : *« Il paraît difficile de croire que les vestiges que nous trouvons sous nos yeux sur notre territoire ne soient que le jalonnement d'une sorte de destin préétabli. Beaucoup de ces vestiges sont, pour une même époque, des témoins divergents, et il est bien difficile d'imaginer que leur succession ait été fixée au départ. On a vu apparaître, au contraire, sur un certain territoire, physiquement délimité, une série de villes qui, au fond, ont été totalement étrangères les unes aux autres, bien qu'à travers toutes les vicissitudes de l'histoire Paris ait joué, ou prétendu jouer depuis au moins 1 500 ans (...), sous des formes d'ailleurs extrêmement différentes, un rôle de capitale ».*[89]

Mais malgré les évolutions de la ville, une vision du monde « double du réel », subjective mais largement partagée à des degrés divers, donne à la

---

[88] C'est pourtant, et selon une logique paradoxale ou dialectique, le siècle qui a vu la naissance du concept de conservation du patrimoine, en partie en réaction aux réformes de type « haussmannien » en Europe, qui constituent aujourd'hui un pan important du patrimoine ! Le processus haussmannien représenta à l'époque une véritable table rase par rapport au Paris « historique ».

[89] Pierre Francastel. « Paris, un héritage culturel et monumental ». Notes et études documentaires n°3483. *Les grandes villes du monde II.* La Documentation Française. Paris 1968. in *Villes et Civilisation Urbaine.* op. cit. pp. 122-123.

ville un caractère de permanence. Ainsi, on parle de la « Rome éternelle », et des phrases comme « Paris sera toujours Paris »[90] sont entrées dans le vocabulaire commun. La ville devient ainsi symboliquement un repère immuable dans un monde changeant, un *enracinement.*

Cette dialectique entre mobilité/changement, d'un côté, et enracinement/permanence, de l'autre, est l'une des lignes de force majeures de la réflexion urbaine : *« Mobilité, enracinement : deux tendances qui, dans leur opposition, résument grossièrement la réflexion urbaine, trouvant difficilement leur conciliation équilibrée, aboutissant parfois à des alternances dans les idéologies et les conceptions de la ville. La modernité voulait naguère s'établir sur la table rase, seul moyen d'entretenir la mobilité. Nos villes ont côtoyé le désastre, du moins le crépuscule, en s'engageant dans cette voie. A l'inverse, réduire la mobilité pour résorber le flux n'est pas toujours d'application aisée et tombe en porte-à-faux. Concilier la participation aux réseaux, la mobilité et le fait d'habiter, est-ce chercher le contradictoire ? (...) Parmi ces enracinements recherchés, la ville se présente de nouveau comme un héritage historique, ou, mieux, un patrimoine. Monument, sans doute, mais qui ne s'exprime pas seulement dans les édifices chargés d'art et d'histoire, mais aussi dans les aménagements apparemment humbles et quotidiens, témoignages de savoir-faire et de savoir-vivre plus que leçon purement esthétique ou évènementielle. La ville, de moins en moins facile à délimiter sur le terrain, concept incertain, se reconstitue dans la mémoire et le temps. (...) La modernité n'a fait somme toute que réveiller l'histoire, de même que nos jeunes retraités utilisent parfois leur temps libre à faire de la généalogie familiale. Compensation quelque peu puérile – ou au contraire signe évident d'une renaissance de la culture urbaine, même si elle change de contenu et modifie ses points d'impact ?*
Le risque, c'est qu'une culture urbaine ainsi évoquée, légitimation plus que pratique, ne nous enferme trop dans un monde confortable, où la lutte contre les excès des techniques modernes – qui, nous le savons, présentent de sérieux dangers – nous barricade aussi dans nos réussites relatives. »[91]

Remarquons que Roncayolo, qui constate l'indétermination de la ville, « concept incertain... par ses caractères géographiques ou sociaux », s'empresse aussitôt d'inventer une nouvelle détermination, une

[90] Cette phrase fait référence à un Paris de loisirs qui naquit au XIXème siècle, quand la ville devint un lieu de distraction pour les aristocraties et la haute bourgeoisie du monde entier (internationalisation rendue possible par l'amélioration des transports, elle-même liée aux évolutions du système d'économie politique).
[91] Marcel Roncayolo. op. cit. pp. 680-681.

permanence, « dans la mémoire et le temps » ; il se situe dans une vision a-économique, ne considère pas l'interaction de la dynamique de mobilité/enracinement avec le système d'économie politique ; pour lui le risque d'une culture de la conservation ou de l'enracinement est seulement de « nous enfermer dans un monde confortable », alors que l'enjeu réel est celui de l'attractivité et in fine de la survie même du territoire.

Cette idéalisation, à la fois individuelle et collective, de la ville comme permanence, peut se traduire par des positionnements et des stratégies très diverses, qui ont en commun la résistance à *certaines formes* de changement. Ces stratégies ne constituent cependant pas nécessairement des résistances au système d'économie politique, qu'elles peuvent même utiliser. Elles sont toujours mises en œuvre en interaction avec le système et, dans ce sens, influencent ses évolutions, une influence qui peut porter sur les fonctions de la ville, sur sa population, ou sur sa morphologie.

2.2. Le rejet de l'élément étranger

L'une des formes de résistance les plus répandues est le rejet des étrangers, qui sont à la fois le vecteur, la manifestation et une certaine représentation du changement. Quels que soient le lieu et l'époque, les gens du dehors sont nécessairement des éléments de nouveauté et d'altérité, donc de désordre dans une vision du monde autosuffisante et stable, *de reproduction simple*. On l'a vu pour les marchands au Moyen-Âge et on en retrouve les échos aujourd'hui dans les débats en France et en Europe sur l'immigration, l'intégration, « l'identité nationale » et l'ADN…

À partir du XIIIème siècle en Europe, les bourgeois ont résisté au retour du *monachisme* en ville : les ordres mendiants (franciscains, dominicains) *« s'installent, de préférence, aux portes des cités (…). (Ils) ont besoin, pour leurs activités, de vastes espaces et comme ils reçoivent d'importants dons, ils peuvent acheter en ville, ce qui provoque la cherté des terrains et diverses spéculations, que va dénoncer le concile de Vienne en 1311. Comme ils accueillent de nombreux pratiquants, ils ne construisent pas seulement un couvent et une église, mais aussi une place, sur laquelle se tiennent de véritables "meetings", et là, nous trouvons dans les archives de nombreuses plaintes contre eux qui révèlent une certaine hostilité à ces ordres mendiants, qui s'accaparent des espaces urbains bien situés... »*[92]

Plus récemment, la révolution industrielle au XIXème siècle a provoqué des vagues importantes de migration des campagnes vers les villes. A Paris, ces provinciaux, Bretons, Auvergnats, venus de régions économiquement peu développées, ont suscité un rejet de la part des Parisiens et un discours sur l'impossibilité de leur intégration, qui n'est pas sans rappeler certaines positions actuelles sur les immigrés : *« Au début du XIXème siècle, la cohabitation entre Parisiens et Auvergnats ou Bretons n'allait pas de soi, et le temps paraît avoir été nécessaire au travail d'assimilation de migrants qui furent stigmatisés. Le journal des Débats parlait à leur propos d'« invasion des barbares », Haussmann fait allusion à une « tourbe de nomades » et Thiers parle d'une « multitude de vagabonds ». Ce rejet alla jusqu'à s'appuyer sur une théorisation raciste, opposant les vainqueurs, les descendants des Francs, aux Gaulois vaincus, dégénérés, les premiers étant représentés par les Parisiens de souche et les seconds par les « sauvages » immigrés provinciaux (...). Plus tard les « Français de souche » seront les dignes successeurs des natifs de Paris. (...) Selon un auteur de l'époque, au milieu du XIXème siècle, « le dimanche, les porteurs d'eau auvergnats vont à la musette, à la danse auvergnate, jamais au bal français ; car les Auvergnats n'adoptent ni les mœurs, ni la langue, ni les plaisirs parisiens. Ils restent isolés comme les Hébreux de Babylone, au milieu de l'immense population qui tend à les absorber ; et l'on peut dire que, plus heureux que les sauvages, ils emportent leur pays à la semelle de leurs souliers » [La Bédollière, Les Industriels, 1842, cité par Chevalier, 1978, p. 494]. »*[93]

2.3. Le refus du changement physique et la nostalgie du passé

Le refus du changement et des évolutions du système d'économie politique peut aussi être celui des transformations physiques de la ville. Ainsi Pierre Larousse [94] prend position contre la politique du baron Haussmann dans son « Dictionnaire Universel » de 1873, avec une argumentation qui mêle défense des couches populaires, rationalité « économique » et défense des intérêts des Parisiens contre le

---

92 Jacques Le Goff. « Un jour couleur de neige ». Propos recueillis par Bernard Écrement et Thierry Paquot le 26 janvier 1996.

93 Michel Pinçon et Monique Pinçon-Charlot. *La sociologie de Paris.* op. cit. pp. 28-29.

94 *Grand Dictionnaire Universel du XIXe siècle. Larousse IX.* 1873. in *Villes et Civilisation Urbaine.* op. cit. p. 119.

cosmopolitisme : *« En prenant possession de la Préfecture de la Seine, M. Haussmann avait un plan très arrêté, qu'il a mis à exécution avec une ténacité singulière, sans tenir compte des obstacles et des critiques, sans se préoccuper de la légalité, en se livrant sans contrôle aux opérations de crédit les plus répréhensibles. Transformer complètement la capitale de la France, y percer de larges voies stratégiques dans l'espoir de rendre impossible toute révolution, remplacer les vieux quartiers par des quartiers opulents, rejeter l'élément ouvrier du centre à la circonférence extérieure, faire de Paris une ville de plaisir, une cité cosmopolite, n'appartenant plus aux Parisiens annihilés, mais bien à l'aristocratie européenne, tel est, à grands traits, le programme de celui qui, durant seize ans, fut le véritable vice-empereur de Paris. (...) La vertigineuse rapidité avec laquelle cet administrateur impérial a fait démolir et reconstruire une partie de Paris a donné lieu, nous l'avons dit, aux plaintes les plus vives de la part de la population parisienne, principalement par suite de l'élévation énorme des loyers, élévation causée par le grand nombre de démolitions et la plus-value des immeubles bâtis. A ces récriminations sont venues s'en joindre d'autres, non moins vives et non moins méritées, sur la gestion financière du Préfet. Sous l'administration de M. Haussmann, non seulement la ville de Paris vit son budget annuel porté de 66 millions à 225 millions, mais encore elle dut emprunter 848 millions, ce qui, joint à diverses sommes dues, porta la dette totale à 1 milliard 150 millions environ.»*

Le refus des évolutions physiques de la ville, généré en grande partie par l'accélération de sa transformation au XIXème siècle, sera un moteur important de l'élaboration et de la mise en place des théories et politiques de la *préservation patrimoniale.*[95]

Le besoin de permanence peut en effet prendre la forme d'une nostalgie pour un passé idéalisé, mythifié, dans lequel les relations sociales et la qualité de vie sont supposées meilleures. Il s'agira de retrouver certaines caractéristiques de ce passé mythique, au travers d'un discours ou d'actions ayant en commun le leitmotiv « c'était mieux avant » ou « il faut que les choses restent comme elles étaient », de préserver des formes de fonctionnement, des relations sociales ou des objets menacés par l'évolution du système d'économie politique, toutes choses qui, souvent, n'existent plus, ou même n'ont jamais existé, sauf à l'état d'idéal ou de fantasme, de « double du réel ». Cette forme de nostalgie est structurellement un mouvement de résistance au changement, à l'extérieur, à l'étranger. Paradoxalement, ces phénomènes de résistance,

95 Cette vision du monde patrimoniale, apparemment très antagoniste au système d'économie politique, fera l'objet d'une analyse détaillée dans le prochain chapitre.

quand ils fonctionnent, sont de fait des tentatives de création, à partir d'un passé mythifié, de *nouveaux* modes de fonctionnement qui s'inscrivent entièrement dans le système d'économie politique *actuel* et utilisent les outils, notamment technologiques, mis à disposition par ce dernier : ainsi, par exemple, les ateliers populaires de l'Est parisien sont recyclés en lofts pour classes moyennes hautes ; seule la *forme* est conservée.

Les leaders des mouvements de résistance aux changements urbains ne sont pas forcément représentatifs des couches sociales qu'ils prétendent représenter. Il serait intéressant, à cet égard, d'analyser les jeux d'acteurs dans les divers mouvements de résistance des quartiers populaires à Paris, comme par exemple le quartier de Belleville. Qui sont les acteurs clés de ce mouvement ? Au nom de qui parlent-ils ? Les personnes, physiques et morales, qui les légitiment sont-elles ou se sentent-elles réellement concernées, et de quelle façon ? On pourrait également se pencher sur les débats qui ont eu lieu autour du réaménagement des Halles à Paris, au début des années 2000, et qui ont abouti à la sélection des projets les plus conservateurs en termes de forme urbaine, mais aussi de sociologie de la population : en effet, la limitation drastique de surface construite additionnelle a empêché toute évolution significative du quartier en termes fonctionnels ou de population.

2.4. L' « entre soi » et la ségrégation spatiale

Le phénomène d'« entre soi », la ségrégation socio-spatiale, est un facteur important de structuration de la ville, où se mêlent dynamiques économiques et vision du monde.

La division de la ville en quartiers relativement homogènes socialement est rendue possible par les évolutions du système d'économie politique. Avant l'apparition des moyens de déplacement rapide, collectifs et individuels, avant la diminution de la journée de travail, qui rend possible d'allouer plus de temps au transport, les individus étaient obligés de vivre relativement près de leur lieu de travail. Même s'il a existé des quartiers plus populaires que d'autres, pauvres et riches se trouvaient fréquemment mêlés au sein des mêmes immeubles (avec un système de stratification verticale, les pauvres vivant dans les étages supérieurs), ou dans les mêmes quartiers. Le lieu d'habitation était bien moins qu'aujourd'hui un critère majeur de distanciation symbolique entre pauvres et riches. Mais dès que la technologie le permit, il fut mis un terme à cette promiscuité apparemment forcée.[96] La ségrégation spatiale se renforça de manière à peu près continue jusqu'à nos jours, et n'a jamais été aussi forte qu'aujourd'hui. L'« entre soi » est devenu la norme, au moins en Europe et aux États-Unis.

En France (et notamment à Paris), la ségrégation spatiale ne consiste pas seulement en une relégation des classes les plus pauvres, elle est la traduction spatiale d'une stratification éco-politique rigide qui traverse l'ensemble de la société. La localisation du domicile est fortement déterminée par la recherche de la fréquentation de ses pairs, ou de la classe sociale immédiatement supérieure ; mais comme cette dernière se prémunit contre la « contamination sociale » et la fréquentation des couches sociales considérées comme inférieures, le territoire s'organise, par utilisation *stratégique* des prix de l'immobilier, en ghettos où l'on reste « entre soi ». La formation de ces espaces socialement homogènes, leur attractivité, n'ont rien à voir ni avec le niveau d'équipement ou d'infrastructure, ni avec la proximité du centre, ni avec aucun critère physique objectif.[97]

Cet environnement de « pairs » permet aux individus de conserver l'illusion de la stabilité et éloigne la vision dérangeante de personnes représentant un éventuel futur de « chute », en même temps qu'il renvoie une image de soi comme appartenant à un groupe *valorisé et valorisant.*

Au-delà de l'aspect symbolique, cette ségrégation recouvre une stratégie d'ascension sociale de la famille à travers sa descendance, ses fréquentations – son futur *réseau relationnel* – et son éducation. Elle n'est, de fait, que la traduction de la mise en œuvre du système d'économie politique sur le territoire urbain : on est tout simplement dans le domaine des « conditions historiques de reproduction élargie du capital et de la main-d'œuvre ». Elle permettra aux parents d'offrir, ou d'imposer, à leurs

[96] On peut noter que les critiques de Pierre Larousse aux aménagements haussmanniens et, entre autres, à leurs effets en matière de renchérissement du foncier en centre ville et de rejet des pauvres vers les faubourgs, décrivent un phénomène qui aurait probablement eu lieu dans tous les cas, du fait des évolutions du système d'économie politique ; la politique d'Haussmann est sans doute plus un effet qu'une cause.
[97] Cf. Éric Maurin. *Le ghetto français*. La république des idées Seuil. 2004.

enfants la fréquentation d'enfants issus d'un milieu social similaire (faute d'avoir accès à un milieu supérieur, qui les rejette) et un environnement scolaire *optimisé*.

La *carte scolaire* est ainsi un facteur important de ségrégation spatiale, et ceci dès l'école primaire. À Boston, le prix des logements varie d'un côté à l'autre de la même rue en fonction de la carte scolaire. Toutes choses égales par ailleurs, pour se mettre dans une position d'envoyer son enfant dans une école dont les résultats aux tests scolaires sont 10% plus élevés, il faut consentir à l'achat d'un logement 5% plus cher. En Angleterre, pour augmenter de 10 % le niveau moyen de réussite aux examens des camarades d'école de son enfant, il faut être prêt à déménager vers un logement similaire, mais 9 % plus cher.[98] Ces logiques sont évidemment aussi à l'œuvre en France : une stratégie alternative pour la frange supérieure des habitants des quartiers « défavorisés » est le contournement de la carte scolaire par le recours à la scolarisation des enfants dans des écoles privées.

Ce type de comportement est lié à un *système de valeurs* partagé par l'immense majorité des individus dans les pays concernés, et qui a un impact direct sur le système d'économie politique dans son ensemble et sur les trajectoires individuelles en son sein. Cette vision du monde privilégie les études initiales et l'intelligence scolaire dès le plus bas âge par rapport à l'expérience, et le capital scolaire par rapport au capital humain global, ou à d'autres aspects de celui-ci (créativité, capacité d'écoute, intelligence relationnelle). Une telle vision du monde n'est pas *naturelle*, elle est une dimension fondamentale d'un système d'économie politique historiquement déterminé. On pourrait même spéculer que, les classes dominantes étant les mieux à même de fournir à leurs enfants les outils culturels de l'intelligence scolaire, alors que les autres formes d'intelligence sont moins tributaires du niveau social, la prééminence de l'intelligence scolaire dans le positionnement social soit un élément (peut être inconscient) d'une stratégie de reproduction sociale et de contrôle de la mobilité sociale.

La ségrégation spatiale est extrêmement présente à Paris. Ainsi, la grande-bourgeoisie, pour laquelle le coût du logement n'est pas un critère

---

98 Eric Maurin. *Le Ghetto français*. op. cit.

de choix, se concentre presque exclusivement sur un périmètre très restreint : les 7ème et 8ème arrondissements, le nord du 16ème et le sud du 17ème, à Neuilly-sur-Seine et dans quelques rares communes de l'Ouest, autour de Versailles ou Saint-Germain-en-Laye. On y retrouve une traduction physique des phénomènes d'agrégation/ségrégation décrits précédemment à propos des identités et des visions du monde. *« L'homogénéité sociale des beaux quartiers fait prendre conscience de l'ambivalence de la ségrégation : elle n'est jamais seulement séparation, mais aussi toujours agrégation et recherche de son semblable. Les deux processus sont liés. »*[99]

Les classes moyennes parisiennes ont un positionnement beaucoup plus ambigu et moins clairement affiché. Ainsi, certains recherchent une certaine mixité sociale, en habitant dans des quartiers populaires, qu'ils contribuent d'ailleurs à... transformer en quartiers « bourgeois-bohèmes » ; leur arrivée entraîne progressivement l'éviction des populations modestes, à travers l'augmentation du *prix* de l'immobilier local. Mais cette volonté de mixité, cette vision du monde « ouverte » et *politiquement correcte*, est battue en brèche avec la question de la scolarisation des enfants. *« À la Goutte d'Or, dès l'enseignement primaire, les parents des classes moyennes placent leurs enfants dans les établissements de l'ouest du 18ème arrondissement, ou dans le 9ème ; ils cherchent ainsi à ajuster le milieu scolaire de leurs enfants à leur milieu familial et en même temps aux espérances qu'ils placent dans l'école. En mettant leurs enfants dans des établissements localisés dans des quartiers petits-bourgeois, ils estiment leur éviter les difficultés inhérentes à un environnement scolaire caractérisé par une majorité d'enfants dont la culture familiale serait trop distante de celle de l'école. »*[100]

Dans une vision du monde qui inclut l'ouverture et la mixité sociale, certains défendent une intervention lourde de la régulation sur l'urbain, notamment à travers le logement social, qui permettrait *d'imposer la mixité sociale sur le territoire considéré.* Ils appuient ainsi la politique actuelle de la Mairie de Paris, qui cherche à augmenter l'offre de logements sociaux dans tous les arrondissements parisiens, au travers de l'action directe (Offices HLM, SEM d'aménagement)[101] ou d'accords avec les

---

99 Pinçon et Pinçon-Charlot. *Sociologie de Paris.* op. cit.

100 Pinçon et Pinçon-Charlot. *Sociologie de Paris.* op. cit.

101 La SIEMP (Société Immobilière d'Économie Mixte de la Ville de Paris) a ainsi passé une Convention Publique d'Aménagement (CPA) avec la Ville de Paris en 2002, qui combine l'éradication de l'insalubrité et la production de logement social. Cette CPA,

promoteurs pour réserver une partie des programmes à des logements aidés. D'autres préconisent à l'inverse une action *sur le fonctionnement du système* (notamment scolaire) et sur les individus plutôt que sur l'urbain ; ils expriment ainsi un autre type d'approche pour traiter la même question (les inégalités sociales et leur reproduction), avec les mêmes objectifs (les atténuer).

Le processus ségrégatif est à l'œuvre symboliquement et psychologiquement même dans les cas de mixité sociale objective. Ainsi, dans les cités HLM, la plupart des personnes d'un milieu social supérieur à la moyenne du quartier (ou qui se considèrent comme telles) soulignent systématiquement leur différence d'avec leurs voisins ; elles expliquent à qui veut les entendre que leur résidence dans un quartier HLM est temporaire et, de fait, elles quittent leur logement dès qu'elles le peuvent. Il arrive que la différence symbolique soit d'autant plus marquée que la différence réelle est ténue, et certains peuvent passer leur vie dans le même quartier dénigré, faute d'opportunité pour en sortir.

En étudiant les grands ensembles dans les années 1960, on voit comment la mixité sociale « incitée » génère un malaise lié à la fréquentation obligée de milieux culturellement et socialement hétérogènes.[102] Ces situations entraînent des frictions si fortes entre couches sociales qu'elles conduisent à une homogénéisation par le départ des groupes les plus aisés vers des quartiers où ils retrouveront leurs pairs. On retrouve déjà le phénomène de l'entre-soi et, déjà, ce sont l'éducation et les fréquentations des enfants qui cristallisent les antagonismes et sont les moteurs de la fuite des classes moyennes visant à *préserver* leur capital familial d'ascension sociale.

Plus généralement, le besoin de permanence et la peur des incertitudes de l'évolution incitent les individus à reconstruire autour d'eux un univers d'apparence stable et connue. Un phénomène de « devenir

---

qui s'achève en 2010, concerne 434 parcelles sur Paris, et bénéficie de 153,8 millions d'Euros de subventions de la Ville sur un budget total de 271 millions d'Euros.

102 Jean-Claude Chamboredon et Madeleine Lemaire. « Proximité spatiale et distance sociale. Les grands ensembles et leur peuplement ». *Revue française de sociologie* n° XI-1. 1970.

village »,[103] peut ainsi apparaître et prendre les formes les plus diverses, à la fois dans le réel (homogénéisation sociale, forme urbaine de contrôle et de fermeture : condominium fermé) et dans l'imaginaire des urbains qui s'inscrivent dans ce « devenir village ». Ce phénomène est engendré par la ville, et spécifique aux grandes métropoles qui le produisent dialectiquement par « excès de ville ». Le mot devenir signifie ici non pas recréer les liens sociaux anciens ou la forme physique d'un village dans la ville, mais réaliser une nouvelle forme de fonctionnement. Cette évolution s'affirme comme un rejet de la ville « trop » ouverte, la métropole incontrôlée et incontrôlable, en évolution constante et indéterminée ; elle est une tentative de recréer de la stabilité au sein de l'essentiellement instable.

2.5. L'impact des visions du monde sur la ville

Toutes ces visions du monde, ces résistances à l'évolution de la ville, ce besoin de se sentir en sécurité, font en réalité partie du système d'économie politique ; elles font corps avec lui et ont évidemment un impact direct sur l'évolution urbaine. Physiquement, elles peuvent induire un urbanisme et une architecture de clôture, de ségrégation et de contrôle. Ainsi, dans sa forme la plus radicale, les *« gated communities »* ou communautés fermées prolifèrent dans de nombreux pays. Aux États-Unis, en l'an 2000, 9 millions de personnes vivaient dans un habitat de ce type ![104] Dans une version moins archétypique, les communautés gérées directement par les propriétaires sous forme d' « associations de propriétaires », et où les pouvoirs publics n'interviennent pas, abritaient, la même année, 42 millions d'Américains des États-Unis.[105] Ce phénomène, parti des classes aisées, touche de plus en plus les classes moyennes, voire moyennes basses, et fait école en Europe, en Asie, en Amérique Latine et dans le monde arabe. Il constitue un contrepoint, et aussi une réaction, à la croissance continue depuis les années 1950 de quartiers pauvres souvent informels. La *résidentialisation* (privatisation des abords des immeubles) est devenue en France un élément de base de la rénovation urbaine comme de la construction neuve. Les projets de régénération urbaine des centres villes, à Birmingham comme à Los

---

[103] Clarissa Moreira. *Ville et devenir : Dogville ou le devenir-village des métropoles.* Thèse de doctorat non publiée. Paris I-Sorbonne. 2007.

[104] Rem Koolhaas et al. *Mutations.* op. cit. p.568.

[105] Rem Koolhaas et al. *Mutations.* op. cit. p.568.

Angeles, s'appuient systématiquement, quoique à des degrés divers, sur un contrôle renforcé de l'espace « public » et de ceux qui y ont accès, avec une gestion privée de ce contrôle (vigiles, vidéosurveillance) et un partenariat étroit résidents-Police.

Parallèlement, les tentatives pour restaurer ou instaurer la « mixité sociale » se traduisent par des échecs : soit les territoires défavorisés restent relégués, soit se réalise une éviction des habitants les plus pauvres au profit de nouveaux arrivants, socialement homogènes avec les habitants qui restent (*gentrification*).

D'un point de vue social, ces visions du monde sont, comme on l'a vu, des vecteurs majeurs de la ségrégation socio-spatiale et de la spécialisation sociale des territoires, qui ne va pas systématiquement de pair avec une *modification* de la morphologie urbaine. La paupérisation d'un quartier peut aussi conduire à la *permanence* de sa forme, les habitants n'ayant pas les moyens de le transformer en l'absence d'une intervention des pouvoirs publics. Les centres-villes brésiliens, notamment leur partie historique, en sont de bons exemples : habités par des populations très pauvres, délaissés par les acteurs-leaders de l'économie, ils sont souvent restés physiquement intacts, hormis la dégradation du bâti liée à l'absence de réhabilitation et d'entretien, la présence d'habitants retardant cependant en général cette dégradation.

A l'extrême, de tels phénomènes peuvent mener à la sécession fiscale. À Los Angeles, la plupart des quartiers pavillonnaires périphériques, peuplés de ménages aisés, sont entrés progressivement au cours de la deuxième moitié du XXème siècle dans un processus à large échelle de municipalisation. Cette autonomisation par rapport au Comté, parfaitement légale, permet à la fois aux habitants de mieux contrôler le pouvoir de régulation local, d'empêcher notamment des opérations immobilières qui mettraient en péril l'homogénéité sociale du territoire, et de garantir que leurs impôts seront directement investis pour la valorisation de leur quartier-municipalité. Ce système enraye les mécanismes de *redistribution* par l'impôt. Le Comté conserve les populations les plus pauvres, et les charges sociales afférentes, et perd une partie de ses revenus, contribuant ainsi à ancrer encore plus les quartiers déshérités dans la pauvreté.[106] En France, ce mécanisme est également à l'œuvre, dans une moindre mesure, au travers du fonctionnement de la taxe professionnelle : les communes riches, dans lesquelles sont installés de nombreux sièges d'entreprises, bénéficient d'une TP élevée et ont de plus faibles coûts sociaux ; elles peuvent donc ne demander que de faibles contributions aux personnes physiques et en même temps proposer de nombreux services subventionnés ; inversement, les communes pauvres supportent la majorité des coûts sociaux et collectent peu de TP ; elles se voient donc contraintes d'augmenter les prélèvements sur les personnes physiques (taxe foncière, taxe d'habitation), renforçant alors les inégalités sociales avec les habitants des communes riches…

****

[106] Mike Davis. *City of Quartz*. op. cit.

Le désir de permanence, la peur du changement et l'hostilité à l'égard de *l'étranger* ne sont qu'en apparence antagonistes au système d'économie politique ; en réalité, quoique de manière paradoxale, ils en font intrinsèquement partie : les résistances sont suscitées par les évolutions du système qui, en retour, les utilisent et leur donnent leurs moyens de réalisation.

L'influence des « visions du monde urbain » sur les autorités de régulation est généralement concrétisée à travers l'élaboration, par un corps d'*« experts »*, de *« lois urbanistiques »* qui constituent une interprétation institutionnelle, convenue, du réel et de ses évolutions, un « double du réel » officiel, visant à réduire l'impression d'indétermination et d'incertitude. De même que les aléas de la vie poussent les individus à *organiser mentalement* leur environnement pour avoir l'impression de le contrôler, l'indétermination éco-politique de l'évolution de la ville pousse les *professionnels de l'urbain* à élaborer des systèmes d'interprétation formulant une vision du monde visant à occulter cette indétermination.

Des représentations de ce que « devrait être » la ville sont ainsi construites, permettant à leurs concepteurs de fournir au pouvoir de régulation dont ils sont les proches serviteurs, des outils rationnels et/ou opérationnels pour se rapprocher de cet état « idéal-typique » ; elles participent en fait de la réalisation inexorable de la reproduction élargie du système d'économie politique.

Chapitre 2

La ville, miroir d'une société utopique

« Lois urbanistiques » et idéologie

1. L'urbaniste tout-puissant

Les professionnels de l'urbain et la ville

Les professionnels de l'urbain, urbanistes, architectes, géographes, sociologues ou bureaux d'études, ont pour vocation d'étudier la ville, d'examiner sa morphologie et ses caractéristiques, d'identifier et de décrire les déterminants de son évolution. Ils utilisent les divers outils des « sciences » humaines pour chercher notamment des invariants, des mécanismes « naturels » ou « historiques » et des « lois ». Cette recherche n'est d'ailleurs pas sans rappeler la quête des économistes pour mettre le système d'économie politique en équations, telle que nous l'avons observée dans la première partie de ce livre. Et comme le réel est incroyablement complexe dans toutes ses dimensions, les professionnels de l'urbain, de même que les économistes, doivent avoir recours à des simplifications et parfois à la modélisation. À partir de cette simplification de la ville, la plupart tentent de dessiner des perspectives, de définir des directions possibles ou souhaitables à son évolution. Mais comme pour le système d'économie politique en général, les travaux « scientifiques » en matière d'urbanisme, s'ils peuvent apporter des éclairages ponctuels intéressants, n'en restent pas moins des visions du monde travesties en *lois objectives*. Présentées comme des vérités scientifiques, voire comme des évidences qui ne souffrent pas la critique, ces lois sont en fait des postulats et des croyances qui reflètent la vision du monde de leurs auteurs et/ou de ceux qu'ils servent.

L'élaboration de modèles de la ville telle qu'elle « devrait être », préalable à la définition de programmes d'action pour se rapprocher de cet état idéal, est une démarche téléologique qui relève beaucoup de la foi et/ou de l'inconscient ; elle postule un *sens de l'histoire* urbaine. Et l'affrontement sans cesse renouvelé, depuis presque deux siècles et la naissance des *sciences urbaines*, de « lois urbanistiques » et de « modèles » d'inspirations différentes, voire opposées, peut être interprété comme un indice de la nature même du débat, bien plus idéologique que scientifique. Il s'agit en définitive de tentatives pour contrer l'indétermination du réel, pour échapper à l'angoisse, qui provient de l'incertitude. Depuis deux siècles, un corpus de « lois urbanistiques » structure la réflexion sur la ville au niveau mondial.

Les modèles sont d'autant plus âprement défendus qu'ils sont au centre d'un enjeu de pouvoir corporatiste : il s'agit à tout prix de cimenter la

légitimité, si possible exclusive, des professionnels de l'urbain à penser la ville. Cette question de légitimité est fondamentale, car c'est la légitimité de son émetteur qui crédibilise un discours, quel qu'il soit : *« Il n'est plus séant de discuter si l'urbanisme est une science ou un art : question qui n'a point de sens à vrai dire. L'urbanisme est un ensemble de disciplines. L'urbanisme est tout d'abord une Science qui s'attache à la connaissance des choses, étudie méthodiquement les faits, recherche les causes premières, puis, après un travail rigoureux d'analyse, essaie, en des synthèses successives, de déterminer, sinon des lois, du moins des principes directeurs ; sur cette base peut s'ériger un Art appliqué qui passe à l'action, à la création de synthèses nouvelles, matérialisant par un jeu de pleins et de vides les volumes où s'abritent les groupes sociaux ; mais l'application de cet art, après l'analyse scientifique, nécessite un double choix : choix des composants urbains à soigner, modifier, créer ; choix des applications possibles – ce double choix impliquant la détermination des valeurs humaines ; c'est par essence une Philosophie.*
La connaissance impassible, la création enthousiaste et le choix des valeurs sont les trois aspects nécessaires du faisceau de disciplines que symbolise l'Urbanisme. »[107]

Cette ambition démiurgique est revendiquée tout au long de l'histoire de l'urbanisme, jusqu'à nos jours. Ainsi, lors d'une conférence à Paris fin 2006 sur « les architectes et le pouvoir politique », l'architecte et historien de l'architecture et de l'urbanisme reconnu Jean-Louis Cohen a pu affirmer, en parlant du processus de concertation mené autour de l'aménagement du quartier des Halles à Paris en 2005-2006, que cette concertation n'était pas pertinente car... les personnes consultées ne pouvaient se projeter qu'à l'échelle de leur génération ! Selon cet architecte/historien, seul le professionnel, l'architecte, aurait la capacité de voir au-delà de la génération présente et d'être suffisamment visionnaire pour concevoir des aménagements pour plusieurs générations... On retrouve par ailleurs dans ses propos la volonté de permanence, l'aspiration à faire une œuvre *qui traverse le temps*, et le refus de l'indétermination du réel.

Certains penseurs ont bien analysé à la fois les tentatives de mettre de l'ordre dans un urbain complexe et le positionnement du professionnel comme chef d'orchestre de cette synthèse structurante. *« Comment mettre de l'ordre dans cette confusion chaotique ? C'est ainsi que le rationalisme d'organisation pose son problème. Ce désordre n'est pas normal. Comment l'instituer à*

---

107 Gaston Bardet. *Problèmes d'urbanisme.* Chapitre 1. Dunod. 1941. in *Villes et Civilisation Urbaine.* op. cit. p. 264.

titre de norme et de normalité ? C'est inconcevable. Ce désordre est malsain. Le médecin de la société moderne se voit comme médecin de l'espace social malade. La finalité ? Le remède ? C'est la cohérence. Le rationaliste va instaurer ou restaurer la cohérence dans la réalité chaotique, qu'il observe et qui s'offre à son action. Le rationaliste risque de ne pas s'apercevoir que la cohérence est une forme, donc un moyen plus qu'une fin, et qu'il va systématiser la logique de l'habitat, sous-jacente au désordre et à l'incohérence apparents, qu'il va prendre pour point de départ de ses démarches cohérentes vers la cohérence du réel. »[108]

Ainsi, au moins depuis le XIXème siècle, les professionnels de l'urbain, progressivement constitués en corps, tentent de définir, à partir d'analyses relevant des sciences humaines, les mécanismes du fonctionnement actuel de la ville et, au-delà, ceux de son fonctionnement idéal. Ces *médecins* urbains se penchent sur la ville déclarée *malade* et définissent des remèdes qui permettraient à la ville de se rapprocher d'un fonctionnement plus sain. Les prescriptions sont faites principalement en direction des pouvoirs publics, « régulateurs » de la ville, et traduisent autant une volonté de simplifier le réel qu'une lutte sans cesse renouvelée pour asseoir la légitimité des professionnels de l'urbain, d'où une fréquente opposition corporatiste, tonitruante et parfois malhabile, entre confrères, aux citoyens et à leurs représentants.[109]

On peut remarquer que certaines cultures sont moins réceptives que d'autres au discours urbanistique. Notre argumentation porte principalement sur l'Europe et les pays les plus influencés par la culture européenne, c'est-à-dire les Amériques ; mais dans d'autres pays, par exemple les pays asiatiques, où le pouvoir de régulation reste bien plus hermétique au discours urbanistique et architectural, les professions liées à l'urbanisme sont en permanence en train de lutter pour leur survie : elles ne trouvent dans le système d'économie politique local qu'une place de techniciens, éventuellement d'artistes pour les architectes, cette fonction artistique n'étant cependant exercée que par exception, pour quelques bâtiments emblématiques *(« iconic architecture »)*. On peut se demander si, en définitive, l'urbanisme et l'architecture existent autrement que comme production d'idéologie, de discours institutionnel,

---

108 Henri Lefèvre. *Le droit à la ville.* Éditions Anthropos. 1968. in *Villes et Civilisation Urbaines.* op. cit. p. 434.

109 Nous décrirons dans les chapitres suivants certaines formulations de ces lois urbanistiques.

sous l'aile protectrice et intéressée des autorités de régulation. *« Pas plus en Asie qu'en Europe, les architectes n'ont trouvé une place réelle dans l'économie. »*[110] Le rôle et le poids des architectes dans le développement immobilier dans le *Pearl River Delta* et en Chine sont à cet égard édifiants : *« en Chine il y a dix fois moins d'architectes par habitant que dans le reste du monde, et ils construisent chacun dix fois plus de m², pour des salaires dix fois moindres ».*[111]

Toutes les constructions intellectuelles en matière d'urbanisme, toutes les idéologies qui les inspirent, ne sont bien sûr pas à rejeter en bloc ! Les meilleures constituent des analyses approfondies dans des champs bien circonscrits, des pistes de recherche et de créativité, elles fournissent souvent des supports de communication efficaces, ce qui assure d'ailleurs leur succès. Mais, à l'instar des sciences sociales en général, toutes sont construites sur une interprétation nécessairement partielle et simplifiée de la réalité, et beaucoup procèdent à des généralisations non fondées ou des affirmations subjectives. Les lois urbanistiques ont tendance à occulter le système d'économie politique, un système abstrait que ces observations concrètes ignorent souvent, dans tous les sens du mot. Les urbanistes ont tendance à surestimer le rôle de la *morphologie* urbaine pour la résolution des problèmes vécus par les habitants, notamment ceux engendrés par les changements technico-économiques rapides, et à produire à jet continu, sans souci des contradictions, des « recettes » génériques qui tiennent peu ou pas compte des particularités locales.

Le risque est alors que ces visions approximatives et superficielles de la réalité entraînent des investissements qui ne répondent pas, ou répondent faiblement, aux objectifs définis par les véritables acteurs, les maîtres d'ouvrage de l'aménagement urbain. Les « lois urbanistiques » constituent une succession de modes aussi impérieuses qu'éphémères, elles obscurcissent les processus de sélection et de financement des projets d'aménagement, les processus d'optimisation des services urbains, tout en renforçant le sentiment d'impuissance angoissée face aux évolutions réelles de la ville.

---

110 Rem Koolhhaas et al. *Mutations.* op. cit. p. 310.

111 Rem Koolhaas et Al. *Mutations.* op. cit. p. 316.

2. La ville musée

La préservation du patrimoine historique

Parmi les mouvements et discours urbanistiques, celui de la préservation patrimoniale tient une place particulière : alors que les autres discours prétendent diriger les évolutions de la ville vers la forme urbaine « correcte », en ignorant le système d'économie politique et son caractère indéterminé, la préservation patrimoniale préconise, à l'extrême, mais dans la même ignorance du système d'économie politique, l'arrêt de toute évolution urbaine et une conservation, voire une sacralisation des seuls monuments du passé, y compris du passé récent (prolifération des « lieux de mémoire »).

La célébration du patrimoine constitue, pour notre propos, un cas particulièrement intéressant à étudier. Elle est à la fois une vision du monde, en rapport direct avec la peur du changement, partagée à des degrés divers par de nombreux acteurs du système d'économie politique, et une théorie urbanistique structurée « scientifiquement ». L'importance de préserver le patrimoine est une idée consensuelle dans les sociétés européennes, même si les modalités et l'ampleur de cette préservation peuvent faire l'objet de différences d'appréciation significatives. Et la préservation du patrimoine est une école de pensée majeure en architecture et en urbanisme : de nombreux théoriciens ont élaboré progressivement un argumentaire solide au cours des deux siècles passés. Ce courant a conquis en Europe une influence significative sur les acteurs du système, en particulier sur le pouvoir de régulation, tout disposé à mettre en œuvre ses préconisations. Par ce biais, il influence l'évolution urbaine et contribue, de manière paradoxale, à la réalisation du système d'économie politique…

La pensée patrimoniale est en apparence opposée au système d'économie politique et aux transformations accélérées qu'il produit. A l'extrême, elle prône l'arrêt de l'évolution de la morphologie urbaine, et même des fonctions des bâtiments. L'adaptation de l'utilisation du bâti « historique » (la définition d'un tel bâti reste sujette à interprétation) peut être jugée comme dénaturant le patrimoine, soit parce qu'il s'agit d'une *altération* physique, soit parce que cela implique un *usage différent* du bâti. Pour la pensée patrimoniale, la forme « correcte » de la ville est fondamentalement celle du passé, qui doit être conservée et pérennisée.

2.1. Naissance et évolutions de la pensée patrimoniale

La justification de la préservation patrimoniale repose sur deux types de valeur du patrimoine historique : d'un côté, la valeur *esthétique* et artistique du patrimoine ; de l'autre, sa valeur *historique*, son rôle de mémoire et de témoignage. La valeur historique est ce qui différencie le monument du monument historique : alors que le premier représente un présent, qu'il a une fonction organique dans la société qui l'a produit, celle de signaler un événement constitutif de la culture actuelle, le second vient d'un passé révolu, d'où son qualificatif d'« historique ».[112]

La pensée de la préservation patrimoniale s'est structurée à partir de la fin du XVIIIème siècle en Europe, et s'y est consolidée aux XIXème et XXème siècles. Elle se constitue à la fin du XVIIIème siècle, dans un rapport dialectique avec l'accélération des transformations du système d'économie politique au cours de la révolution industrielle. Dès la Renaissance, et parallèlement à la redécouverte des civilisations grecque et romaine, les traces physiques de l'Antiquité suscitent un intérêt croissant. On commence à s'intéresser à la mise en perspective *civilisationnelle* de l'Europe. Cet intérêt se concentre durant plusieurs siècles sur l'Antiquité gréco-romaine et s'étend ensuite à l'Égypte des pharaons. L'amélioration des techniques de transport et, par suite, l'accessibilité de plus en plus grande des sites permettent d'aller visiter les vestiges de ces civilisations passées. On les considère d'abord comme des expressions de valeurs, des outils pour comprendre une culture fascinante, puis de plus en plus comme des objets en eux-mêmes. Le concept proprement dit de *monument historique* date de la fin du XVIIIème siècle ; il naît avec la Révolution Française, en opposition aux destructions de biens, notamment religieux, qui l'accompagnèrent, et avec la Révolution Industrielle, en résistance à l'accélération des transformations urbaines.

Deux approches de la préservation s'opposent au XIXème siècle : d'une part, l'approche française dont la figure emblématique est Viollet-le-Duc, qui défend à la fois la *restauration « à l'identique »* (avec toutes les approximations que cela peut comporter) et l'intervention massive de

---

112 Françoise Choay. *L'allégorie du patrimoine*. Seuil. 1992.

l'État ; et d'autre part, l'approche anglaise qui prône plutôt la *consolidation en l'état* et la mobilisation de la société civile.

Progressivement, le champ du patrimoine historique va s'élargir pour inclure la période gothique, puis romane. Avec l'accélération des mutations industrielles et économiques, le bâti préindustriel dans son ensemble deviendra patrimoine à son tour, puis les vestiges des premiers cycles industriels : en somme, la notion d'« historique » elle-même n'arrête pas *d'évoluer* ! La notion de patrimoine historique recouvrira progressivement des édifices de plus en plus contemporains, construits à peine quelques décennies auparavant : ainsi Brasilia, capitale actuelle du Brésil bâtie en quelques années sur un sol vierge et inaugurée en 1960, a été classée dans sa totalité au *Patrimoine* Mondial de l'Humanité par l'UNESCO en 1987.

En outre, le champ des objets sur lesquels peut s'appliquer la préservation patrimoniale va s'élargir. Initialement, seuls les monuments sont concernés, les bâtis monumentaux qui ont eu une fonction collective, en général liée au pouvoir (temples, églises, châteaux). Puis le champ d'application s'étend à des bâtiments plus « secondaires », témoins d'une histoire plus quotidienne, de techniques de construction, de modes d'habitat et de vie. Et la vision s'élargit encore pour prendre en compte les ensembles urbains, les ambiances. Les monuments, qui devaient au début être *mis en valeur* par la création de vide autour d'eux et par l'aménagement de perspectives et points de vue, doivent désormais être *insérés* dans leur contexte historique. Ainsi deviennent progressivement objets de préservation des ensembles urbains « ordinaires » et l'architecture « banale », dans un mouvement continu de démultiplication de la notion de patrimoine et des objets sur lesquels elle s'applique.[113] Des centres-villes entiers, vite qualifiés d'« historiques », deviennent objets de préservation.

Camilo Sitte (1843-1903), architecte italien travaillant à Vienne durant la seconde moitié du XIXème siècle, sera le théoricien le plus solide de cette approche dite « culturaliste ». Il développera ses réflexions sur les ensembles urbains en réaction au plan de remodelage de Vienne, ratifié

113 Plus récemment encore, la notion de « patrimoine immatériel », reprise y compris par l'UNESCO, a permis de commencer à classer des manifestations culturelles, cérémonies, processus de fabrication, gastronomie…

en 1858 par l'empereur François Joseph. Il sépare la réflexion sur la morphologie urbaine de la réflexion sur les fonctions de la ville, et rejette l'urbanisme et l'architecture modernes (du XIXème siècle) sur des bases principalement esthétiques. Cette réflexion culturaliste globale ne restera pas aveugle à l'antagonisme au moins apparent entre la préservation patrimoniale et l'évolution économique : ses penseurs proposeront notamment de dissocier la forme de la fonction, insistant sur la possibilité *d'insérer* les quartiers et les villes historiques dans le fonctionnement de l'économie moderne sans les dénaturer physiquement. Pour Sitte et ses disciples, la forme urbaine passée doit même être *reproduite* dans l'urbanisme et l'architecture contemporains. *« Sitte érige en modèle la somme d'informations que lui ont livrée les travaux de l'archéologie contemporaine, ses propres relevés ou les commentaires des Anciens : Aristote, Vitruve, Alberti. Il sait pourtant que ces types d'organisation de l'espace sont liés à la particularité de communautés culturelles disparues. (...) Ce nonobstant, Sitte conçoit l'espace urbain comme un contenant. Et pour lui la puissance de l'esthétisme est telle que la forme du contenant pourra être dissociée de son contenu. Les anciennes structures urbaines se verront attribuer une valeur en soi, indépendante de toute référence signifiante à l'actualité. Ainsi les principes d'organisation spatiale des acropoles et des agoras antiques ou bien des anciennes places de Mantoue, Padoue, Florence, Pise, Parme ou Nuremberg seront directement projetés par Sitte et ses disciples dans les extensions d'Altona, de Munich ou de Dessau. »*[114]

Les positions du mouvement culturaliste sont formalisées dans la Charte de Venise, en 1931. Ce mouvement se positionnera toujours en opposition au courant moderniste, qui naît à la même époque et qui accompagne la révolution industrielle et ses développements. Le courant moderniste, dans la lignée Haussmann-Le Corbusier, est précisément *l'autre* pilier de la réflexion urbaine moderne et contemporaine, et l'antagonisme entre préservation et modernisme reste jusqu'à aujourd'hui le principal axe de réflexion des penseurs de l'urbain.[115] Les positions modernistes sont d'ailleurs structurées de manière formelle dans la Charte d'Athènes (1933), quasiment simultanée à celle de Venise.

Même si existent de nombreux exemples de compromis et de conservation quasi à l'identique de la forme dans le cadre d'une insertion

---

[114] Françoise Choay. « L'histoire et la méthode en urbanisme ». *Annales*. ESC juillet-août 1970 n°4 25e année. in *Villes er Civilisation Urbaine*. op. cit. pp. 271-272.

[115] Cf. plus loin.

dans le système d'économie politique,[116] les contradictions internes entre préservation et dynamique économique, qui sont à l'origine de la naissance de la notion même de patrimoine historique, demeureront structurantes jusqu'à nos jours.

2.2. Préservation du patrimoine et système d'économie politique

Si la reproduction élargie du système d'économie politique constitue bien une menace pour le bâti ancien, menace qui a motivé les résistances des défenseurs de la préservation patrimoniale, c'est aussi elle, paradoxalement, qui permet la mise en place d'une politique en la matière. En effet, le développement économique donne progressivement aux défenseurs du patrimoine les moyens financiers de la préservation, à travers les impôts, les subventions ou le mécénat. L'expansion du système d'économie politique est ainsi à la fois cause de destruction et facilitateur de préservation du patrimoine bâti. Même si le mécénat privé joue un rôle important dans cette préservation, notamment dans les pays anglo-saxons, c'est surtout le pouvoir de régulation que les défenseurs du patrimoine vont investir et qui va devenir l'instrument privilégié de sa mise en application concrète. Car la préservation patrimoniale coûte cher, et seuls les pouvoirs publics ont les moyens de s'engager dans des politiques à long terme en la matière. Malgré tout, les moyens disponibles sont limités, et devant la multiplication des projets de préservation, la question de l'entretien et de la valorisation du patrimoine sauvegardé se pose de manière de plus en plus aigue.

En contournant les résistances, le patrimoine doit donc inévitablement être « réintégré » dans le système de production actuel, au travers par exemple de son *exploitation* commerciale (spectacles « son et lumière », produits dérivés, tourisme) ou bien de sa *reconversion* (restructuration complète de l'intérieur des bâtiments, qui ne gardent que l'enveloppe originelle : ville décor). Ces « détournements » du patrimoine, ces « atteintes » qui lui sont infligées, sont bien entendu déplorés, de manière récurrente, par ses « vrais » défenseurs. La question du patrimoine est ainsi une illustration de la résistance au système d'économie politique générée par les évolutions de ce dernier, et qu'il utilise dans un rapport dialectique entre production et consommation.

---

116 Parmi lesquels certains quartiers parisiens comme le Marais, encore qu'il faille analyser plus attentivement dans quelle mesure ils sont insérés dans l'économie globale.

La conservation du patrimoine est en général centrée sur le bâti, plus précisément sur son *apparence* (Notre-Dame de Paris, par exemple, n'ayant plus une seule pierre d'origine), et non sur la vie, les relations sociales qui s'y déroulent. Certaines politiques de préservation peuvent contribuer, en toute bonne conscience, à la destruction de ces relations sociales, parfois témoins vivants des modes de vie passés. Ainsi, les politiques de préservation des centres historiques en France ont fortement contribué à la fois à leur valorisation économique et à l'exclusion des populations modestes qui y vivaient, dans un processus de *gentrification* dont on trouve des exemples partout dans le monde. A São Luis au Brésil, une partie du centre historique, classé Patrimoine mondial de l'humanité par l'Unesco, est occupée par des pêcheurs et les activités associées (magasins et étals, fabrication et vente de glace, bars, prostitution). Les habitants, extrêmement pauvres, sont les témoins vivants d'un passé éloigné, puisque le quartier qu'ils occupent n'est rien d'autre que le port historique de la ville créée par les Français en 1612. Mais ils n'ont finalement pu se maintenir sur place et continuer leurs activités traditionnelles qu'*à cause de l'abandon* du centre historique par le système d'économie politique local ; une politique de *réhabilitation* qui attirerait les acteurs de l'immobilier entraînerait sans doute la disparition de ces modes de vie, et la migration des populations vers une lointaine périphérie et/ou vers des conditions de vie et de logement encore plus précaires. Se pose donc la question des réels bénéficiaires des politiques de préservation du patrimoine, et la réponse semble bien être : la reproduction élargie d'un système d'économie politique abstrait, sans âme et sans conscience, qui fait feu de tout bois...

2.3. Préservation du patrimoine et peur du réel

Le besoin de préservation connaît depuis quelques décennies une forte inflation. Il touche de plus en plus de domaines, dans l'urbain comme ailleurs. Cette logique proliférante, relativement spécifique à l'Europe, peut être interprétée comme une réaction de peur de plus en plus panique face aux incertitudes de l'avenir, voire du réel comme il advient, réaction que l'on retrouve par ailleurs dans d'autres manifestations collectives, politiques notamment.[117]

---

[117] Cf. Henri-Pierre Jeudy. *La machinerie patrimoniale*. Essais 10/20. Sens & Tonka. 2001.

On peut parler d'un « syndrome narcissique du culte patrimonial », une recherche désespérée de maintien, par le passé quel qu'il fût, de son identité et de son intégrité psychologique face aux transformations toujours plus rapides du monde : *« L'inflation du patrimoine historique bâti entamée depuis les années 1960 ressortit à une autre logique [que l'affirmation de la personnalité culturelle occidentale]. Ni le jeu des valeurs traditionnelles, ni la logique économique portée par la culture de masse n'épuisent ses excès, ne permettent de rendre compte d'un culte qui se transforme en fétichisme. (...) Ce processus [actuel d'accumulation des biens patrimoniaux] semble désormais moquer sélections et classifications et viser une exhaustivité symbolique, au mépris de l'hétérogénéité des cultures, des usages et des temps auxquels appartiennent les biens accumulés. Ce processus rassemble le plus signifiant et le plus dérisoire, les lieux du culte religieux et les lieux de l'industrie, les témoins d'un passé séculaire et ceux d'un passé tout neuf. Comme si, par l'accumulation de tous ces accomplissements et de toutes ces traces, il s'agissait de construire une image de l'identité humaine. Et là se trouve bien le nœud de l'énigme : le patrimoine historique semble aujourd'hui jouer le rôle d'un vaste miroir dans lequel nous, les membres des sociétés humaines du XXème siècle finissant, contemplerions notre propre image.*

En d'autres termes, l'observation et le traitement sélectif des biens patrimoniaux ne contribueraient plus à fonder une identité culturelle dynamiquement assumée. Ils tendraient à être remplacés par l'auto-contemplation passive et le culte d'une identité générique. On aura reconnu là la marque du narcissisme. Le patrimoine aurait ainsi perdu sa fonction constructive au profit d'une fonction défensive qui assurerait la recollection d'une identité menacée.

On peut, en effet, interpréter ce besoin éperdu d'une image de soi forte et consistante, comme le recours des sociétés contemporaines face à des transformations dont elles ne maîtrisent ni la profondeur, ni l'accélération et qui semblent mettre en cause leur identité même. L'addition de chaque nouveau fragment d'un passé lointain, ou proche et à peine refroidi, donne à cette figure narcissique plus de solidité, de précision et d'autorité, la rend plus rassurante et mieux capable de conjurer l'angoisse et les incertitudes présentes.

(Cette) interprétation du culte patrimonial comme syndrome narcissique est corroborée par l'analyse de son contexte chronologique. Le développement de l'inflation patrimoniale a, en effet, coïncidé avec celui d'un bouleversement culturel sans précédent au sein des sociétés industrielles avancées et, par voie de conséquence, dans le monde entier. La fin des années 1950 a confirmé une révolution technique et marqué l'avènement de l'ère électronique : désormais des mémoires artificielles et des systèmes de communication toujours plus performants se développent à l'échelle planétaire et

sont couplés avec des activités toujours plus diverses et complexes, retentissant, dans une boucle de rétroaction, sur comportements et mentalités. »[118]

Le phénomène patrimonial n'est pas universel ; il est principalement européen, et son extension dans une partie du reste du monde, principalement dans les Amériques, est essentiellement le résultat de l'influence culturelle européenne. Si en Europe l'opinion publique est globalement acquise à la préservation du patrimoine historique, au point qu'on puisse dire qu'il s'agit pour les Européens en général d'un élément fort dans leur recherche de sécurité ou de permanence, c'est loin d'être une position universelle. Presque partout ailleurs dans le monde, la nouveauté est jugée plus attirante que les *vieilleries ;* de nombreuses cultures n'ont pas ce rapport « préservationniste » au patrimoine bâti, et peuvent être totalement étrangères à la notion même de patrimoine ; ainsi, les Japonais détruisent et reconstruisent régulièrement à l'identique leurs temples et monuments religieux, pratique que, sortie de son contexte, les Européens qualifieraient sans doute de « pastiche » barbare. *« Après Aldo Rossi, on ne peut pas imaginer qu'une ville puisse exister sans histoire. Mais aujourd'hui il y a de vastes pans de l'humanité pour qui vivre sans histoire ne pose aucun problème. On pourrait même aller plus loin : vivre sans histoire est une aventure passionnante pour eux. »*[119]

On pourrait penser, en extrapolant, que l'attrait indiscriminé éprouvé par les Européens pour le patrimoine relève d'une nostalgie envers une époque (depuis le *Quattrocento* jusqu'au milieu du XXème siècle) où ils dominaient le monde et où ils imposaient la *globalisation* et le système d'économie politique capitaliste à la planète ; cet attrait reflèterait la peur de constater que cette globalisation peut également être *subie* : dès le XVIIIème siècle et jusqu'à la décolonisation, voire après, les Européens ont réussi à imposer une globalisation à sens unique ; ils empêchaient les autres peuples, souvent par des moyens militaires, de développer des secteurs de l'économie qui auraient pu entrer en compétition avec les leurs, parvenant ainsi à limiter la concurrence et à maintenir des marchés captifs ; désormais, retour des choses, ces peuples, notamment ceux des puissances émergentes, voient des opportunités dans les évolutions

---

[118] Françoise Choay. *L'allégorie patrimoniale.* op.cit. pp. 180-182.
[119] Rem Koolhaas et al. *Mutations.* op.cit. p. 309.

actuelles du système d'économie politique et sont donc tournés avec plus d'espérance vers le futur.[120]

Si la pensée patrimoniale constitue une illustration particulière d'une approche subjective de l'urbain, approche qui semble a priori antagoniste, ou en résistance, au système d'économie politique, la pensée urbanistique en général a produit et continue de produire bien d'autres « lois» et prescriptions pour la fabrication de la ville idéale. La plupart de ces « lois » sont moins ouvertement hostiles au système d'économie politique et, comme la pensée patrimoniale, ont une influence sur celui-ci, via le pouvoir de régulation et l'assimilation de constructions idéologiques par l'ensemble des acteurs du système en général.

[120] MacKenzie Wark. „Telegram from nowhere". *Mutations*. Rem Koolhaas et al. op.cit.

3. L'incantation urbanistique

Élaboration et usages des « lois urbanistiques »

3.1. Genèse et expansion de la pensée urbanistique

La réflexion sur l'urbain comme objet prend son essor avec la révolution industrielle, qui conjugue une accélération de l'évolution des villes, la production des moyens technologiques de cette transformation et une vision du monde, scientiste et positiviste, héritée de l'humanisme de la Renaissance. La pensée urbanistique, en tant que telle, existe depuis le XIXème siècle, et c'est au début du XXème siècle qu'est inventé le terme d'« urbanisme ».

La révolution industrielle amène à penser l'organisation de la ville en tant que telle, qui évolue et s'étend à un rythme accéléré. La ville doit être adaptée aux nouvelles technologies (notamment de transport) ; elle doit être administrée et gérée, afin que soient minimisées les externalités négatives liées à l'expansion industrielle, d'une part, et qu'elle ne freine pas cette expansion, d'autre part. Le principe de gestion se conjugue avec les idéologies progressistes du XIXème siècle pour aboutir à la recherche d'une morphologie urbaine favorisant par elle-même l'éclosion d'un homme épanoui et d'une société idéale. C'est ainsi que se constitue le courant moderniste ou progressiste de l'urbanisme qui, avec le courant culturaliste de la préservation patrimoniale, demeure un axe de pensée dominant jusqu'à nos jours. Les nouvelles technologies permettent par ailleurs *l'industrialisation* de la ville, sous contraintes économiques et conditions de faisabilité financières.

A partir du XVIIIème siècle, les courants de pensée issus des Lumières cherchent des alternatives à la vision du monde de l'Église, dont le rayonnement s'affaiblit. Une réflexion s'engage sur la société humaine *idéale*. Sa traduction en urbanisme sera l'élaboration théorique de villes utopiques, non sujettes à évolution puisque *parfaites*. Les utopistes, comme Owen en Angleterre ou Fourier en France, sont les théoriciens les plus radicaux de l'urbain. Ils projettent sur le territoire une organisation sociale parfaite, qu'ils vont chercher à créer de toutes pièces ; on est quasiment dans l'expérimentation en laboratoire des sciences physiques.

Les premières manifestations concrètes de cette idéologie sont les « utopies industrialistes » du XIXème siècle, qui tentent de créer de petites unités urbaines au fonctionnement parfait : phalanstère de Fourier, village industriel de Robert Owen, familistères. La valeur fondamentale qui sous-tend ces expérimentations est le progrès de l'homme, physique et moral, qui se traduit par des préoccupations hygiénistes, en termes de confort et de santé, d'alimentation, d'éducation. Les cités ouvrières construites par des patrons qu'on a appelés plus tard « paternalistes » (Le Creusot en France, par exemple) s'inspirent directement de cette logique, dans une version plus fonctionnelle et moins idéologique, ainsi que le mouvement des « cités jardins », qui se développe en Angleterre au début du XXème siècle. Les cités ouvrières sont en général construites *ex nihilo*, sur un territoire initialement non habité, démarche qui allie une volonté de simplification quelque peu démiurgique et un contexte socio-économique historiquement daté ; il est en effet plus facile de créer de toutes pièces, et de choisir à la fois la forme de la ville et ses habitants, que de transformer l'existant. Ces initiatives resteront toujours circonscrites à de petites unités urbaines ; les réalisations utopistes les plus abouties resteront quand même marginales et finiront toujours par connaître l'échec et l'abandon ; les expériences plus pragmatiques seront rapidement banalisées au sein du système d'économie politique.

Dans la deuxième moitié du XIXème siècle, ce sont les grandes villes qui sont transformées en profondeur. Les maîtres d'œuvre de ces mutations sont des ingénieurs et des professionnels de la construction qui sont de fait les ancêtres des urbanistes actuels. Les premières expériences de l'urbanisme de rupture à grande échelle s'appuient fortement sur les réalités et besoins du système capitaliste, tant en termes technologiques qu'économiques et financiers, tout en se justifiant par un discours moderniste et positiviste de *progrès de l'homme*. On l'a vu pour Paris avec l'exemple de Haussmann ; d'autres grandes métropoles européennes connaissent également une restructuration lourde : Vienne, Barcelone avec Ildefonse Cerda. Les Européens prennent conscience de la possibilité de modeler la ville existante à grande échelle. Des théories sur ce que « doivent devenir » les villes commencent à être élaborées. Les pratiques sont théorisées et justifiées socialement, notamment par l'amélioration des conditions de vie urbaines.

Le Baron Haussmann, Préfet de la Seine appuyé inconditionnellement par Napoléon III, est dans l'action plus que dans la théorisation ; mais Ildefonse Cerda qui, à Barcelone, se trouve en concurrence avec d'autres projets d'agrandissement et de réforme de la ville, sera, lui, conduit à théoriser pour défendre la rationalité de son approche et justifier techniquement ses positions. Dans sa recherche de légitimité, pour s'imposer au sein des sciences humaines en train de naître, l'urbanisme est obligé de poser des postulats d'inspiration positiviste, ou progressiste dans le cas du modernisme, comme « lois urbanistiques ». Les urbanistes exerceront un lobbying incessant auprès des pouvoirs de régulation, dans une lutte pour la légitimité et le contrôle de l'espace professionnel qui n'a jamais cessé depuis.

Au début du XXème siècle, l'urbanisme se structure ; en particulier le mouvement moderniste, dont Le Corbusier est la figure emblématique, lui donne une solide formalisation ; il se dote d'une Charte à Athènes en 1933 ; ses membres se rencontrent périodiquement au Congrès International de l'Architecture Moderne (CIAM). Le mouvement moderniste prône une réorganisation complète des villes existantes selon des principes qui se traduisent physiquement par une *verticalisation* radicale, de grands espaces libres et de larges voies de communication, la spécialisation fonctionnelle (rendue possible par les voies rapides de communication), la séparation des piétons et des voitures. Il prescrit une forte densification des centres-villes, dédiés spécifiquement à l'activité économique, et la construction de secteurs d'habitation périphériques. La condition de l'application de ces principes est la *tabula rasa,* la démolition totale ou quasi totale de l'existant. Toujours à la limite entre proposition et provocation, les modernistes produisent des plans de reconstruction des grandes métropoles mondiales. En 1923, Le Corbusier expose son diagnostic et ses ambitions : *« les centres des grandes villes, cellules vitales du monde, sont inutilisables ; il faut les remplacer. La technique et l'architecture peuvent prétendre, par des œuvres magnifiques, au droit de participer à l'histoire. »*[121] En 1925, il propose dans son Plan Voisin une restructuration complète du centre de Paris. Il prescrit, sur la base d'une table rase presque totale, à l'exception de quelques monuments historiques mis en valeur par leur isolement au centre de places ou d'espaces vides, une densification forte à travers une verticalisation radicale et la création au niveau du sol de

121 « Où en est l'urbanisme en France et à l'étranger ». Société française des urbanistes. *Colloque de Strasbourg.* 1923. in *Villes et Civilisation Urbaine.* op. cit. p. 261.

vastes voies de communication automobiles et de parcs. Les modernistes créeront des villes entières ex-nihilo dans des pays en développement comme le Brésil (Brasilia) ou l'Inde (Chandigarh). Les destructions massives de certaines villes lors de la seconde guerre mondiale leur donneront également quelques opportunités d'appliquer leurs principes à large échelle en Europe. Ce sont bien ces principes, digérés par les ingénieurs des Ponts et Chaussées, qui, durant tout l'après guerre, influenceront les politiques publiques et même la promotion privée en France. Ce sera l'urbanisme des *grands ensembles.*

Parallèlement, à partir des années 1920, l'École de Chicago, qui s'appuie sur l'enquête de terrain et l'analyse des groupes sociaux pour tenter de comprendre la ville (le Chicago de la première moitié du XXème siècle en l'occurrence), conçoit une approche plus empirique de l'urbain, davantage basée sur l'observation des groupes sociaux et moins normative que la pensée dogmatique de la « ville idéale ». Mais malgré leur démarche pragmatique, les membres de cette École n'échappent pas à la tentation de la systématisation, et tirent de leur analyse de la seule ville de Chicago un archétype de la « ville américaine », représenté par le diagramme de Burgess *: « Pour ceux qui ne seraient pas familiers de l'Ecole de Chicago et de son étude canonique en sociologie de « la ville nord-américaine », la cible de fléchettes de Burgess représente la hiérarchie spatiale engendrée par la lutte pour la survie du citadin le plus adapté, censée organiser les classes sociales et leurs types d'habitats respectifs. Selon la pensée d'un darwinisme social universitaire, elle montre une « écologie humaine » structurée par les forces « biologiques » de la concentration, de la centralisation, de la ségrégation, de l'invasion et de la succession. »*[122]

[122] Mike Davis. *Au-delà de Blade Runner, Los Angeles et l'imaginaire du désastre.* Éditions Allia. 1998 (2006 dans sa version française). pp. 16-17.

Diagramme de Burgess[123]

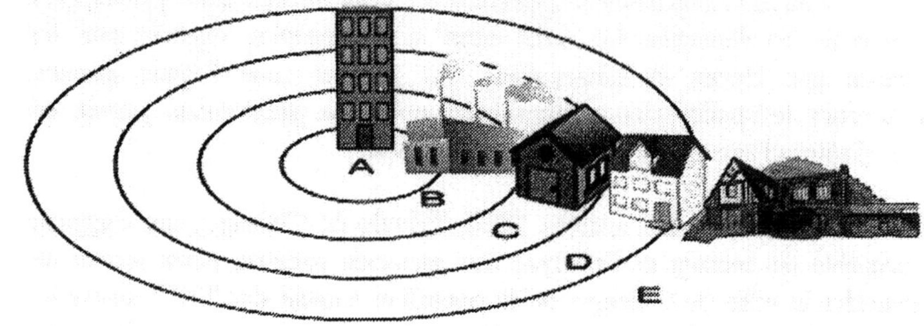

Légende

A Centre des affaires
B Zone de transition (Centre-ville)
C Logement ouvrier (Faubourgs populaires)
D Logement des classes *moyennes* (Beaux-Quartiers)
E Banlieue

Ce diagramme à couronnes concentriques a été le premier utilisé pour expliquer l'implantation des groupes sociaux dans les différentes zones urbaines. Il décrit ainsi l'utilisation du territoire urbain : le Centre des affaires est situé au centre du diagramme, puis la ville s'étend en couronnes successives avec usage différentié du territoire.[124]

---

123 Ernest W. Burgess, sociologue américain, a construit le diagramme dont cette illustration est inspirée en 1923. Cf. Park, Robert, Ernest W. Burgess and Roderick D. McKenzie. *The City*. Chicago: University of Chicago Press. 1925.

124 Le diagramme de Burgess se distingue d'autres diagrammes construits dans la même optique, tels que le *diagramme sectoriel* ou le *diagramme à noyaux multiples*.

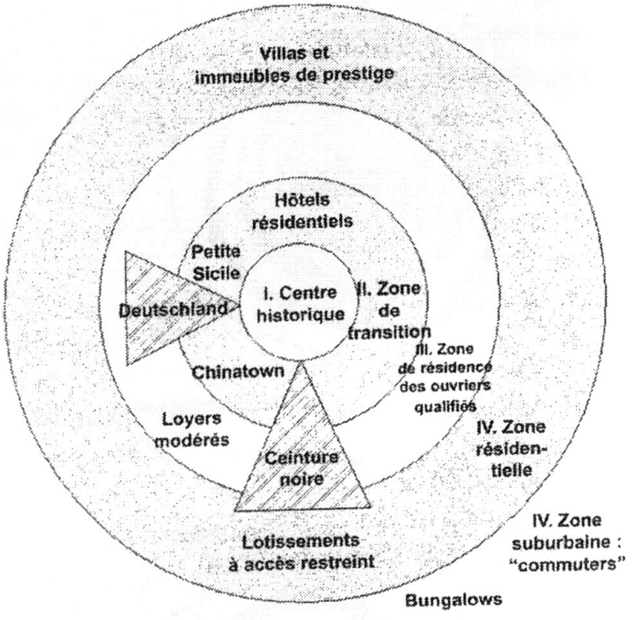

Source : Mike Davis. *Au-delà de Blade Runner.* 2006.

Le *Centre des affaires* a dans son voisinage une deuxième zone, de transition, appelée *Centre-ville,* suivie d'une troisième, de logement social, correspondant aux *faubourgs populaires,* puis une quatrième couronne se trouve occupée par le logement des classes moyennes et correspond aux *Beaux-Quartiers* ; une cinquième et dernière couronne représente la *Banlieue.* Burgess relève une corrélation entre distance par rapport au Centre des affaires et statut socio-économique des habitants, les familles plus riches ayant tendance à s'éloigner de plus en plus du Centre.[125] Avec la croissance de la ville, le Centre des affaires doit s'étendre vers l'extérieur, ce qui repousse encore plus loin vers l'extérieur les couronnes urbaines successives.

---

125 Il est amusant de remarquer que cette théorie urbanistique à visée universelle instaure en règle ce qui est clairement contredit par la réalité de l'urbanisme parisien, par exemple, où ce sont les classes populaires qui sont obligées de s'éloigner du « Centre des affaires ».

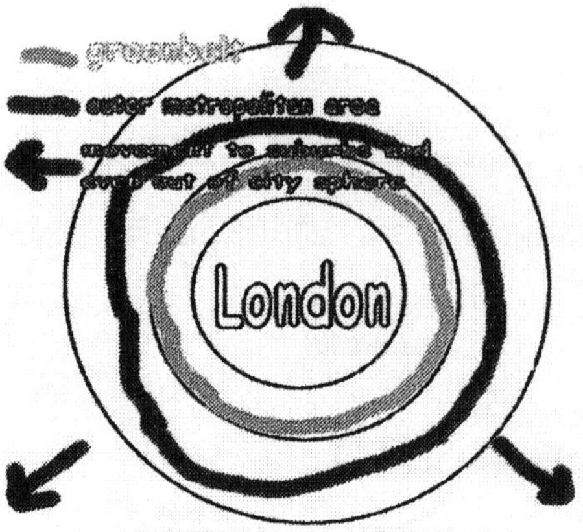

Diagramme de Burgess appliqué au Londres contemporain

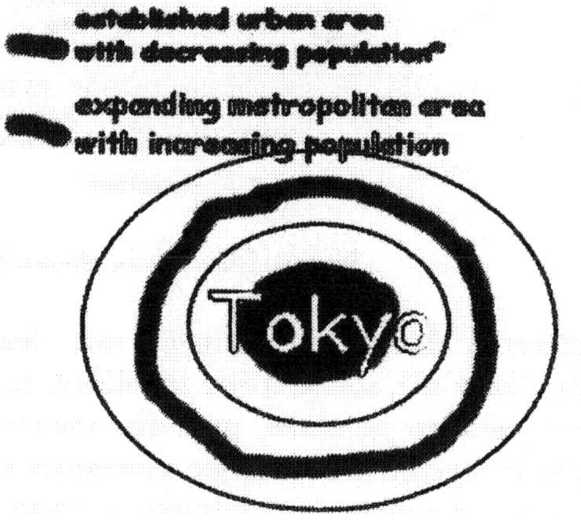

Diagramme de Burgess appliqué au Tokyo contemporain

Dans la France d'après guerre, selon des méthodes qui feront école dans toute l'Europe, le sociologue Paul-Henri Chombart-de-Lauwe et son équipe organisent l'action urbaine du pouvoir de régulation (le rôle de l'État était alors déterminant). Ils utilisent dans ce but des méthodes « scientifiques » d'analyse de la réalité urbaine et une vision normative de ce que doivent être la ville et ses habitants, directement hérités de Le Corbusier et d'une approche scientiste de la ville. Chombart de Lauwe conduit au début des années 1950 une vaste étude sur l'agglomération parisienne, qui influencera les politiques publiques en France et à l'étranger durant toute la période des trente glorieuses. D'inspiration moderniste, il est plus normatif que les méthodologues de l'École de Chicago, et ses travaux sont dirigés vers les pouvoirs publics et visent à élaborer des programmes opérationnels. Il recourt largement au « rationalisme opératoire », mélange d'idéologie et d'études scientifiques. Sociologue, Chombart-de-Lauwe concentre ses propositions sur la structure sociale, plus que sur la structure urbaine qui lui est *subordonnée*, toujours dans un esprit d'omnipotence et d'omniscience. Ses recettes pour organiser la ville sont un modèle du genre et, à ce titre, constituent une illustration presque caricaturale de notre propos. On verra dans le texte qui suit, après une réserve de pure forme en guise d'introduction, à la fois une ambition optimisatrice de réorganiser l'urbain dans toutes ses facettes (vision holiste et démiurgique), un mépris des acteurs réels, qu'ils soient habitants, acteurs économiques ou régulateurs, et l'invocation d'un rationalisme abstrait qui sert à appuyer les propositions faites et à démontrer le besoin d'études complémentaires... qui auraient comme avantage évident le renforcement de sa légitimité et de son pouvoir.

L'action du professionnel de l'urbain selon Paul Henri Chombart de Lauwe

« Lorsqu'il s'agit de transformer, de détruire et de reconstruire, on peut détruire le meilleur qu'on ignore et faire des innovations brillantes qui seront plus tard, sur le plan social, la source des plus grands maux. Pourtant, dans ce domaine, le conservatisme est plus dangereux encore que l'audace. Il faut d'abord, en fonction d'une situation déterminée, définir le nuisible et l'utile. Il faut ensuite demander que les transformations nécessaires soient opérées avec vigueur, mais qu'elles ne détruisent pas, sur le plan social, ce qui donne à une population sa santé physique et morale, sa vitalité démographique et ses aspirations culturelles. (...) Il ne faut pas prévoir les transformations du cadre et de l'architecture avant d'avoir pensé aux structures sociales nouvelles. C'est la transformation des structures sociales qui doit précéder la transformation des structures urbaines, et non l'inverse. (...)
Les urbanistes classent actuellement suivant quatre points de vue les principaux problèmes qui se posent pour l'aménagement des villes en fonction des besoins humains : habiter, travailler, cultiver le corps et l'esprit, circuler. Mais si nous nous plaçons du point de vue des plans futurs, il y a une préoccupation qui domine toutes celles-ci, c'est la situation et la mise en valeur des monuments qui ont une fonction de symbole et une fonction de direction. Un plan doit être avant tout populaire, il doit entraîner l'adhésion enthousiaste de toutes les catégories de population. Il n'y a pas de grande

œuvre, ni de vie harmonieuse, sans une foi qui les anime. Cette foi demande à s'exprimer dans des monuments dont les formes et la situation dans la ville correspondent à leur fonction et à leur valeur symbolique. (...)
Or, dans une grande cité comme l'agglomération parisienne, nous voyons souvent les monuments publics les plus importants situés dans des zones qui sont réservées à une fraction de la population. Ces monuments devraient être entourés d'espaces accueillants et familiers auxquels devraient conduire des voies assez larges et bien conçues pour en faciliter l'accès aux populations qui en sont les plus éloignées. Le plan de Paris de Le Corbusier, aussi exagéré qu'il ait été à certains points de vue, tenait compte de cette nécessité d'aération et de mise en valeur des monuments symboliques essentiels. (...) Il faut donc dans l'agglomération parisienne, examiner la situation des populations telles que celles des lotissements de banlieue, qui se trouvent coupées des centres vitaux et se sentent de ce fait en marge de la vie nationale. C'est un problème de cohésion sociale dans lequel les analyses écologiques peuvent apporter des éclaircissements importants.
Par la suite, les aspects habitat et travail sont tout d'abord confondus dans l'orientation d'un zoning rationnel.[126] *(...) Il importe (...) de répartir les espaces réservés à l'industrie et à l'habitat en tenant compte des structures sociales, de la répartition démographique, de la distribution actuelle dans l'espace, des classes, des collectivités ethniques, des groupements professionnels, aussi bien que des conditions économiques et des nécessités techniques. (...)*
Le fait de réserver à la construction d'entreprises certains terrains dont la situation permettra d'éviter des conséquences néfastes pour les maisons voisines, est évidemment nécessaire. Cependant, l'étude de la vie des quartiers ouvriers nous conduit à penser que la suppression des secteurs mixtes, où les petites entreprises et quelquefois les moyennes sont imbriquées dans les îlots d'immeubles, provoquera une atonie sociale dangereuse. Il faudra donc compenser le facteur animation que présente l'entreprise, malgré ses inconvénients, par des aménagements de la vie locale sur le plan des loisirs surtout. Seules les études sociologiques détaillées de la vie de quartiers typiques peuvent nous renseigner sur ces difficultés. Certains, matériellement défavorisés, donnent l'impression d'une vitalité étonnante. Tels sont par exemple ceux de diverses parties du XIIIème arrondissement. Il semble que la vie tournant autour des petites et moyennes entreprises qui s'y trouvent, y joue un rôle essentiel. Ce rôle ne peut être remplacé que par celui d'organisations culturelles ayant des moyens considérables. D'autre part, la présence des petites et moyennes entreprises dans les quartiers crée tout un jeu de rapports sociaux entre représentants de classes différentes. Il s'établit en fonction

[126] Ce *zoning rationnel* ne ressemble pourtant en rien à celui de Burgess...

de ce jeu même, à l'échelon local, un équilibre dynamique qui se trouvera rompu et reporté à une échelle plus vaste. Les organisations culturelles ne peuvent pas et ne doivent pas le compenser. (...)

De toute façon, il importe aux sociologues d'étudier de plus près avec les urbanistes, les choix des différents échelons d'organisation de l'habitat pour les grandes cités. Si l'on tient compte des recherches des architectes des différents pays, on arrive à une hiérarchie voisine de celle-ci :

- le logement d'un groupe formant ménage ;

- le groupe de relations de 8 à 15 ménages (pour certains auteurs seulement, tel l'échelon patriarcal de Bardet) ;

- le groupe organique de logements, de dimensions diverses suivant les auteurs, mais variant autour de 80 à 100 ménages (3 à 500 personnes) : unité d'habitation de Le Corbusier, échelon domestique de G. Bardet, unités de H. Syrkus et des architectes de Varsovie, etc. ;

- l'assemblage de groupes d'habitations : l'unité de « voisinage » des Anglais, avec toutes les réserves que ce mot appelle à cet échelon pour les Français, l'échelon paroissial de Bardet, un peu plus petit : 500 à 1 500 familles, la « cité » de 2 000 à 2 500 logements avec centre collectif de H. Syrkus ;

- la cité de 50 à 100 000 habitants « quartier de Syrkus », échelon « cité » de G. Bardet ;

- l'agglomération ou la métropole : groupe de cités. (...)

Si nous voulons rester pour l'instant à l'étude de l'infrastructure de la vie collective en tenant compte des études que nous avons déjà faites, nous nous limiterons, pour l'habitat, à la question de l'aménagement de la vie locale des petits quartiers que nous avons repérés. Ces petits quartiers, de dimensions variables, devraient être rassemblés pour constituer des unités plus larges, répondant aux souhaits des urbanistes, autour de points d'attraction qu'il faudrait, dans certains cas, déplacer ou renforcer. Ces unités devraient donc disposer d'un équipement économique et de loisirs suffisants, sans cependant supprimer le désir de sortir de ses limites. La vie locale ne doit pas aller contre la vie de l'ensemble de l'agglomération. (...)

Les centres des groupes de petits quartiers, ne devraient pas se réduire à des groupes de boutiques, mais permettre des relations sociales plus fructueuses. Les « maisons communes » semblent actuellement inexistantes, sauf sur un plan administratif que n'atteint pas la vie profonde des individus et des groupes. Peut-être y a-t-il là un trait inhérent au caractère français ! Il ne suffit pas de construire des maisons communes pour créer une ambiance favorable à la vie locale. Il faut, ici encore, découvrir les formes de sociabilité qui doivent être satisfaites par des aménagements appropriés, et non appliquer sans discernement des solutions étrangères.

Les petits quartiers devraient être relativement hétérogènes socialement. Ils devraient comprendre des unités d'habitation correspondant aux structures sociales des groupes auxquels elles sont destinées. À l'intérieur même de ces unités d'habitation, il pourrait paraître souhaitable à certains de voir cohabiter des individus et des familles appartenant à des classes sociales différentes. Toutefois, dans l'état actuel, nous pouvons difficilement imaginer cette cohabitation lorsque les groupes ainsi créés sont composés de personnes appartenant à des classes trop éloignées les unes des autres, surtout si des logements de différentes dimensions sont prévus suivant les moyens financiers de chacun, et non seulement suivant le nombre de personnes composant le ménage. Pour généraliser des expériences de ce genre, il faudrait prévoir une préparation des représentants des différentes classes, ce qui pose des problèmes difficiles d'éducation. Celle-ci serait particulièrement ardue pour les milieux bourgeois. Ils risquent de se prêter difficilement à des mesures les amenant fatalement à abandonner des habitudes, des préjugés et des privilèges (au moins d'argent) auxquels ils sont attachés. Cette liberté de cohabitation ne serait possible d'une manière courante, que si les classes sociales elles-mêmes étaient réellement supprimées. Pour l'instant, il s'agit de faire un certain nombre d'expériences, qui seront instructives, mais difficiles à réaliser.

L'aménagement des quartiers et des groupes de quartiers doit tenir compte des zones concentriques telles que nous les avons définies. Suivant chaque zone, des solutions différentes doivent être adoptées. À l'intérieur de Paris et de la banlieue proche, il s'agit beaucoup plus d'aménagement ; dans la banlieue périphérique, ce sont de véritables créations qui sont nécessaires. De toutes façons, on ne peut comparer qu'avec beaucoup de prudence la vie d'un petit quartier du XIIème arrondissement et celle d'une cité-jardin, celle d'un lotissement et celle d'une H.B.M. fermée. La forme des groupes sociaux et les comportements y varient fatalement en fonction de la différence des milieux.

Comment vont se situer les centres de travail par rapport à ces unités résidentielles? Il y a, pour l'instant, deux mondes qui se superposent : celui de la vie locale et celui du travail, sans qu'un équilibre harmonieux ait été réalisé. (...)

Les décisions relatives à la localisation des usines et à leurs déplacements, devraient être prises à la suite d'analyses très poussées, non seulement sur les plans économique, technique et démographique, mais du point de vue sociologique. Or, pour la région parisienne, il n'existe pas encore de carte complète des industries, classées par catégories, qui soit utilisable pour ces travaux. Pour les relations entreprise-quartier sur le plan local, celles que nous donnons pour certains secteurs des XIIème, XIIIème et XVIème arrondissements, et pour Boulogne-Billancourt et Montreuil, sont encore très insuffisantes. Les études d'ethnographie sociale, en cours dans ces secteurs, montrent que les petites et moyennes entreprises jouent un rôle si important dans l'animation des quartiers que leurs déplacements ne peuvent être envisagés qu'en les remplaçant par des institutions culturelles qui soient capables de compenser avantageusement l'atonie qui résulterait de leur disparition. Dans ce cas seulement, il deviendrait possible de regrouper l'industrie dans des zones spécialement choisies, suivant un zoning adapté aux besoins de la région et du pays, ou de les déplacer vers la province en fonction du plan d'aménagement national.

En envisageant la création d'institutions destinées à prendre la place laissée par les entreprises, nous arrivons tout naturellement aux problèmes culturels liés à l'écologie. Ils sont de deux ordres. Ce sont tout d'abord ceux que nous avons signalés plus haut, au sujet des plans généraux d'urbanisme : la distribution des monuments symboliques administratifs, scientifiques, commémoratifs, la préservation des monuments historiques ou leur mise en valeur, l'étude de l'accès facile à ces diverses catégories de monuments, pour toutes les classes sociales. C'est ensuite l'équipement culturel à prévoir aux divers échelons : quartier, groupe de quartiers, cités, agglomérations. Nous avons maintenant à insister sur ce deuxième aspect.

Le point de départ doit être le souci de permettre l'accès des activités culturelles aux représentants de toutes les classes sociales. Si les habitants de la Muette, dans la partie bourgeoise du centre de Paris, souffrent peu de l'insuffisance des stades, des cinémas et organismes de culture populaire dans leur secteur, en raison de leurs facilités de déplacements, les jeunes du Petit-Clamart dans la banlieue périphérique, n'ont pour toute occasion de se cultiver que leur unique cinéma. Les oppositions sociales que nous avons signalées à ce sujet entre le Paris de l'est et celui de l'ouest, ou à l'intérieur d'une même commune de banlieue, soulignent les coupures qui s'établissent sur le plan culturel entre divers secteurs ou divers quartiers, et les différences de manières de penser qui en résultent, favorisant les incompréhensions. Ces inégalités qui existent et s'accentuent, en creusant des fossés de plus en plus profonds, posent un problème à l'urbaniste. (...) »[127]

Ce type de démarche est critiqué dès les années 1970 par des penseurs comme le philosophe Henri Lefèvre. Ce dernier décrit avec précision les logiques qui selon lui utilisent de manière variée ce même mécanisme consistant à cacher l'idéologie derrière des analyses rationalistes. Il identifie trois groupes d'acteurs : les humanistes, les administratifs (dont ferait partie P.-H. Chombart-de-Lauwe) et les promoteurs.

[127] « Annexe méthodologique à Paris et l'agglomération parisienne ». Sous la direction de Paul-Henri Chombart-de-Lauwe. Paris. PUF. 1952. in *Villes et Civilisation Urbaine*. op. cit. pp. 356-361.

« Au XIXème siècle et surtout au XXème siècle prend forme la rationalité organisatrice, opérationnelle aux divers échelons de la réalité sociale. Vient-elle des entreprises et de la gestion, des unités de production ? Naît-elle au niveau de l'État et de la planification ? L'important, c'est que ce soit une raison analytique poussée jusqu'à ses dernières conséquences. Elle part d'une analyse méthodique, aussi fine que possible, des éléments (d'une opération productrice, d'une organisation économique et sociale, d'une structure ou d'une fonction). Ensuite, elle subordonne ces éléments à la finalité. D'où sort cette finalité ? Qui la formule, qui la stipule ? Comment et pourquoi ? C'est ici la faille et la faillite de ce rationalisme opératoire. Ses tenants prétendent tirer la finalité de l'enchaînement des opérations. Or il n'en est rien. La finalité, c'est-à-dire l'ensemble et l'orientation de l'ensemble, se décide. Dire qu'elle provient des opérations elles-mêmes, c'est s'enfermer dans un cercle vicieux : le découpage analytique se donnant pour son propre but, pour son propre sens. La finalité est objet de décision. C'est une stratégie justifiée (plus ou moins) par une idéologie. La notion de système recouvre celle de stratégie. A l'analyse critique, le système se révèle stratégie, se dévoile comme décision (finalité décidée). (…)

Cependant, du point de vue du rationalisme techniciste, le résultat sur le terrain des processus examinés ne représente qu'un chaos. Dans la « réalité » qu'ils observent de façon critique – banlieue et tissu urbain et noyaux subsistants – ces rationalistes ne reconnaissent pas les conditions de leur propre existence. Ce n'est devant eux que contradiction et désordre. Seule en effet la raison dialectique peut maîtriser (par la pensée réfléchissante, par la pratique) des processus multiples et paradoxalement contradictoires.

Comment mettre de l'ordre dans cette confusion chaotique ? C'est ainsi que le rationalisme d'organisation pose son problème. Ce désordre n'est pas normal. Comment l'instituer à titre de norme et de normalité ? C'est inconcevable. Ce désordre est malsain. Le médecin de la société moderne se voit comme médecin de l'espace social malade. La finalité ? Le remède ? C'est la cohérence. Le rationaliste va instaurer ou restaurer la cohérence dans la réalité chaotique, qu'il observe et qui s'offre à son action. Le rationaliste risque de ne pas s'apercevoir que la cohérence est une forme, donc un moyen plus qu'une fin, et qu'il va systématiser la logique de l'habitat, sous-jacente au désordre et à l'incohérence apparents, qu'il va prendre pour point de départ de ses démarches cohérentes vers la cohérence du réel. En fait, il n'y a pas de marche unique ou unitaire de la réflexion urbanistique, mais plusieurs tendances repérables par rapport à ce rationalisme opérationnel. Parmi ces tendances, les unes s'affirment contre, les autres pour ce rationalisme, en le menant jusqu'à ses formulations extrêmes. Ce qui interfère avec la tendance générale de ceux qui s'occupent d'urbanisme à ne comprendre que ce qu'ils peuvent traduire en termes d'opérations graphiques : voir, sentir au bout du crayon, dessiner.

On distinguera donc :

a) *L'urbanisme des hommes de bonne volonté (architectes, écrivains). Leurs réflexions et leurs projets impliquent une certaine philosophie. Généralement, ils se lient à un humanisme : à l'ancien humanisme classique et libéral. Ce qui ne va pas sans une bonne dose de nostalgie. On veut construire « à l'échelle humaine », pour « les hommes ». Ces humanistes se présentent à la fois comme médecins de la société et créateurs de rapports sociaux nouveaux. Leur idéologie, ou plutôt leur idéalisme, vient souvent de modèles agraires, adoptés de façon irréfléchie par leur réflexion : le village, la communauté, le quartier, le citadin-citoyen que l'on dotera d'édifices civiques, etc. On veut construire immeubles et villes « à l'échelle humaine », « à sa mesure », sans concevoir que dans le monde moderne « l'homme » a changé d'échelle et que la mesure d'autrefois (village, cité) se transforme en démesure. Au mieux, cette tradition aboutit à un formalisme (adoption de modèles qui n'ont ni contenu ni sens), ou à un esthétisme (adoption de modèles anciens pour leur beauté, que l'on jette en pâture aux appétits des consommateurs).*

b) *L'urbanisme des administrateurs liés au secteur public (étatique). Cet urbanisme se veut scientifique. Il se fonde tantôt sur une science, tantôt sur des recherches qui se veulent synthétiques (pluri ou multidisciplinaires). Ce scientisme, qui accompagne les formes délibérées du rationalisme opératoire, tend à négliger le «facteur humain » comme on dit. Il se divise lui-même en tendances. Tantôt, à travers telle science, une technique prend le dessus et devient le point de départ; c'est généralement une technique de circulation, de communication. On extrapole à partir d'une science, d'une analyse fragmentaire de la réalité considérée. On optimise dans un modèle les informations ou les communications. Cet urbanisme technocratique et systématisé, avec ses mythes et son idéologie (à savoir la primauté de la technique) n'hésiterait pas à raser ce qui reste de la ville pour laisser place aux voitures, aux communications, aux informations ascendantes et descendantes. Les modèles élaborés ne peuvent entrer dans la pratique qu'en rayant de l'existence sociale les ruines elles-mêmes de ce qui fut la ville.*

Parfois, au contraire, les informations et connaissances analytiques venues de différentes sciences sont orientées vers une finalité synthétique. Mais on ne conçoit pas tant une vie urbaine disposant des informations fournies par les sciences de la société. Ces deux aspects se confondent dans la conception des centres de décision, vision globale, urbanisme déjà unitaire à sa façon, lié à une philosophie, à une conception de la société, à une stratégie politique (c'est-à-dire à un système global et total).

c) *L'urbanisme des promoteurs. Ils conçoivent et réalisent, sans le dissimuler, pour le marché, en vue du profit. Le nouveau, le récent, c'est qu'ils ne vendent plus du logement ou de l'immeuble, mais de l'urbanisme. Avec ou sans idéologie, l'urbanisme devient valeur d'échange. Le projet des promoteurs se présente comme occasion et lieu privilégiés : lieu du bonheur dans une vie quotidienne miraculeusement et merveilleusement transformée. L'imaginaire de l'habitant s'inscrit dans la logique de l'habitat et leur unité donne une pratique sociale qui n'a pas besoin d'un système. D'où ces textes publicitaires déjà fameux et qui méritent de passer à la postérité, parce que la publicité y devient idéologie. Parly II « fait naître un nouvel art de vivre », un « nouveau style de vie ». La quotidienneté ressemble à un conte de fée. « Jeter son manteau au vestiaire de l'entrée et, plus légère, faire ses courses après avoir confié les enfants aux jardinières de la galerie, rencontrer ses amies, boire ensemble un verre au drugstore... » voilà l'image réalisée de la joie de vivre. La société de consommation se traduit en ordres : ordre de ses éléments sur le terrain, ordre d'être heureux. Voici le cadre, le décor, le dispositif de votre bonheur. Si vous ne savez pas saisir l'occasion de prendre le bonheur offert pour en faire votre bonheur, c'est que... Inutile d'insister!*

À travers les diverses tendances s'esquisse une stratégie globale (c'est-à-dire un système unitaire et un urbanisme déjà total). Les uns feront entrer dans la pratique et concrétiseront sur le terrain la société de consommation dirigée. Ils construiront non seulement des centres commerciaux mais des centres de consommation privilégiés : la ville renouvelée. Ils imposeront en la rendant « lisible » une idéologie du bonheur par la consommation, la joie par l'urbanisme adapté à sa nouvelle mission. Cet urbanisme programme une quotidienneté génératrice de satisfactions (notamment pour les femmes acceptantes et participantes). La consommation programmée et cybernétisée (prévue par les computeurs) deviendra règle et norme pour la société entière. D'autres édifieront les centres décisionnels, concentrant les moyens de la puissance : information, formation, organisation, opération. Ou encore : répression (contraintes, y compris la violence) et persuasion (idéologie, publicité). Autour de ces centres se répartiront sur le terrain, en ordre dispersé, selon des normes de contraintes prévues, les périphéries, l'urbanisation désurbanisée. Toutes les conditions se réunissent ainsi pour une domination parfaite, pour une exploitation raffinée des gens à la fois comme producteurs, comme consommateurs de produits, comme consommateurs d'espace.

La convergence de ces projets comporte donc les plus grands dangers. Elle pose politiquement le problème de la société urbaine. Il est possible que des contradictions nouvelles naissent de ces projets, gênant la convergence. Si une stratégie unitaire se constituait et réussissait, ce serait peut-être irréparable. »[128]

---

128 Henri Lefèvre. *Le droit à la ville*. Éditions Anthropos. 1974. in *Villes et Civilisation Urbaine*. op. cit. pp. 433 – 435.

On peut remarquer que, malgré une analyse extrêmement pertinente et encore aujourd'hui relativement efficace, Henri Lefèvre se situe également dans une logique de contrôle de la ville (en l'occurrence négative et fruit d'une stratégie totalitaire des élites). Il n'a qu'une appréhension embryonnaire de l'indétermination structurelle du système, qu'il identifie dans la possibilité de la « naissance de nouvelles contradictions » qui contrecarreraient le projet totalitaire.

3.2. Les multiples tendances récentes de la pensée urbanistique

Les deux courants structurants de l'urbanisme, modernisme et culturalisme/préservation, ne cessent de s'opposer depuis leur naissance. Tout au long du XXème siècle, ces deux courants, et leurs ramifications de plus en plus nombreuses, analysent chacun en fonction de son point de vue les évolutions urbaines, qu'ils essaient d'influencer par l'imposition de modèles ou d'archétypes. Ainsi, depuis l'après-guerre se sont succédé, combiné ou opposé des « lois urbanistiques », pour la plupart issues des familles moderniste ou culturaliste, voire d'un mélange des deux courants. Élaborant à partir des expériences passées et de l'évolution des technologies et des modes de vie, les penseurs de l'urbanisme moderne continuent de proposer des constructions idéologiques, dont les plus répandues sont les suivantes.

L'importance des espaces verts dans la ville
C'est, en Europe, un élément de programmation presque obligatoire, présenté comme un élément clé de la qualité de vie urbaine. Cet élément est fortement inspiré des théories modernistes.

La sécurisation de l'espace et ses avatars (comme la résidentialisation)
Portée par une idéologie sécuritaire, qui dépasse largement le cadre du développement urbain, la sécurisation visible des espaces, censée ramener la sécurité et surtout le sentiment de sécurité, est devenue dans tous les cas un aspect central des projets urbains et, à l'extrême, l'élément structurant du projet. C'est le cas pour les *« gated communities »*, quartiers entiers sécurisés par la clôture, le contrôle d'accès, la vidéosurveillance, la patrouille de vigiles. C'est également le cas pour les centres commerciaux « panoptiques » installés dans les quartiers populaires de Los Angeles : conçus comme des forteresses, ils organisent le contrôle des flux et la surveillance permanente du territoire de manière à ce que celle-ci puisse

être effectuée par un petit nombre d'agents de sécurité. On peut enfin citer la mode en France de la « résidentialisation » du logement social. L'espace public est ainsi restreint et privatisé le plus possible.

L'espace public

Les espaces publics (le *« public realm »*) sont aussi considérés comme ayant une importance majeure. Cette vision, en partenariat avec l'idéologie sécuritaire, peut produire de « faux espaces publics » et de vrais *espaces sous surveillance* grâce aux technologies modernes, *gérés par le privé.* A Los Angeles, face à la décadence de Hollywood Boulevard, MCA a créé en 1993 dans une enclave défiscalisée une réalité urbaine parallèle baptisée « CityWalk », imitation de l'espace public et de la rue dans un lieu à l'accès restreint. *« CityWalk (...) est une réalité idéalisée : les traits caractéristiques d'Hollywood, d'Olvera Street et de Mid Wilshire synthétisés sous la forme de petits morceaux prémâchés destinés à être consommés par les touristes et les résidents qui n'ont que faire de l'excitation produite par le sifflement des balles ... dans le pays du Tiers Monde que Los Angeles est devenu. CityWalk présente des exemples de différents styles architecturaux : Mission Revival, Deco, modernisme aérodynamique, le vernaculaire de L.A. (le restaurant Brown Derby), mais aussi des panneaux publicitaires en 3D, un énorme King Kong pendu à un totem en néon bleu haut de 21 mètres, et une annexe du shérif chargée de la sécurité. Afin d'atténuer l'impression d'artificialité de ce mélange, Jerde proposa d'ajouter une patine temporelle et un soupçon de saleté »*[129]. En Europe, à Birmingham, l'opération d'aménagement urbain « Brindley Place », élaborée dans les années 1990 et qui est la première opération privée d'envergure de la « renaissance » de la ville, prévoit dès sa conception que les espaces publics seront gérés par une association de propriétaires, qui se chargeront de son nettoyage, mais aussi de sa surveillance.

L'imitation de la « ville traditionnelle »

L'imitation de la ville traditionnelle est une tendance lourde, dont le principe est schématiquement d'aménager la ville en incorporant des caractéristiques attribuées à la ville pré-contemporaine (celle d'avant la seconde, voire la première guerre mondiale). Il s'agit alors de créer ou recréer des rues et îlots avec un front bâti linéaire, et du commerce en rez-de-chaussée, pour retrouver l' « urbanité perdue ». Cette tendance

[129] Mike Davis. *Au-delà de Blade Runner.* op.cit. pp. 86-87.

s'oppose à la fois à la *verticalisation* radicale et à l'expansion pavillonnaire, et se situe dans la mouvance de la préservation.

L'optimisation environnementale

Le mouvement de préservation de l'environnement a un impact de plus en plus fort sur l'urbanisme, comme sur beaucoup d'aspects de la vie quotidienne. Cette préoccupation peut s'appliquer de diverses manières à la ville. Sont privilégiées par exemple la *densification autour des nœuds de transports collectifs* (et le développement de ces derniers), afin de limiter l'utilisation de la voiture, *la densification traditionnelle* (plutôt qu'une verticalisation en tours souvent jugée, de manière subjective, comme mauvaise), afin d'économiser le sol et l'utilisation de matériaux jugés *écologiques.*

Le New Urbanism

Ces deux dernières tendances (imitation de la ville traditionnelle et optimisation environnementale) se conjuguent aux États-Unis au sein du mouvement New Urbanism,[130] qui cherche justement à effectuer une synthèse entre diverses théories. Ce courant de pensée, dont l'idée est formalisée dans la Charte du New Urbanism (1996), est un mouvement fondamentalement américain mais fortement influencé par l'urbanisme européen. Il défend une forme urbaine plus dense que la banlieue pavillonnaire américaine, la mixité sociale et fonctionnelle, l'utilisation rationnelle de l'espace, le recours aux transports en commun et la qualité de l'espace public, dans un système fondé sur l'unité de la « région métropolitaine ». Il considère 3 échelles d'intervention articulées : la métropole, le quartier et le pâté de maison/l'immeuble. Les tenants du New Urbanism proclament que leur modèle permet une meilleure justice sociale et une plus grande protection de l'environnement, tout en tentant un vrai dialogue avec les acteurs de la construction (le Congress for New Urbanism regroupe non seulement des architectes, mais aussi des professionnels de l'aménagement, des élus et des promoteurs). Certains considèrent le New Urbanism comme une simple politique de marketing et soulignent que le coût de ces produits en fait en général des quartiers pour classes aisées « modernes ». Ce mouvement est en tout cas intéressant en ce qu'il essaie, tout comme la sociologie scientiste de Chombart-de-Lauwe naguère, de prendre en compte les évolutions du

---

130 Ghorra Gobin Cynthia. *La théorie du New Urbanism*. Éditions de la DGUHC. 2006.

système d'économie politique en général (échelle de la région métropolitaine, évolution des modes de travail) et de dialoguer avec le secteur de la construction tout en incorporant des idéologies contemporaines.

La mixité fonctionnelle

La mixité fonctionnelle (logements, bureaux, commerces) est revendiquée en opposition au fonctionnalisme du modernisme. Il est remarquable qu'en France, malgré un discours idéologique bruyamment favorable à la mixité fonctionnelle, celle-ci se limite souvent à juxtaposer des immeubles de bureaux, de logements et des centres commerciaux dans les opérations d'aménagement, alors que dans d'autres pays (Angleterre, Japon,...) les immeubles réellement mixtes, contenant à la fois des commerces, des bureaux et des logements, sont beaucoup plus fréquents.

Le logement décent et le logement pour tous

C'est une thématique très développée en France. Elle postule l'idéal du droit au logement décent pour tous. Elle se traduit par des normes très restrictives sur la production de logements. Plus récemment, elle a donné naissance à une loi sur le logement opposable, qui dans l'absolu donne le droit à toute personne non ou mal logée d'interpeller les pouvoirs publics pour se voir attribuer un logement « décent ».

On peut penser que les décrets d'application vont restreindre la portée de cette loi, dont la mise en œuvre est relativement complexe, et dont l'impact sur le marché immobilier, sur la ville et sur le système d'économie politique local est encore inconnu.

La mixité sociale

La mixité sociale est, au moins depuis l'après-guerre, un credo majeur dans le discours urbain, en France en particulier, malgré les limites patentes de son efficacité et surtout de sa faisabilité. Dans les faits, il s'agit en général d'insérer du logement social (principalement locatif HLM, et de plus en plus privé conventionné) dans les programmes.

La « Global City »

La « Global city » de Saskia Sassen constitue un modèle d'interprétation de l'urbain de plus en plus repris dans le monde. Certaines villes comme Birmingham s'y réfèrent explicitement, mais la plupart des grandes métropoles ont ce modèle en tête (l'idée que le monde futur s'organisera autour de grandes métropoles mondiales en compétitions les unes avec les autres). Le corollaire du pouvoir d'attraction de ces métropoles sur les populations pauvres, et donc de la croissance exponentielle des inégalités au sein de ces métropoles, est lui généralement occulté par les décideurs de l'urbain.

Rem Koolhaas

Une tendance plus pragmatique de la pensée de l'urbanisme et de l'architecture est en train de gagner en influence depuis plusieurs années. Elle est fondée sur l'observation plutôt que sur la systématisation, et sur une approche plus relativiste et moins doctrinaire de l'urbanisme. Elle préconise, à l'extrême, la modestie du témoignage et le désengagement de toute bataille de l'urbain : pour elle, les enjeux économiques sont tels que l'urbanisme et la pensée morphologiste ou fonctionnaliste n'ont plus vraiment d'impact. Ce courant part du constat de la place restreinte, et en régression dans le monde, de l'architecture et de l'urbanisme au sens occidental, pour élaborer un diagnostic et des propositions d'adaptation aux évolutions réelles, plutôt que de rechercher des invariants universels. Son chef de file le plus médiatisé est le Hollandais Rem Koolhaas, qui travaille d'ailleurs avec Saskia Sassen. Koolhaas et ses disciples utilisent cependant une grille d'interprétation qui part principalement de la morphologie urbaine, et ils n'abordent que superficiellement les aspects économiques. Malgré leur pragmatisme affiché, ils n'échappent pas toujours à la tentation de systématiser. Et l'on reste toujours dans une logique corporatiste, qui revendique pour l'urbaniste un rôle central et décisif pour l'évolution urbaine.

L'affirmation de la prééminence de la demande

Une autre « loi urbanistique » avancée, parfois contre les urbanistes et leurs projets, est celle de la « demande du marché », extension urbanistique de la théorie économique néoclassique. C'est un argument régulièrement formulé par les acteurs privés, et souvent repris par les politiques. Mais invoquer avec fausse modestie les « besoins » et le « marché » pour définir des formes urbaines revient sans doute à élaborer des « lois urbanistiques » à la fois banales et masquées.

3.3. Régulation et « lois urbanistiques »

Les professionnels de la ville se montrent généralement hostiles à l'expansion *périurbaine* pavillonnaire, consciemment ou inconsciemment perçue comme un non-urbanisme, comme un modèle négatif porteur de tous les maux : anomie, perte de lien social, gaspillage d'énergie, d'espace, etc. Il est remarquable pourtant que l'habitat pavillonnaire périurbain demeure le logement idéal pour une majorité d'Européens et Américains du Nord ;[131] sur le plan des faits, cet habitat représente une partie significative, voire majoritaire, de l'habitat de toutes les agglomérations urbaines, à la fois en stock (existant) et en production (construction neuve),[132] c'est la principale forme d'expansion urbaine, depuis des décennies et malgré les divers discours des techniciens et des régulateurs. C'est, par exemple, dans ce périurbain que se réalise l'essentiel de la croissance démographique en Île-de-France depuis 30 ans, et 60 % de la population des États-Unis habitent en banlieue pavillonnaire.[133] Cette évolution réelle se trouve en claire contradiction avec la tendance urbanistique actuelle, appuyée par au moins une partie du pouvoir politique (cf. récentes orientations du Schéma Directeur d'Île-de-France), de *« reconstruire la ville sur elle-même et limiter l'étalement urbain »*.

Naturellement, l'expansion périurbaine ne se fait pas *contre* la régulation, ni en dehors de celle-ci : c'est précisément la régulation qui cadre l'expansion périurbaine. La régulation n'est pas monolithique, il y a inévitablement des contradictions dans ses manifestations, entre son discours, ses programmes d'action et ce qu'elle autorise sans dire. La régulation reflète, habille et synthétise les contradictions des (et entre les) acteurs du système d'économie politique dans son ensemble.

Les « théories » et « lois urbanistiques », toutes ces visions du monde, sont élaborées au nom des « habitants », de l'amélioration du cadre de vie, de la qualité de vie de la population, des générations présentes et futures. L'habitant, l'usager, le citoyen, le client, est au centre du

---

131 Selon un sondage effectué en 2006 par TNS Sofres/Observatoire de la ville, 56 % des français souhaitent vivre dans une maison individuelle isolée, un bon tiers rêve de s'installer à la campagne et 21 % en périphérie.

132 Yves Bongarçon. « États-Unis : vers la fin du rêve pavillonnaire ? » *Géo* n°333. novembre 2006. p. 100. En 2005, 75% des logements neufs aux États-Unis ont été construits dans les banlieues.

133 Yves Bongarçon. Article cité. p. 96.

discours. Ces « lois » sont principalement produites en Europe et aux États-Unis puis exportées vers le reste du monde, avec plus ou moins de succès, par des *experts* européens ou par des *élites* (urbanistes) locales formées en Europe.

Dans la mise en application de ces lois, le régulateur oscille en permanence entre deux types de discours :

- celui de l'impuissance : « la ville est trop complexe pour que la puissance publique puisse réellement orienter son développement, le développement urbain est inéluctablement livré aux lois du marché » ; ce discours peut recouvrir un réel sentiment d'impuissance, frustrant, qui renforce le désir de « lois urbanistiques », ou bien cacher de véritables stratégies d'acteurs (ceux qui profitent desdites « lois du marché ») ;
- et celui de la toute puissance : « la ville doit se développer de telle *bonne* manière, la régulation va permettre de contrôler le processus de développement pour qu'il aille dans ce sens ». Ce type de discours s'appuie sur des « lois urbanistiques » explicites, dans un processus de légitimation réciproque, qui cache toujours des stratégies d'acteurs mais différentes.

Il existe une pléthore de cas illustrant la volonté de toute puissance des régulateurs : on peut trouver maints exemples de politiques patrimoniales menant à une muséification de la ville ou du centre-ville, comme de politiques modernistes fonctionnalistes ayant entraîné le déclin des quartiers objets de ces politiques.

Le Brésil, parmi de nombreux autres pays, fournit de multiples exemples de politiques urbaines modernistes et autoritaires, aux effets « secondaires » négatifs. A Rio de Janeiro, à la suite d'un plan d'aménagement réalisé par l'urbaniste français Alfred Agache, une énorme avenue qui sépare le centre-ville en deux est percée en 1937, sous *l'Estado Novo* d'inspiration fasciste du président *Getulio Vargas*. Cette avenue doit « ouvrir » le centre, et de fait séparera un morceau entier de la ville de son cœur. La dictature militaire au pouvoir à partir de 1964 met en œuvre une politique fonctionnaliste, interdisant le logement dans le centre-ville et réservant celui-ci aux activités économiques, ce qui achève de marginaliser le centre historique de Rio de Janeiro, notamment la partie isolée par *l'Avenue Presidente Vargas*, nommée en hommage à son instigateur. Ironiquement, ici comme dans beaucoup d'autres villes brésiliennes ou d'ailleurs, c'est la marginalisation économique d'une partie du centre urbain, abandonné puis squatté par des populations très pauvres, qui permet finalement la préservation de son patrimoine historique... alors que l'autre partie du centre connaît une mutation et une modernisation physique accélérées, au cours de laquelle seuls quelques monuments historiques seront conservés.

On peut citer également les politiques de préservation patrimoniale en Europe, et dans de nombreux pays, comme le Brésil, qui se sont inspirés des modèles européens : une telle politique conjugue restrictions réglementaires et subventions. Les autorités de régulation dans les pays moins riches se contentent de restrictions réglementaires, et injectent leurs financements prioritairement dans la restauration de monuments. N'ayant pas les moyens financiers d'attirer les investisseurs dans les centres historiques « préservés » et d'insuffler un dynamisme socio-économique réel à ces centres, elles ne réussissent pas à les réhabiliter durablement ; au lieu de consolider un patrimoine, elles se retrouvent à gaspiller des ressources rares pour dresser des coquilles vides.

Le *logement social* en Europe est un autre cas d'application de « lois urbanistiques ». Produit souvent selon les principes modernistes pour résoudre la crise de l'après-guerre, on peut se demander si d'autres méthodes ou d'autres « lois urbanistiques » n'auraient pas été au moins aussi pertinentes. Du reste, la doctrine en la matière a évolué : on prône désormais dans la production de logement social la résidentialisation, les petites unités, l'incorporation à la ville... Il paraît que les *besoins* ne sont plus quantitatifs mais qualitatifs...

Le programme d'implantation de « villes nouvelles » autour de Paris, inspiré des expériences anglaises, est un exemple supplémentaire de la volonté des professionnels de l'urbain de modeler la ville, en s'appuyant sur le régulateur. Construites autour de noyaux villageois, les 5 villes nouvelles de la région parisienne devaient devenir des entités autonomes, intégrant l'habitat et les activités ; mais, dès leur création, elles sont devenues en grande partie des cités-dortoirs, et c'est le système d'économie politique et, dans son cadre, la pression foncière parisienne qui permettent aujourd'hui l'établissement progressif d'une certaine mixité fonctionnelle.

Les opérations publiques d'aménagement, ZAC et autres opérations urbaines, dont les villes nouvelles ne sont finalement que des versions géantes, sont des manifestations plus souples de l'action publique, mieux adaptées à la logique de reproduction élargie du système d'économie politique, qui incorporent elles aussi leur part de « lois urbanistiques ».

Les instances de régulation utilisent d'ailleurs les moyens dont elles disposent selon les époques. L'État français, après une période *d'intervention* dans la production de logement social (durant les 30 glorieuses), est passé à une logique de *prescription,* à mesure que les processus parallèles de décentralisation politique et de libéralisation économique diminuaient ses moyens d'intervention directe : ce rôle de prescripteur se manifeste, par exemple, dans la *loi SRU* de 2001 qui impose 20 % de logements sociaux dans toutes les communes de plus de 20 000 habitants ou dans la récente loi sur le *logement opposable.*

On peut se demander quelle est l'efficacité réelle de toutes ces « lois urbanistiques », mises en application dans le cadre de politiques publiques, au regard des objectifs d'« intérêt général » qu'elles se fixent : on peut, par exemple, s'interroger sur l'impact effectif de la politique du logement social en France et sur le bien-fondé de cette « mixité sociale » toujours « désirée » mais jamais réalisée. Malheureusement, les « lois » des professionnels et les proclamations de bonnes intentions des régulateurs sont beaucoup plus nombreuses que les audits et les bilans d'évaluation des opérations engagées...

Il est possible, et sans doute préférable, d'améliorer la lisibilité de l'évolution urbaine et l'efficacité ou la rationalité des opérations qui la concrétisent, en accordant plus d'importance au diagnostic et à l'évaluation des stratégies urbaines des véritables maîtres d'ouvrage des transformations de la ville que sont les décideurs parmi les quatre catégories d'acteurs du système d'économie politique. C'est une telle réflexion que nous allons proposer dans la troisième partie de ce livre.

Troisième partie

LA BATAILLE URBAINE

Une mise en œuvre de stratégies multilatérales : conditions et résultats

Nous proposons dans cette partie une application de l'analyse stratégique au développement urbain.

Nos propositions méthodologiques constituent une suite aux conclusions établies dans les deux premières parties du livre, à savoir : que le développement urbain résulte constamment de la mise en œuvre de stratégies multilatérales conflictuelles et que sa réalisation reste fondamentalement incertaine *a priori*. Nous pensons qu'il est nécessaire, en préalable à toute intervention sur un territoire, d'examiner, de comprendre, d'interpréter les stratégies des leaders parmi les quatre catégories d'acteurs du système d'économie politique (tout particulièrement les entreprises et les pouvoirs de régulation), présents sur ce territoire. L'analyse stratégique est centrée sur des *sujets* agissant en environnement *incertain* et non sur des *objets* organisés par des *lois* définitives, qui se prétendent scientifiques.

A posteriori, les études des historiens essayent toujours de percevoir la logique des évolutions urbaines, donnant le sentiment à leurs lecteurs d'une prévisibilité et d'une nécessité du développement tel qu'il a eu lieu dans le passé. De telles études contribuent à l'élaboration ou à la consolidation d'idéologies et, de cette façon, peuvent avoir – et ont – un impact sur le développement urbain actuel et futur. Mais elles entravent la connaissance itérative des modalités réelles des transformations et empêchent une reconnaissance, une prise en compte, rapides du développement, qui parfois – souvent – heurte les présupposés idéologiques.

Sur la base d'une méthodologie d'analyse stratégique, dont nous expliciterons au fur et à mesure les étapes, nous essaierons d'éclairer le fonctionnement et les évolutions d'un territoire urbain. Notre démarche se déclinera en :

- délimitation du domaine d'intervention et du champ opérationnel de l'élaboration stratégique ;
- identification des acteurs-leaders, détenteurs des déterminants de la production économique ;
- examen des systèmes de valeurs puis des objectifs de ces acteurs ;
- dévoilement/interprétation de leurs stratégies respectives, mises en œuvre pour la poursuite de *leurs* objectifs.

Nous avons essayé d'illustrer cette démarche par des cas concrets ; mais comme l'analyse stratégique n'est pas encore une pratique courante dans le développement urbain, il ne s'agit pas de « cas d'école » et de démonstrations indiscutables mais seulement d'illustrations à grands traits.

Nous aspirons à fournir ainsi un outil prototype pour l'étude du développement urbain réel, qui assume à la fois les contradictions inéluctables – et même les conflits – entre acteurs, et les transformations physiques et démographiques effectives, y compris celles qui peuvent être désagréables au narcissisme identitaire. Un outil permettant, si possible, d'éviter le piège de la formulation d'une ville idéale... et idéalement nostalgique, même quand elle s'affirme utopique.

Chapitre 1

De quoi parle-t-on ?

La définition d'une unité stratégique

La stratégie émane d'un désir de clarification et d'une aspiration à la rigueur et à l'efficacité. Une stratégie s'applique toujours à un domaine d'action spécifique et nécessite la délimitation de son champ opérationnel. Elle vise à accroître les chances de réalisation des objectifs d'un décideur particulier, elle est donc centrée sur un sujet, avec ses valeurs, ses projets, ses forces et ses faiblesses. Elle ne constitue pas pour autant une assurance tous risques, ne garantit pas le succès ; de bonnes stratégies peuvent échouer si les évolutions de l'environnement leur sont défavorables. Face à un avenir toujours incertain, gros de toutes les évolutions incontrôlables, le décideur-stratège n'a à sa disposition que l'analyse prospective et sa capacité d'anticipation, sa *proactivité.*

Nous allons voir comment tout cela peut être décliné en matière de développement urbain.

1. La ville éclatée ou la nécessaire spécialisation

Le choix d'un domaine d'analyse

L'analyse stratégique ne saurait porter sur l'ensemble du développement urbain, car cela reviendrait à vouloir faire une analyse du système d'économie politique global. C'est à la fois gigantesque et illusoire, et conduirait à une simplification abusive par des schémas, des modèles et des pseudo-lois.

Le développement urbain n'est pas un domaine unique, mais un ensemble de nombreux domaines qui sont, notamment :

- les diverses catégories de logement (selon les publics-cibles) ;
- les autres catégories de bâtiment, pour les activités de production, les commerces ou les administrations ;
- les transports ;
- les multiples services urbains (eau, électricité, gaz, télécommunications) ;
- les espaces publics (parcs, places, zones piétonnes) ;
- les infrastructures et équipements.

Chacun de ces domaines a ses acteurs propres, même si les domaines et les acteurs peuvent partiellement se recouper.

Le développement de la ville est donc le résultat de stratégies multiples conçues et mises en œuvre par des acteurs très variés. C'est un kaléidoscope d'évolutions, parfois contradictoires, qui se situent sur des plans multiples. Le développement urbain est soumis à la logique du *mouvement brownien.* On ne peut concevoir ou interpréter une stratégie que relativement à un domaine spécifique, au sein de la multitude des évolutions de la ville.

Ce domaine doit être défini au préalable, en cohérence avec le champ d'intervention, l'activité, la mission, les responsabilités de l'acteur-décideur pour qui est élaborée la stratégie.

Pour une instance de régulation, le domaine stratégique sera déterminé en fonction de ses attributions en matière de développement urbain et, si besoin, en priorisant certaines au sein de l'ensemble de ces attributions.

D'autres domaines, concernant l'acteur lui-même ou d'autres acteurs du développement urbain, doivent être pris en considération, s'ils interagissent avec le domaine spécifique retenu, mais seulement en tant que facteurs *externes* : éléments de contexte, concurrence pour l'utilisation d'un territoire, etc.

2. Où sont les frontières du projet de développement urbain ?

L'échelle pertinente d'analyse

Parallèlement au domaine d'intervention, décrit ci-dessus, il y a lieu de délimiter un champ opérationnel d'application du projet urbain.

Une telle délimitation doit être faite dans l'espace et dans le temps.

2.1. Délimitation dans l'espace :

Dans l'espace, la délimitation consiste à définir un périmètre géostratégique, permettant de prendre en compte l'ensemble des acteurs et déterminants de la production ayant un impact, direct ou indirect, *décisif* sur le domaine d'intervention considéré.

Un tel périmètre ne peut en aucun cas être un absolu ; sa pertinence est liée au domaine d'intervention.
La définition d'un périmètre pertinent relève, peut-on dire, *davantage de l'art que de la géométrie* ; c'est une question très complexe car, par définition, les périmètres géostratégiques sont *poreux*. Pour donner une idée un peu plus précise de la délimitation à effectuer, nous dirons que les *synergies* entre acteurs et déterminants de la production *internes* au périmètre doivent être *supérieures* à ce qu'elles sont entre l'intérieur et l'extérieur de celui-ci.

La délimitation géostratégique doit être effectuée *préalablement* aux analyses menant à l'élaboration de la stratégie, mais elle est tellement délicate qu'il ne faut pas hésiter à la reconsidérer et à la recadrer au fur et à mesure du déroulement de ces analyses, et notamment de l'identification des véritables *acteurs-leaders* ou d'une compréhension plus approfondie du contexte éco-politique.

La définition initiale du périmètre géostratégique peut s'avérer non pertinente, soit parce que les analyses entreprises révèlent progressivement de nouveaux éléments, ignorés ou sous-estimés au départ, soit parce que cette définition a été, consciemment ou inconsciemment, *biaisée*, pour des motifs divers : frontières des compétences administratives et jalousies bureaucratiques qui en résultent parfois, communication manipulatrice, préjugés idéologiques…

Le cas de Paramaribo - Surinam

Un cabinet de consultants a été engagé en 2005 par la Banque Interaméricaine de Développement (BID) pour appuyer l'élaboration du Plan de Développement Urbain de Paramaribo (agglomération de 350 000 habitants), capitale du Surinam.

Le cahier des charges de cette étude mettait l'accent sur *deux* périmètres *différents* :
- *Le District de Paramaribo* (le Surinam est divisé en 10 Districts) : dans le cadre d'un programme de décentralisation (financé par la BID), est prévu le renforcement des structures administratives des Districts, qui doivent, entre autres, élaborer un Plan de Développement Urbain (PDU). Le Ministère du Développement Régional, dont dépendent les administrations des Districts, demande donc à la BID d'aider à élaborer le PDU de Paramaribo, qui est de loin le territoire le plus complexe du pays (il regroupe les deux tiers de sa population).
- *Le centre historique*, Patrimoine Mondial de l'Humanité : l'UNESCO a classé en 2002 le centre de Paramaribo comme patrimoine mondial de l'humanité. Or le périmètre UNESCO et ses alentours sont menacés de ruine par manque d'entretien et d'usage, et à cause d'un abandon progressif par les acteurs économiques (obsolescence fonctionnelle).

Le premier périmètre est clairement dicté par le découpage administratif du territoire, le second aussi d'ailleurs, avec en plus un enjeu de communication locale et internationale (message subliminal : *le gouvernement fait quelque chose pour le centre historique*).

Très rapidement, le cabinet se rend compte qu'aucun des deux périmètres n'est pertinent. En effet, d'une part, le périmètre UNESCO ne peut être envisagé que dans ses rapports fonctionnels avec le reste de la ville et au regard de sa place dans celle-ci, et, d'autre part, l'agglomération déborde sur deux Districts voisins, dont même les terres rurales ou en friche sont considérées comme des aires d'extension de la ville, que ce soit par les promoteurs privés et les habitants ou par le gouvernement. Le périmètre d'étude fut donc élargi à ces trois Districts.

Le cas de la zone portuaire de Rio de Janeiro - Brésil

Les quartiers qui entourent le Port de Rio de Janeiro sont formés principalement de terrains industriels et portuaires et d'entrepôts sous-utilisés, de grandes friches, d'une partie historique (principalement du XIXème et du début du XXème siècles) en mauvais état, vide ou squattée, et de quelques favelas. L'ensemble jouxte le principal quartier d'affaires de la ville.

La mairie a élaboré un plan de réutilisation des quartiers du Port et de reconquête par la ville, comprenant de lourds investissements publics (tramway, espaces publics), en commettant, sciemment ou non, au moins deux erreurs d'échelle, une au niveau de l'étude et l'autre au niveau de la mise en œuvre :

- *Le projet de la mairie propose une verticalisation* du front de mer par la construction de tours destinées à des activités économiques. Or une rapide analyse à l'échelle de la ville montre qu'il n'y a pas de demande forte pour ce type d'immobilier, alors que le projet municipal aboutirait à mettre sur le marché des surfaces énormes. On enregistre depuis 2006 une forte augmentation de la demande en immobilier d'entreprise, mais elle est liée essentiellement à l'extension des activités de la compagnie pétrolière nationale Petrobras. Cette augmentation de la demande est donc conjoncturelle et son évolution aléatoire, car elle *ne correspond pas à une rationalité économique globale*, Rio de Janeiro ayant une économie globalement stagnante (hors pétrole).
- *Le projet municipal pour la zone portuaire est sous-tendu par un discours* sur la nécessité d'utiliser les infrastructures existantes et de « recompacter » la ville pour minimiser les externalités négatives liées à l'expansion urbaine. *Or la quasi-totalité des investissements lourds actuels est dirigée vers Barra da Tijuca*, un immense quartier périphérique pour classes moyennes supérieures situé en bord de mer, à l'ouest de la ville, et dont le développement était en train de s'essouffler. Ainsi, toutes les infrastructures sportives et d'accueil des jeux Panaméricains que Rio accueille en 2007 sont créées à *Barra*, dans une schizophrénie apparente qui laisse peu d'espace pour une stratégie sérieuse de redéveloppement de la zone portuaire.

2.2. Délimitation dans le temps :

Dans le temps, la délimitation de l'échelle d'analyse consiste à déterminer l'horizon temporel de l'élaboration et de la mise en œuvre stratégiques. Un projet urbain a toujours un impact à long terme et c'est à long terme que seront constatés sa réussite ou son échec.

La détermination de l'horizon stratégique est confrontée à toute une série de difficultés :

D'abord, l'horizon de l'acteur-décideur, qui élabore ou pour qui est élaborée la stratégie, est rarement à long terme : pour un représentant du pouvoir de régulation, par exemple, il s'agit soit de la prochaine élection, soit de la prochaine inflexion de carrière ; pour un responsable d'entreprise, il s'agit du terme de l'actuel ou du prochain plan de l'entreprise, voire, ici aussi, de la prochaine inflexion de carrière. Les projets urbains sont conçus et réalisés par et pour des hommes ou des femmes aux intérêts *particuliers et étroits*. Malgré les apparences et les discours, les stratégies ne sont pas l'œuvre d'organisations, personnes morales, publiques ou privées. De ce point de vue, les stratégies élaborées par et pour des propriétaires/dirigeants d'entreprises *familiales* semblent plus à même de s'accommoder d'un horizon lointain.

Ensuite, un horizon à long terme pose le redoutable problème de la disponibilité, du coût et de la qualité de *l'information prospective*. Il n'est pas facile de spéculer sur le futur, et plus celui-ci est lointain plus l'exercice est périlleux. Cela oblige même les entreprises familiales à se rabattre, malgré leur désir inverse, sur la prise en compte du seul court terme.

Enfin, même en supposant une prise en compte d'un horizon suffisamment éloigné pour l'élaboration stratégique, les bilans d'étape et la veille contextuelle qui accompagnent la *mise en œuvre* d'une stratégie sont, la plupart du temps, effectués par des décideurs différents de ceux qui ont initié le projet et opéré les choix stratégiques, du fait de la mobilité des acteurs.

Les difficultés que l'on rencontre dans la délimitation du champ opérationnel d'application d'une stratégie urbaine révèlent l'énorme écart qui peut exister entre le *désir* et les objectifs des leaders, a fortiori de ceux qui les suivent, et la *réalité* du développement urbain. Ce dernier subit, nécessairement, non seulement les divergences d'intérêts entre les différentes catégories d'acteurs (propriétaires, capitalistes, travailleurs, pouvoirs de régulation) et entre ces acteurs *collectifs* et leurs responsables *individuels*, mais également toutes les approximations, inévitables, dans la désignation des frontières, spatiales et temporelles, du projet urbain.

Ces difficultés méthodologiques, réelles, ne doivent cependant pas décourager la mise en œuvre d'analyses stratégiques visant la compréhension du développement urbain et la réalisation d'objectifs et de projets dans ce domaine. Une méthode a toujours des limites, il n'y a que l'absence de méthode et les constructions idéologiques qui n'en ont point.

Chapitre 2

Qui sont les stratèges ?

Identification des acteurs et analyse de leurs rôles

Une fois définis le domaine et le périmètre, l'analyse stratégique passe par l'identification des acteurs du développement urbain, des relations qu'ils entretiennent entre eux et avec leur environnement. Ce n'est qu'à partir d'une analyse fine du positionnement et des interrelations des acteurs clés que pourra émerger une compréhension, toujours partielle et schématique, des stratégies conçues et appliquées par des acteurs particuliers.

1. Qui décide en matière urbaine ?

Les acteurs-leaders

Il est essentiel de prendre acte du fait qu'il n'existe pas de décideurs *en général* du développement urbain, et que les décideurs ne sont pas nécessairement les *autorités* politiques ou des *experts* en urbanisme.

Les acteurs-leaders sont toujours spécifiques et liés à un territoire donné, un domaine urbain particulier et un périmètre spatio-temporel choisi.

Sur un *segment stratégique* particulier, défini par le croisement *territoire*domaine*périmètre*, les catégories d'acteurs sont constituées des détenteurs des quatre déterminants de la production, à savoir : les ressources naturelles, le capital, le travail et le pouvoir de régulation. Ainsi, l'identification des catégories d'acteurs doit se faire en fonction de la structure du système d'économie politique.

Parmi les détenteurs de ressources naturelles (foncier, notamment) sur un segment stratégique urbain, on pourra trouver, par exemple :

- diverses instances publiques (services de l'État, collectivités locales),
- des investisseurs institutionnels (compagnies d'assurances, caisses de retraite et fonds de pension),
- des organisations religieuses (églises, ordres religieux),
- des copropriétés,
- des propriétaires particuliers,
- des bailleurs privés.

Parmi les détenteurs de capital, on pourra trouver, par exemple :

- les maîtres d'ouvrage publics,
- les promoteurs privés,
- les institutions financières,
- les entreprises du BTP et des services urbains (eau, électricité, gaz, télécommunications),
- les entreprises de matériaux de construction,
- les entreprises dont le siège est installé sur le territoire considéré,
- les entreprises commerciales (surfaces commerciales, magasins et boutiques),
- les entreprises et services publics,

- les particuliers qui investissent dans l'immobilier.

Pour les détenteurs de travail, il s'agira de tous les métiers et statuts, de toutes les qualifications de la main-d'œuvre active sur le territoire considéré. Ces travailleurs peuvent être résidents ou non sur ce territoire.

Enfin, les détenteurs de pouvoirs de régulation seront notamment distingués selon leur proximité et leur attachement au territoire considéré. On trouvera ainsi, par exemple :

- des représentants de pouvoirs supranationaux (Union Européenne, conventions internationales),
- des représentants de l'État central (administrations décentralisées),
- des pouvoirs locaux (mairies, notamment),
- des représentants de pouvoirs religieux ou coutumiers.

Ces acteurs de la régulation sont eux-mêmes souvent fractionnés en services dont les responsables ont des objectifs parfois contradictoires.

La composition de ces acteurs sera différente selon le domaine abordé et selon le territoire.

A titre d'exemple, en comparant les acteurs possibles du logement social et du transport collectif, deux domaines du développement urbain, on s'aperçoit qu'il y a peu de recoupements (ces exemples sont évidemment à adapter aux réalités locales) :
Pour le logement social :

- Les détenteurs de capital sont les organismes HLM, les propriétaires privés, la Caisse des Dépôts et Consignations, les financeurs privés, les entreprises de BTP construisant du logement, les commerces éventuellement (si les maîtres d'ouvrage veulent introduire de la mixité fonctionnelle) ;
- Les travailleurs sont les employés des maîtres d'ouvrage, les architectes et les employés des entreprises du bâtiment ou des services urbains ;
- Les acteurs de la régulation sont les services de l'État, de la mairie, de la Communauté d'Agglomération le cas échéant, et des autres institutions, qui ont des compétences en matière de logement et d'urbanisme.

Pour le transport collectif :

- Les détenteurs de capital sont les entreprises publiques et privées de transport, et les financeurs publics et privés du transport collectif ;
- Les travailleurs sont les employés des maîtres d'ouvrage, les ingénieurs, les employés des fournisseurs (de matériel, d'infrastructures) et des entreprises de transport ;
- Les acteurs de la régulation sont les autorités compétentes, collectivités locales et État central quand la régulation du transport public entre dans leurs compétences.

On voit bien qu'entre ces deux domaines, pour un même territoire, les trois catégories regroupent des acteurs totalement différents. Dans les deux cas, les *détenteurs de ressources naturelles* sont principalement les propriétaires fonciers. Ce sont en général les mêmes acteurs quel que soit le domaine, puisque l'évolution urbaine locale comprend justement une compétition sur un territoire pour l'utilisation du foncier. Mais, selon la configuration locale, les acteurs du foncier « utile » peuvent également être différents. Le foncier à mobiliser pour le transport public sera plutôt formé de bandes de terre, en général le long ou à l'intérieur des voies de communication existantes. Pour le logement social il sera formé d'immeubles ou de terrains ponctuels, de tailles variées. Ces configurations spécifiques peuvent impliquer des détenteurs de foncier différents.

L'analyse du domaine du logement social sur le territoire du Havre permet de mettre en lumière la diversité des acteurs et la spécificité de la configuration du jeu d'acteurs sur un territoire particulier (la Commune du Havre). Même pour un domaine particulier, la configuration locale est bien spécifique, et on ne peut jamais généraliser.

L'exemple du logement social au Havre

Au Havre, les déterminants de la production concernant le logement social se répartissent entre les acteurs locaux de la manière suivante :

Ressources naturelles :
La propriété est éclatée, notamment dans les zones valorisées. Cependant, quelques grands terrains sont aux mains d'acteurs institutionnels publics, parapublics ou privés : mairie (terrains construits ou libres), organismes HLM (terrains construits et occupés), Port Autonome (secteur d'activité portuaire, mais aussi de nombreux terrains inoccupés ou sous-occupés aux alentours du Port).

Capital :
- 7 bailleurs HLM principaux possèdent du patrimoine sur le territoire de la ville du Havre. Ils sont de statuts variés (5 Sociétés Anonymes d'HLM et 2 Offices Publics d'Aménagement et de Construction – OPAC), gèrent un patrimoine dont l'extension géographique varie des limites communales stricto sensu (Alcéane, OPAC Municipal) à la Pointe de Caux pour certaines SA, au département (OPAC de Seine-Maritime), voire à la France entière (SA d'HLM Immobilière Basse Seine, filiale du groupe national 3F, Plaine Normande, filiale de la SCIC). Leur situation financière et patrimoniale est très hétérogène, et leurs orientations, dictées par la vision du monde et la stratégie de leurs Conseils d'Administration et de leurs Directions Générales, sont également extrêmement variées.
- Le CIL de la Région Havraise : collecteur du 1%, il contrôle plusieurs filiales qui gèrent du logement social.
- Les propriétaires privés voulant s'engager dans le logement conventionné, notamment pour bénéficier de subventions publiques pour la réhabilitation de leur patrimoine.
- La Caisse des Dépôts et Consignations, principal financeur du logement social (prêts bonifiés) dans ses diverses composantes (construction neuve, démolition, réhabilitation, aménagement).

Travail :

- Les employés des organismes HLM
- Les maîtres d'œuvre : un petit groupe d'architectes locaux remporte l'essentiel des marchés, avec une concurrence atténuée du fait des liens personnels entre architectes et dirigeants des organismes d'HLM, et de l'enclavement du territoire.
- Employés du BTP.

Régulation :

- La CODAH : la Communauté d'Agglomération Havraise est l'instance de régulation compétente sur le logement. Elle dispose à ce titre d'un service logement, où ont été notamment détachés des fonctionnaires de municipalités de l'agglomération.
- La Ville du Havre : malgré le transfert des compétences, la Ville garde une grande influence sur la politique du logement, ne serait-ce que parce qu'elle représente 80 % de la CODAH. Elle contrôle également le capital de l'OPAC Alcéane, et peut donc, dans une certaine mesure, influencer sa stratégie.
- La Direction Départementale de l'Équipement (Service du Logement) et la Préfecture orientent les aides de l'État pour le logement social public et privé (au travers de l'ANAH)
- Le Ministère du Logement fixe les règles générales de la production et de la gestion du logement social
- Le Conseil Général, la Région Haute-Normandie proposent des incitations et subventions. Le Conseil Général contrôle de plus le capital de l'OPAC de Seine-Maritime.

A l'intérieur de chaque entité de régulation, un ou plusieurs services et/ou élus sont en charge de la question du logement social. Une compréhension fine des acteurs institutionnels nécessite une étude approfondie des institutions et de leur fonctionnement dans ce domaine.

Une fois identifiés les acteurs détenteurs des quatre types de déterminants de la production sur le territoire et dans le domaine considérés, il s'agit de repérer les acteurs-décideurs, actifs et conscients, qui sont les seuls pouvant réellement avoir un impact sur l'évolution urbaine, ainsi que les modalités de regroupement des acteurs entre eux.

2. Qui se ressemble s'assemble ? L'agrégation des intérêts particuliers

La structuration des acteurs

Par rapport au développement urbain, les quatre catégories identifiées ci-dessus ne se composent pas d'acteurs également actifs et conscients. Or seuls les acteurs actifs et conscients sont en mesure d'élaborer et de mettre en œuvre des stratégies. Les autres acteurs ne sont que des contraintes dont devront tenir compte les *acteurs-stratèges,* des poids morts dans le mouvement du développement urbain.

En fait, la plupart des acteurs sont passifs, c'est-à-dire qu'ils n'ont aucun pouvoir d'orienter l'évolution urbaine au travers des déterminants de la production qu'ils contrôlent. Ils ne peuvent donc pas avoir d'objectifs, au sens opérationnel et quantifiable, puisqu'ils n'ont aucun pouvoir qui leur permette de bâtir une stratégie pour atteindre ces objectifs. Ils peuvent *souhaiter* des évolutions, mais pas les *déclencher.*

Il faut de plus que les acteurs actifs, ou décideurs, soient conscients, c'est-à-dire qu'ils aient conscience qu'ils sont des décideurs. S'ils ne sont pas conscients de leur pouvoir, ils ne formuleront ni objectifs ni stratégies pour les atteindre. Certains acteurs conscients, a priori non décideurs, peuvent gagner un certain pouvoir en influençant des leaders, principalement au sein du pouvoir de régulation (pressions politiques ou lobbying par exemple).

L'identification des acteurs-décideurs (y compris du commanditaire de l'analyse stratégique, qui doit nécessairement être un décideur) permettra de mettre à jour les forces en présence pour l'évolution du territoire. Ainsi, une fois l'ensemble des acteurs possibles déterminé, on distinguera dans chaque catégorie d'acteurs :

- les acteurs actifs (décideurs, ayant une influence réelle sur le développement urbain) des acteurs passifs (ceux qui subissent les évolutions).
- les acteurs conscients (en mesure de concevoir une stratégie) des acteurs ineffectifs (inconscients de leur positionnement, incompétents, bref sans capacité d'élaboration stratégique).

Comme nous l'avons expliqué dans les deux premières parties du livre, *les propriétaires fonciers sont des acteurs passifs.* La valorisation des ressources naturelles (notamment le sol urbain), est déterminée par le système global de création et de répartition des richesses, et par la croissance ou la décroissance démographiques qui en résultent ; elle leur échappe dans une grande mesure. Les propriétaires fonciers souhaitent, bien entendu, une croissance de la population de leur ville, génératrice de demandes additionnelles de sol urbain, mais ils n'ont pas de pouvoir sur elles.

D'ailleurs, une croissance de la population urbaine et une demande consécutive de sol urbain ne sont pas automatiquement synonymes de hausse de la rente foncière : par exemple, on pourrait imaginer une baisse du prix des terrains dans une commune riche (disons Neuilly-sur-Seine en Île-de-France), en décidant d'y réaliser plusieurs opérations importantes de logement social réservé *réellement* aux ménages les plus modestes.

L'évolution de la valeur foncière résulte de stratégies de production et non d'une évolution « naturelle ». Elle est liée au dynamisme économique du territoire ; son *appropriation* dépend du contexte réglementaire. On pourrait concevoir de construire des HLM dans des communes riches en achetant les terrains à un prix abordable, si le pouvoir de régulation décrétait que le foncier nécessaire serait acheté au *prix du marché* alentour … tel qu'il s'établira *postérieurement* à l'opération (la proximité de logements HLM, occupés par des ménages de condition *réellement* modeste, étant sans doute un facteur de baisse de l'immobilier dans le temps).

Si les propriétaires fonciers sont suffisamment bien organisés, ils peuvent exercer une influence significative sur le pouvoir de régulation, pour mettre en œuvre des politiques au service de leurs intérêts. A Los-Angeles, le mouvement de municipalisation des quartiers aisés, mentionné dans la deuxième partie du livre, en est une illustration. À travers l'autonomisation d'un territoire par rapport au Comté, décidée par les habitants de ce territoire (qui sont presque tous des propriétaires aisés issus de classes sociales moyennes et supérieures), les habitants-propriétaires prennent le contrôle de l'appareil municipal. Ils préservent ainsi l'homogénéité sociale du territoire et la valeur de leurs biens, en interdisant la densification et la construction de logements destinés à des familles plus modestes. On peut remarquer qu'en dernière instance cette stratégie ne fonctionne que tant que Los-Angeles dans son ensemble reste un centre économique puissant, le déclin du pouvoir économique de la ville se traduisant inévitablement par la dévalorisation de *tout* son immobilier. On va voir également dans les exemples des Halles et de Brooklyn comment les propriétaires fonciers peuvent s'organiser en réaction à un projet d'aménagement.

Les *pouvoirs de régulation*, quand ils n'exercent pas directement des fonctions de production et se contentent de réguler, ne sont pas non plus, contrairement aux apparences et aux discours, des acteurs véritablement moteurs du développement urbain. Mais il serait sans doute difficile et excessif d'exclure toute possibilité d'élaboration et de mise en œuvre stratégiques pour les autorités régulatrices, étant donné la complexité et le caractère multidimensionnel de leurs interventions.

Les deux dernières catégories d'acteurs du système d'économie politique, celles des détenteurs du capital, d'une part, et du travail, d'autre part, sont clairement actives et peuvent être conscientes en matière de développement urbain. Mais on ne peut éviter de constater que, dans le système d'économie politique *capitaliste*, la première domine la seconde aussi bien sur le plan économique que sur le plan politique et idéologique.

Pour les trois catégories d'acteurs théoriquement en mesure d'initier des projets d'aménagement et de développement urbains, que sont les entreprises, les travailleurs (qu'ils résident ou non sur le territoire) et les pouvoirs publics, se pose ensuite la question du *leadership*, d'abord à l'échelle d'une catégorie (par exemple, qui représente la régulation, ou bien qui mène les entreprises sur un certain segment stratégique urbain ?), puis au niveau d'un acteur particulier (par exemple, qui décide pour une mairie, ou pour une entreprise de services urbains données ?).

Il existe des *rapports de production* entre les catégories d'acteurs du système, mais également entre les décideurs et les passifs ou les dominés qu'ils entraînent, et enfin entre le système urbain local et le système d'économie politique global. En d'autres termes, les projets de développement urbain se conçoivent et s'exécutent dans le cadre d'un système de relations horizontales, verticales et frontalières (interne/externe).

Il y a donc des rapports :

- entre les quatre catégories d'acteurs du système (relations horizontales) : fonctions économique et politique ;
- entre les décideurs/représentants de chaque catégorie et ceux qu'ils représentent (relations verticales) : fonctions politique et culturelle ;
- entre le système local et le système global (relations interne/externe) : fonctions économique, politique et culturelle.

Le schéma général d'organisation des acteurs peut être synthétisé comme indiqué sur la page suivante.

Le système territorialement défini fonctionne à l'intérieur d'un système plus vaste : le système d'économie politique mondial de reproduction élargie, ou capitalisme global. Les frontières entre les sous-systèmes sont poreuses : il n'y a pas de territoire fermé.

Les relations verticales ont trait à la question de la représentation ou de l'agrégation des préférences individuelles en choix collectifs. Il y a lieu, dès lors, d'analyser les modalités de la représentation collective dans la réalisation des évolutions urbaines.

L'agrégation d'acteurs autour de décideurs se fait par la création de collectif, dans un processus d'identification à une même vision du monde, à des objectifs communs. Au sein de chaque catégorie d'acteurs, la *fabrication du collectif* se fait par la violence et/ou le conditionnement idéologique. Elle relève d'une vision du monde, partagée par les membres d'une collectivité, et qui crée de la synthèse et de l'intégration au sein du groupe, même si l'infrastructure collective reste de nature ségrégative : *l'idéologie est toujours l'idéologie des dominants !*

L'exemple archétypique de collectif intégrateur bien que ségrégatif est celui des castes en Inde. Ce système socioreligieux permet de garantir une grande stabilité sociale, y compris dans le temps (à travers l'interdiction des mariages inter-castes), au détriment de la grande majorité des membres de ce collectif, qui appartiennent à des castes basses ou sont hors caste (intouchables).

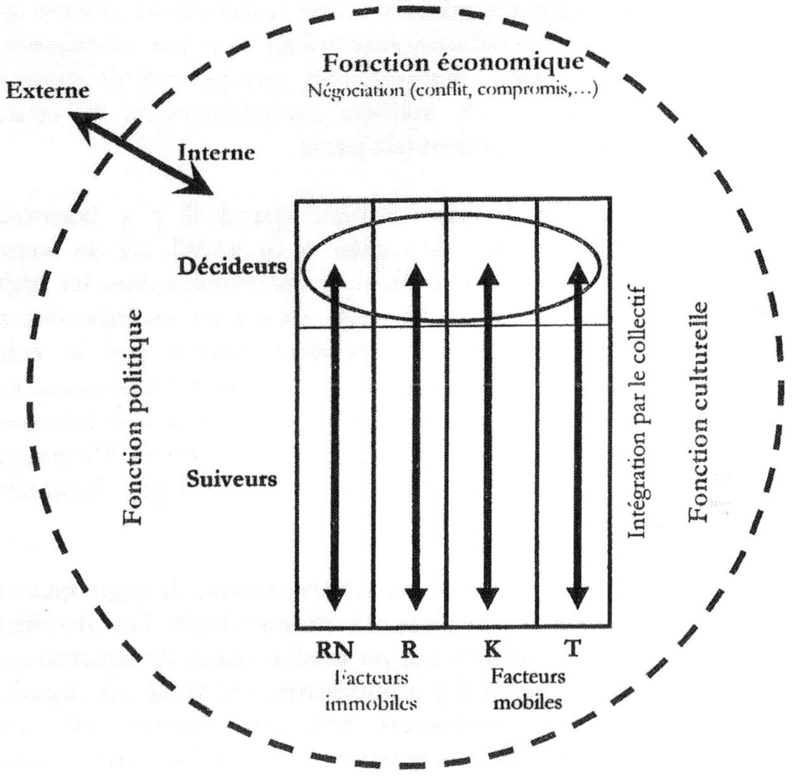

RN : ressources naturelles
R : régulation
K : capital
T : travail

La vision du monde dominante est de fait celle des décideurs, des dominants du groupe, acceptée par les autres membres qui se reconnaissent dans le groupe. On a d'ailleurs vu dans la première partie que des prix Nobel d'économie comme Arrow ou Buchanan arrivent à la conclusion que l'agrégation de volontés individuelles en choix collectifs passe nécessairement par la dictature ou la manipulation.
Le collectif est évolutif, continuellement *produit*, mais il crée une impression de permanence, et il est, à chaque instant, opérationnellement

efficace. Bien qu'étant structurellement une construction politique, provisoire et subjective, c'est un outil puissamment opérationnel d'agrégation qui exerce une influence forte aussi bien sur l'inertie que sur la dynamique du système d'économie politique, et par conséquent de la ville. C'est le mécanisme indispensable, qui permet de cimenter la cohésion du groupe et, de manière complémentaire, de consolider l'opposition à ceux qui n'en font pas partie.

Cette intégration semble plus difficile quand il y a beaucoup de ressources naturelles et peu de capital et de travail, car les ressources naturelles tendent à être ostensiblement concentrées dans les mains de quelques personnes. L'Arabie Saoudite en est un exemple caricatural, mais la cohésion sociale est cependant sauvée par la cohésion idéologique *surproduite* par la religion. Inversement, l'intégration semble plus facile quand il y a peu de ressources naturelles et beaucoup de capital et de travail, comme par exemple au Japon ou en Allemagne (à la religion se substitue alors souvent une idéologie identitaire et nationaliste).

L'analyse des modalités locales de représentation, de regroupement ou d'identification collective des acteurs est essentielle. On identifiera les représentants, on se penchera sur les modes locaux de structuration, on évaluera jusqu'à quel point il y a représentativité réelle ou objective par rapport aux acteurs représentés (discours cachant une stratégie individuelle, identité ou convergence d'intérêts entre l'individu représentant et le groupe représenté : représentation « naturelle », mandat du groupe, etc.).

Cette analyse, qui abordera les questions des représentations politique (problématiques de la régulation, de la hiérarchie) et économique (représentation des acteurs dans l'entreprise), permettra de décrire les collectifs, les visions du monde et les valeurs qui les cimentent, et d'identifier les acteurs-leaders de ces collectifs. Il s'agira de repérer les décideurs réels, les espaces de pouvoir de chacun d'entre eux (pouvoir de faire, de bloquer,...), pour définir les acteurs clés de la négociation (avec lesquels il sera essentiel, ou au contraire inutile, de discuter telle ou telle partie de la stratégie).
Au sein de ce jeu d'acteurs, il est un protagoniste au statut spécial, qui n'a pas été mentionné jusqu'ici : l'habitant. Les habitants sont

nécessairement des acteurs détenteurs d'un ou plusieurs déterminants de la production, mais dans quelle mesure sont-ils une force spécifique en tant qu'habitants, et dans quelle mesure peuvent-ils réellement influer sur l'évolution urbaine ?

3. L'habitant, quantité négligeable ?

Le rôle explosif des habitants

L'implication des habitants dans la gestion de la ville est devenue un sujet récurrent dans le discours politique. Que ce soit par le biais de conseils de quartier, de processus de concertation lors de projets d'aménagement ou de dispositifs de « démocratie participative », le pouvoir de régulation, en particulier, en fait souvent un de ses outils favoris – au moins en termes de communication. Mais quelle est la place réelle des habitants dans l'évolution urbaine et comment s'insèrent-ils dans les rapports de forces locaux entre les quatre catégories du système d'économie politique ? Ici aussi, les cas sont d'une infinie diversité, et seule une analyse approfondie peut permettre *localement* de déterminer le rôle véritable des habitants. Cependant, on peut essayer de dégager quelques pistes de réflexion.

Tout d'abord les habitants sont, certes, des consommateurs d'un territoire, mais pas nécessairement, et même rarement, acteurs de sa production. En effet, ils travaillent souvent sur un autre territoire (quartier, commune), dont ils sont acteurs en tant que travailleurs. En outre, les habitants ne sont que très exceptionnellement les maîtres d'ouvrage de leur habitat. De fait, à moyen terme, ceux qui décident de la construction de la ville ne sont pas ceux qui vont y rester et l'utiliser.

Le lien des habitants avec le territoire sur lequel ils vivent (quartier, ville) est volatile et semble le devenir davantage avec la mondialisation du système d'économie politique. Les individus sont relativement mobiles, et cette mobilité tend à augmenter. En France, la moitié des ménages occupent leur logement depuis moins de 8 ans. Si certaines catégories d'habitants restent longtemps dans le même quartier, d'autres, aussi nombreuses, déménagent régulièrement. Et parmi les habitants les moins mobiles, une bonne partie le fait par manque d'alternative, du fait de son positionnement au sein du système d'économie politique, qui la prive d'une mobilité souhaitée : on retrouve fréquemment ce phénomène dans le parc HLM.

On pourrait donc penser que le lien avec le territoire est – *objectivement* – secondaire pour la plupart des gens. Pourtant, beaucoup, la plupart, ressentent et/ou revendiquent un *ancrage,* un fort attachement au territoire qu'ils habitent. Cet attachement est de nature idéologique, lié aux problématiques d'identité et de recherche de permanence que nous avons évoquées dans la deuxième partie. Le territoire, le quartier, est souvent perçu comme constitutif de l'identité des personnes, tant au niveau de l'image que l'on a de soi que de celle que l'on souhaite projeter sur les autres. Cet attachement peut également recouvrir des liens de sociabilité locaux (liens de solidarité, de voisinage...), mais pas nécessairement. On peut même dire que les liens « traditionnels » de voisinage ont plutôt tendance à diminuer, avec l'augmentation de la mobilité résidentielle et avec la raréfaction des occasions de rencontres entre voisins engendrée par l'évolution du système d'économie politique (éclatement des lieux de travail, autonomie économique, audio-visuel et télécommunications, modes de vie de plus en plus individualistes).

Néanmoins, les habitants peuvent transformer cet attachement au territoire en force impactant significativement l'évolution réelle de la ville. Ils peuvent notamment influencer le pouvoir de régulation, par le biais de la mobilisation collective. Le pouvoir de régulation sous toutes ses formes, mais principalement ses représentants locaux (maires, élus locaux), sont le levier principal sur lequel peuvent agir les habitants. Ces derniers ont une influence relative sur leur arrivée et sur leur maintien au pouvoir (au travers du vote, mais aussi, même dans les dictatures, parce que la paix sociale est toujours un des critères sur lesquels sont jugés les gouvernants locaux). L'action des habitants n'est influente que quand elle est de masse. Une telle action nécessite la désignation et le soutien de « représentants » pour forcer les acteurs de la régulation à la prendre en considération.

Ceci pose évidemment la question de la représentativité. Ici également les acteurs-décideurs sont des *leaders* et non les habitants dans leur ensemble. Or ces leaders ont nécessairement des stratégies personnelles, qui ne recoupent pas toujours les intérêts des habitants. Ils doivent néanmoins mobiliser une fraction agissante de la population autour de leurs objectifs affichés (qui ne sont pas nécessairement leurs objectifs réels), et/ou persuader le régulateur qu'ils sont des interlocuteurs valables. Tout cela nécessite une analyse au cas par cas ; l'on ne saurait se contenter de modèles et d'explications génériques. Pour savoir ce qui se passe dans les faits, il n'y a qu'un moyen : réaliser régulièrement des enquêtes rigoureuses.

Par ailleurs, les habitants d'un territoire urbain n'appartiennent pas à la seule catégorie des travailleurs mais à n'importe laquelle des quatre catégories constitutives du système d'économie politique. Il faut éviter les discours populistes : les habitants peuvent aussi bien être propriétaires de ressources naturelles (propriétaires immobiliers notamment), entrepreneurs, financiers ou régulateurs (élus, fonctionnaires et assimilés). Parmi les habitants, les leaders se trouvent plus facilement chez les propriétaires, les capitalistes ou les régulateurs que chez les travailleurs même si, en nombre, ces derniers sont indiscutablement les plus nombreux.

L'identité « habitant » est temporaire et largement surdéterminée par le système d'économie politique. Leurs mobilisations collectives entrent dans le cadre de stratégies d'acteurs du système d'économie politique, comme peuvent le laisser penser les exemples de Recife au Brésil ou des Halles à Paris.

L'exemple de la mise en place du budget participatif à Recife - Brésil

Recife est une des principales villes du Nordeste brésilien (1,4 millions d'habitants, 3 millions pour l'agglomération), capitale de l'État de Pernambouco. La gauche (Parti des Travailleurs) a remporté la mairie en 2000, sur un programme de réduction des inégalités. Son projet phare est la mise en place d'un mécanisme de budget *participatif* pour toutes les dépenses d'investissement de la mairie. Un système pyramidal, territorial et thématique s'étalant sur une année, permet de définir, par le biais de votes « populaires » successifs, les priorités d'investissement pour l'année suivante, priorités validées ensuite par la chambre des députés municipaux. Ce mécanisme a rencontré un fort engouement populaire, puisque plus de 300.000 personnes adultes y ont participé en 5 ans. Il a entraîné un renversement spectaculaire des priorités d'investissement municipales, qui se sont concentrées dans les quartiers périphériques et sur l'urbanisation de territoires, jusque-là peu pris en compte, où vit la grande majorité de la population. C'est principalement le budget participatif qui a permis au maire d'être réélu au premier tour à la fin de son premier mandat en 2004.

Cet exemple, à première vue idéal, de codécision des habitants peut néanmoins être interprété comme le résultat de rapports de forces entre travailleurs et capitalistes, ou entre propriétaires fonciers de différents secteurs (favelas contre quartiers « formels »), au niveau local. Et il faudrait analyser comment et par qui sont élaborés les projets proposés pour mettre réellement à jour les intérêts en jeu.

Le débat sur l'avenir des Halles à Paris

L'idée du réaménagement des Halles est partie dans les années 1990 de la préoccupation technique, notamment de la part de la RATP, de faire face aux flux croissants d'usagers sur un site qui est le nœud central de transports en communs de l'agglomération parisienne. Au début des années 2000, la mairie de Paris, nouvellement élue, décide de lancer une réflexion *participative* sur le réaménagement du site. Un dispositif de participation et d'information est donc lancé, et quatre équipes d'architectes-urbanistes de renommée internationale sont sélectionnées pour présenter un projet. De multiples réunions de concertation sont organisées, une exposition des 4 projets reçoit 125 000 visiteurs et permet la collecte de 12 500 bulletins d'opinions et de suggestions (qui ne seront pas exploités). Le projet le plus minimaliste, celui de David Mangin, est finalement sélectionné en décembre 2006. Il ne prévoit ni agrandissement de surfaces commerciales ni grand projet d'immobilier résidentiel.

Cet exemple permet de souligner les jeux d'acteurs et les limites de la participation des habitants. Au départ, un certain nombre de préalables techniques ont été imposés par des opérateurs étatiques, et notamment la RATP, hors de toute concertation. Par la suite, la concertation a principalement concerné les acteurs qui ont eu la plus grande capacité de mobilisation collective, du fait notamment de leur nombre relativement réduit, d'une part, et de l'importance du projet pour leurs intérêts particuliers, d'autre part. Ainsi, les propriétaires riverains (par le biais des conseils syndicaux et des associations) et les commerçants du centre commercial et de ses alentours (également structurés en associations) ont orienté le projet dans le sens d'un maintien des surfaces commerciales et d'une limitation de la construction neuve de logements, privée comme sociale (alors que les orientations de la mairie de Paris privilégient théoriquement le logement social, et qu'une opération de cette envergure est une opportunité unique d'en implanter dans un quartier par ailleurs très valorisé).

Ce sont donc les propriétaires de ressources naturelles (immobilier résidentiel et commercial) et les acteurs du capital local (commerçants exploitants) qui ont fait valoir leurs intérêts dans le sens de la protection de la valeur de leur bien, contre l'implantation de nouveaux habitants plus modestes et contre l'augmentation de la concurrence qu'aurait nécessairement entraînée l'accroissement des surfaces commerciales. L'association *Accomplir* a fédéré 32 associations (de propriétaires et de commerçants, principalement) sous la bannière du « Collectif pour la rénovation des Halles » ; elle s'est imposée auprès du public et des médias comme le porte-parole de la société civile. Dans le débat, les usagers (des transports en commun, des commerces, des espaces publics), et les travailleurs en général, n'ont pas eu réellement voix au chapitre. En effet, on peut penser qu'une augmentation de l'offre commerciale et résidentielle aurait bénéficié principalement – au-delà des promoteurs qui la réalisent – aux autres producteurs et consommateurs (de logements ou d'autres marchandises) par une augmentation de l'offre et de la concurrence...

Par ailleurs, ce type de mécanisme de concertation et les acteurs qu'il draine pose la question de l'usage de la ville. En effet, le quartier des Halles est à la fois le centre géographique de Paris et son nœud de transport collectif le plus important. Des centaines de milliers d'usagers le fréquentent chaque jour, que ce soit pour y transiter, y faire des achats, s'y promener, y travailler ou y habiter. Ce secteur est le cœur d'une ville de 2 millions d'habitants, située dans une agglomération de 10 millions, capitale de la France, une des conurbations les plus riches d'Europe, première destination touristique du monde et Patrimoine Mondial de l'Humanité. Quelle est l'échelle de consultation à privilégier quand on prétend mettre en œuvre un processus de décision participatif ? Les habitants stricto sensu du quartier en sont-ils plus maîtres légitimes que les autres usagers nationaux et internationaux ?

À New-York, la société civile est particulièrement puissante et bien organisée, et pourrait représenter un idéaltype de la participation structurée des citoyens et des habitants aux décisions concernant l'évolution urbaine[134]. Cette puissance forme un contrepoids à une forte connivence entre promoteurs immobiliers et pouvoirs publics municipaux et s'exerce toujours en direction des autorités de régulation plus centrales.

---

[134] Cf. Luc Journé. « La puissance de la société civile » in *Urbanisme* n°350, septembre-octobre 2006. pp.59-61.

Les projets d'aménagement à New-York suscitent toujours la création d'un certain nombre d'associations et de coalitions d'associations regroupant des habitants du quartier visé par le projet. La création de ces coalitions ponctuelles est facilitée par la présence dans la plupart des quartiers de la ville d'un réseau dense d'associations de pâtés de maisons, de défense des locataires, de gestion de logements sociaux, de développement communautaire, de clubs civiques et politiques. En outre, New-York est dotée depuis 1975 d'un système de conseils de quartiers financé par la Municipalité. Certains de ces conseils sont très efficaces pour coordonner la mobilisation des habitants sur les projets d'aménagement. Les coalitions impliquent souvent des groupements actifs à l'échelle de la ville dans son ensemble, ce qui leur donne une plus grande visibilité et crédibilité. Elles produisent des analyses, études et contre-expertises (urbanistiques, économiques, environnementales) très détaillées des projets d'aménagement, des propositions ou contre-propositions structurées, voire des plans alternatifs complets. Elles sont animées par des bénévoles, mais aussi par des professionnels, et souvent soutenues par des fondations (ce qui pose d'ailleurs la question des intérêts individuels). Elles sont capables de mener des campagnes de communication importantes (fêtes de quartiers, affichages, débats et forums, sollicitation des conseils de quartiers et organisation d'auditions publiques autour des projets concernés, utilisation de la presse, de la radio et de la télévision locales, des journaux de quartier,...) et de mettre en œuvre des stratégies de pression sur le pouvoir de régulation qui peuvent aller du lobbying et des pressions sur les élus jusqu'à l'assignation en justice.

Il est difficile de mesurer l'impact réel de ces mobilisations sur l'évolution des projets, car elles se conjuguent à d'autres facteurs et notamment au contexte économique. Parmi les grands projets récents, on peut citer ceux du Far West Side, de Ground Zero ou d'Atlantic Yards. Far West Side est un projet d'aménagement de l'extrémité ouest de Midtown, un des principaux quartiers d'affaires de Manhattan. Les pressions des habitants ont certainement joué un grand rôle dans l'abandon, après 7 ans de débats, d'un projet de construction d'un stade qui aurait abrité l'équipe de football des New-York Jets, après avoir servi à appuyer la candidature de la ville aux Jeux Olympiques de 2012. Ce stade aurait représenté un investissement public colossal, c'est ce qui a cristallisé l'opposition à sa construction. Les pressions de la société civile ont par ailleurs permis d'obtenir des concessions de la mairie en matière de logements subventionnés sur le secteur. Mais sont-ce les habitants qui ont obtenu ces modifications, ou les travailleurs organisés (parmi les associations fédérées, beaucoup sont actives à l'échelle de la ville) ? Concernant Ground Zero, la société civile préconisait de réduire la surface de bureaux dans le programme, et a finalement obtenu gain de cause, mais au moins en partie grâce à un contexte économique convergent (faible demande de bureaux dans le sud de Manhattan).

Le projet d'aménagement *Atlantic Yards* à Brooklyn illustre, à titre d'exemple, le positionnement des habitants en fonction de leurs intérêts comme détenteurs de déterminants de la production...

Le projet d'aménagement *Atlantic Yards* à Brooklyn – New-York[135]

Ce projet est exemplaire des jeux d'acteurs qui peuvent se développer autour de l'aménagement urbain et du rôle des habitants dans les négociations qui s'engagent. Il s'agit d'un gigantesque projet (4 500 puis 6 900 logements, 92 900 m^2 de bureaux, 27 900 m^2 de commerces, 3 000 places de stationnement, un stade de basket-ball professionnel, 2.8 ha d'espaces ouverts), porté par le promoteur américain FCRC avec la signature du célèbre architecte Frank Gehry. Le projet devrait être mis en œuvre au travers d'une agence parapublique de développement (ce qui éviterait d'avoir à obtenir l'aval des élus), et bénéficierait de nombreuses aides publiques (exonération de taxe foncière pendant 99 ans, cession de foncier public pour un prix symbolique, utilisation de l'expropriation pour utilité publique et implication des fonctionnaires dans les études d'impact en matière de pollution, d'infrastructures, etc.).

Le projet a immédiatement cristallisé deux camps, pour et contre sa mise en œuvre, regroupant chacun des habitants du quartier. Les propriétaires d'appartements dans les immeubles de petite hauteur des alentours du site, qui se sont peu à peu *gentrifiés* au cours des dernières années, s'opposent au projet. Ils dénoncent la grande échelle, la densité du projet et la déformation de la morphologie urbaine qu'il induit, l'importance des

135 Laura Wolf-Powers. "Atlantic Yards". In *Urbanisme* n°350, septembre-octobre 2006. pp. 46-47.

subventions publiques, l'opacité du montage et l'utilisation de l'expropriation (qui pourrait les concerner). Ils posent par ailleurs des questions sur le fonctionnement des espaces libres prévus dans le projet, de propriété privée et dont il n'est pas clair s'ils seront accessibles à tous ou seulement aux habitants du projet immobilier. Ils craignent évidemment que ce projet immobilier, par l'augmentation de l'offre résidentielle et l'arrivée de populations modestes, n'ait un impact négatif sur la valeur de leurs propres logements.

Les promoteurs, de leur côté, ont gagné le soutien des populations défavorisées du quartier, plutôt afro-américaines et locataires, en négociant avec des associations communautaires locales. Ils ont notamment promis de réserver 2 500 logements aux populations à faibles revenus, et fait valoir les bénéfices du projet en termes d'emploi ainsi que le symbole que représente le retour du sport professionnel dans le quartier. Cependant les promoteurs n'ont négocié qu'avec les associations les plus conciliantes, sans jamais permettre une remise en cause du projet[136], et les liens qu'ils ont établis avec certains dirigeants associatifs ont généré des doutes sur la nature de leurs relations.

On voit clairement dans cet exemple que le projet oppose d'une part les propriétaires fonciers locaux, plutôt blancs et issus des classes moyennes supérieures, qui craignent l'expropriation ou la dévalorisation de leurs biens, et d'autre part les détenteurs du capital (promoteurs) qui se sont assurés le soutien des habitants modestes en leur proposant du logement, du travail et du loisir.

Tous tentent d'influencer en leur faveur le pouvoir de régulation, qui détient en dernière instance les clés de la faisabilité (réglementaire et financière) du projet.

Le concept d'habitant est donc pour le moins ambigu, et regroupe souvent des intérêts liés au positionnement des acteurs au sein du système d'économie politique. L'ambiguïté est renforcée par la difficulté à mobiliser collectivement les habitants ; une telle mobilisation ne se fait qu'exceptionnellement, en général pour la défense d'intérêts particuliers

[136] Luc Journé. « La puissance de la société civile ». Article cité.

et/ou au travers de la manipulation par les acteurs-leaders « représentant » les habitants ; elle est en général *réactive* à un projet d'évolution, et ne se constitue pas en force de proposition.

Les habitants ne sont donc jamais des acteurs *moteurs* du développement urbain, même s'ils sont nécessairement pris en compte par les acteurs-leaders dans l'élaboration et/ou dans la mise en œuvre de leur stratégie, que ce soit au niveau de la conception (en tant qu'utilisateurs, consommateurs) ou de la réalisation (en tant que facteur potentiel de blocage ; politique de communication).

C'est sur les acteurs-*leaders* parmi les détenteurs des 3 déterminants *actifs* de la production (capital, travail et pouvoir de régulation) qu'il est, par suite, essentiel de concentrer l'analyse sur un territoire et dans un domaine particuliers.

4. Ce que désirent les décideurs…

Valeurs et objectifs des acteurs

Une fois identifiés les acteurs-décideurs, il s'agit d'examiner leurs visions du monde, leurs systèmes de valeurs et leurs objectifs. L'urbain est aussi produit par les préjugés et les valeurs des acteurs-leaders.

4.1 – Visions du monde et systèmes de valeurs

La *vision du monde*, telle que nous l'avons définie dans la deuxième partie du livre, est un ensemble de valeurs qui orientent la réflexion et les actes de celui qui les porte et qui englobent et dépassent la ville, le territoire et le domaine stratégique. Elle traite du rapport à soi-même et au monde, de manière générale. Elle inclut une certaine perception de l'organisation politico-sociale (culture du chef, discipline, solidarité, démocratie…).

La vision du monde est un mélange de *désir et de rationalité.* Comme l'être humain, fini, ne peut pas appréhender la réalité, infinie, dans sa globalité et dans toute sa complexité, il la filtre, la simplifie et la réduit pour pouvoir la penser. La vision du monde fonde et conditionne la stratégie. Un contexte culturel identifié et analysé aide à comprendre la nature et les limites des stratégies des acteurs locaux.

En France, on peut prendre comme exemple de contexte culturel créant des valeurs partagées qui influent sur l'urbain (et sur le système d'économie politique dans son ensemble) le phénomène d'« entre-soi » mentionné dans la deuxième partie du livre.[137] L'« entre-soi » correspond à un désir d'ascension sociale intergénérationnelle, à travers la scolarisation des enfants dans de « bonnes » écoles, avec de « bons » camarades. Ce désir est conditionné par une vision du monde *collective* qui accorde à l'école, et à l'intelligence scolaire dès le plus jeune âge, le pouvoir de positionner les futurs adultes dans la société, avec des *risques* de mobilité sociale postérieure extrêmement faibles.

Du fait de la diversité et de l'extrême complexité des visions du monde, il est primordial de les analyser avec *empathie*, sans jugement ni préjugés. Celui qui analyse et décrit les systèmes de valeurs, en général un consultant, doit limiter le plus possible la projection de sa propre vision

---

[137] Éric Maurin. *Le ghetto français*. op.cit.

du monde sur les acteurs-leaders, sous peine de produire des analyses non pertinentes. Mais il n'est pas aisé pour un *expert* de *déconstruire* sa propre idéologie.

4.2 - Objectifs

Les visions du monde influencent les *objectifs des acteurs*, même si leur champ d'application dépasse le domaine considéré. Les *objectifs* des acteurs sont plus concrets et d'application plus réduite que les *valeurs*, influencés par ces dernières mais pas nécessairement totalement *cohérents*[138] avec elles. On l'a vu pour les classes moyennes qui habitent dans les quartiers populaires parisiens et prônent la mixité sociale, mais mettent leurs enfants dans des écoles fréquentées par les enfants de ceux de leurs pairs qui n'ont pas la même vision *progressiste.* On peut aussi prendre l'exemple d'un Directeur d'Office HLM, qui peut défendre la mixité sociale et croire sincèrement que le mélange social est positif, mais ne pas loger de familles *trop* sociales dans ses immeubles les plus stables afin de ne pas susciter de fuite des « bons » locataires.

Il est important d'étudier les objectifs *réels* des décideurs, qui ne sont pas nécessairement ceux des catégories d'acteurs qu'ils représentent et pas non plus ceux qu'ils affichent ou communiquent. Ces objectifs peuvent être influencés par des choix individuels, et/ou traduire une défense d'intérêts *particuliers.* Certains leaders ne représentent qu'eux-mêmes, d'autres « cachent leur jeu » et ont des objectifs réels différents de ceux des *troupes* qu'ils prétendent représenter, voire contraires à ces derniers.

Les *détenteurs de capital* ont en général des objectifs d'entreprise, de production et de distribution de marchandises, de rentabilité financière. Le territoire est en général *transparent* pour eux, quel que soit le discours qu'ils tiennent : tel entrepreneur d'une région de culture protestante peut consacrer du temps et des moyens à chanter la gloire de cette culture régionale, mais n'hésitera pas une seconde à la « trahir » et à aller développer ses affaires ailleurs, là où les opportunités et les perspectives lui paraîtront économiquement plus prometteuses.

138 Une insuffisante cohérence des objectifs avec les valeurs affaiblit toute élaboration stratégique ultérieure ; elle constitue pour toute stratégie une sorte de *talon d'Achille.*

A Paramaribo, capitale du Surinam, le capital est principalement marchand, et une grande partie de l'activité commerciale est aux mains de quelques familles. Le *centre-ville*, centre historique du commerce, est en déclin et subit une baisse de fréquentation et une paupérisation de la clientèle du fait de problèmes d'accessibilité, de stationnement, et d'une image défavorable. Des zones de commerce alternatives se développent en *périphérie*. Les familles de commerçants, propriétaires des principaux commerces du centre-ville, ont un discours fort et populaire de reconquête du centre, qu'ils entonnent à chaque occasion devant les autorités ou les représentants de la société civile. Mais ces mêmes familles n'hésitent pas, dans le même temps, à investir sans vergogne dans les commerces qui ouvrent quotidiennement en périphérie et... affaiblissent chaque jour un peu plus le centre-ville. Leurs objectifs de maintien et de croissance de leur chiffre d'affaires et de leurs parts de marché ne ciblent le centre-ville que pour le court terme ; ce sont des objectifs contraints en quelque sorte, parce que ces familles ont beaucoup de capitaux immobilisés en centre-ville ; mais la revitalisation de ce territoire ne constitue pas vraiment pour elles un objectif à long terme.

Si le territoire est neutre pour les détenteurs de capitaux, lorsqu'ils procèdent à la définition de leurs objectifs, leurs stratégies ont en revanche un impact important sur ce même territoire, comme on le constate dans l'exemple de Paramaribo, et comme on le vérifie à chaque ouverture ou fermeture d'unité de production sur n'importe quel territoire.

Il est néanmoins possible qu'une entreprise développe des rapports privilégiés avec un territoire particulier, soit en fonction des valeurs de ses dirigeants (encore que ce cas de figure soit rare et relatif), soit en fonction d'un positionnement sur un marché local (entreprises de BTP) ou des coûts importants, voire prohibitifs, d'une délocalisation.

Les entreprises liées à un territoire, quelle qu'en soit la raison, peuvent alors développer des objectifs et une stratégie spécifiques au sein de ce territoire. Par exemple, le concessionnaire d'un aéroport peut s'engager sur une insertion *globale* de cet aéroport dans le territoire (politiques d'embauche de main-d'œuvre locale ou d'aide au développement d'activités complémentaires) ; parmi les détenteurs de capital, les producteurs de ville (maîtres d'ouvrage publics ou privés, entreprises du BTP, fournisseurs de matériels et matériaux de construction) sont une autre catégorie qui peut, sur des périodes limitées, élaborer des objectifs spécifiques liés au territoire.

Les *travailleurs* ne peuvent devenir actifs et avoir des objectifs qu'au travers de regroupements (syndicats, associations), dans une confrontation avec le capital et/ou au travers de leur influence sur les acteurs de la régulation. Mais en règle générale, les travailleurs sont trop dispersés et trop peu disponibles pour devenir, en tant que représentants de cette catégorie d'acteurs du système d'économie politique, des acteurs-leaders. Ils peuvent cependant se mobiliser autour d'organisations ou d'acteurs structurants, mais sur un plan qui s'apparente davantage à celui de la *régulation*. Leurs objectifs réels, qui concernent génériquement l'amélioration de leurs revenus, peuvent prendre en compte un territoire donné (lutte contre une délocalisation par exemple), mais jamais une *forme urbaine* particulière. Les travailleurs peuvent avoir une influence sur l'évolution urbaine, mais celle-ci n'est pas incluse dans leurs objectifs de travailleurs.

De petits groupes de travailleurs peuvent dans certains cas définir (toujours par l'intermédiaire de leaders) des objectifs à court terme, qui prennent en compte le territoire et le modifient. Par exemple, le fonctionnement du Port du Havre (1er port de containers en France et 3e en Europe) est contrôlé par des syndicats, notamment celui des dockers et celui des « Abeilles » (bateaux-pilotes qui guident les porte-containers jusqu'à leur lieu de débarquement). Ces syndicats contrôlent l'accès et le déchargement des navires ; ils ont réussi à préserver des avantages sociaux importants (salaires plus élevés que dans les ports concurrents, effectifs surdimensionnés, contrôle des embauches qui permet de garder une cohésion sociale) car ils ont le pouvoir (qu'ils exercent périodiquement)[139] de bloquer totalement ce port vital pour l'approvisionnement de Paris et de la France. Le Port du Havre a

139 La manifestation la plus récente de ce rapport et forces est la grève des « Abeilles » en réaction à une tentative des autorités portuaires de soutenir la concurrence introduite par des bateaux-pilotes hollandais, plus compétitifs du fait notamment de leur flexibilité et des salaires moins élevés de leur main-d'œuvre. La grève s'est conclue par l'autorisation de la concurrence des Hollandais, mais aux mêmes conditions économiques que les « Abeilles », ce qui sape, de fait, leur compétitivité.

bénéficié récemment, dans le cadre du programme Port 2000, d'investissements gigantesques visant à tripler sa capacité d'accueil (de 2 millions à 6 millions de containers). Comme le capital est relativement *immobilisé* du fait de son ampleur, les syndicats se retrouvent en position de force. On peut cependant noter trois limites à cette situation :

- d'abord les victoires syndicales locales peuvent contribuer à affaiblir le positionnement compétitif européen et mondial du port du Havre à long terme : un chiffre d'affaires réduit signifierait à la fois un gaspillage des investissements, pour une grande part publics, et un risque de disparition, à terme, de l'outil de travail ;
- ensuite, la domination des travailleurs n'est possible que dans un contexte où le pouvoir de régulation tolère une grève paralysante et n'y met pas fin par la force ;
- l'évolution urbaine n'est pas du tout prise en considération, en tant que telle, dans les objectifs de ces travailleurs ; elle peut éventuellement en être un sous-produit, une conséquence. De manière générale, le rôle joué par les travailleurs dans le système des rapports de production les empêche d'avoir une quelconque *stratégie* urbaine.

L'exemple de New-York, exposé plus haut, montre que dans certains cas la « société civile » peut s'organiser pour faire pression et parvenir à faire évoluer de grands projets d'aménagement dans le sens de ses objectifs. On voit cependant qu'il s'agit alors plutôt d'une mobilisation de *réaction*, et non d'élaboration positive ; en outre, une analyse fine doit être menée pour identifier les acteurs-leaders et leurs intérêts au sein des coalitions de la société civile. Dans l'exemple du projet de promotion immobilière Atlantic Yards à Brooklyn, des travailleurs peu qualifiés ont été mobilisés en faveur du projet au moyen de quelques avantages sociaux consentis à des représentants d'associations locales et d'une campagne de communication publique (journal, nombreux mailings sur papier glacé).[140] Quel que soit son bien fondé, cette mobilisation a surtout servi la réalisation des objectifs du promoteur FCRC. Et, ici encore, la modification de la forme urbaine n'est qu'un sous-produit d'objectifs portant essentiellement sur la défense des revenus du travail (sous la forme de logements et d'emploi). Ces objectifs ont néanmoins un impact certain sur l'évolution urbaine…

---

140 « Atlantic Yards ». in *Urbanisme* n°350. Article cité.

Contrairement aux détenteurs du capital ou du travail, les détenteurs de ressources naturelles et les autorités de régulation peuvent avoir des objectifs *ciblés sur un territoire*. Mais comme les propriétaires fonciers constituent une catégorie d'acteurs *passifs*, seuls les régulateurs sont finalement en mesure de formuler des objectifs clairement et spécifiquement territoriaux. C'est sans doute de là que vient l'importance qu'en général on accorde au rôle des mairies et autres collectivités territoriales en matière d'urbanisme.

Les *pouvoirs de régulation* ont des valeurs et des objectifs complexes, extrêmement divers, souvent peu explicites. Les décideurs au sein de cette catégorie d'acteurs sont souvent peu ou incorrectement conscients de leur positionnement. Certains maires formulent des objectifs de développement urbain dépassant largement leurs capacités d'action effectives, d'autres au contraire ne fixent pas d'objectifs malgré les marges de manœuvre dont ils disposent sur leur territoire. De plus, les systèmes de valeurs et les objectifs des régulateurs sont influencés par les autres catégories d'acteurs (lobbying, électoralisme), ce qui les rend encore plus hétérogènes et difficiles à cerner.

A Los-Angeles, l'appareil municipal est contrôlé depuis plus d'un siècle par des coalitions d'intérêts regroupant capitalistes et (de moins en moins) propriétaires fonciers. Ces coalitions ont une influence majeure sur le système d'économie politique local, et orientent en grande partie l'évolution de la ville. Les coalitions et les acteurs clés peuvent changer, mais le principe du contrôle de la sphère publique locale par les intérêts privés demeure.

Relations entre promoteurs et pouvoir municipal à New-York

A New-York, il existe une grande porosité entre les milieux d'affaires, notamment le secteur de la promotion immobilière, et les autorités municipales.[141] Le plan d'aménagement du Far West Side à Manhattan, par exemple, a été conçu par une association privée, NYC 2012, créée par un groupe d'hommes d'affaires dans le but de promouvoir la candidature de New-York aux Jeux Olympiques de 2012, avant d'être repris et développé par l'administration municipale. Ce passage du privé au public a été grandement facilité par la nomination de l'homme d'affaires à l'origine de NYC 2012, au poste d'adjoint au développement économique et à l'aménagement par le maire Michael Bloomberg. Cet exemple illustre bien les rapports étroits qui existent entre les promoteurs privés et les pouvoirs publics. Une grande partie des acteurs de l'aménagement construisent leur carrière en alternant les positions au sein d'administrations publiques et de sociétés immobilières privées. Par ailleurs, les études d'impact environnemental, imposées par la loi pour tout grand projet d'aménagement, et qui devraient être effectuées par les agences municipales ou régionales qui gèrent le projet, sont de fait effectuées la plupart du temps par des cabinets privés payés par les promoteurs, ce qui conduit immanquablement à minimiser les risques et impacts négatifs et à mettre en valeur les bénéfices du projet. Enfin, le secteur immobilier constitue la première source de financement des campagnes politiques à New-York...

L'influence de l'origine sociale des décideurs sur la définition de leurs objectifs peut être également très forte, et souvent inconsciente. Les décideurs (notamment dans les instances de régulation) prennent fréquemment la vision de leur classe sociale pour l'intérêt général. Au Brésil, par exemple, et dans une certaine mesure aussi en France, on peut constater que l'origine sociale des politiciens et administrateurs du pouvoir de régulation peut les tenir éloignés des préoccupations réelles de la majorité de la population, sans qu'ils aient nécessairement conscience de ce détournement de la régulation au profit de leur groupe

[141] « La puissance de la société civile » in *Urbanisme* n°350. Article cité.

social d'origine. Ce qu'ils pensent être bon pour l'intérêt général est en fait bon pour leur milieu social, qu'ils identifient à l'intérêt général.

La mise en place du *budget participatif* à Recife, et l'inversion consécutive des priorités d'investissement de la municipalité, en est un bon exemple : les procédures démocratiques liées au budget participatif ont limité les capacités d'influence des intérêts individuels organisés, du « lobbying » des détenteurs de capitaux ou de foncier ; elles ont également circonscrit le pouvoir décisionnaire de dirigeants qui considéraient l'intérêt général à travers le prisme de leur milieu social et ne se rendaient pas réellement compte des besoins d'une population et de territoires qu'ils ne côtoyaient qu'exceptionnellement.

L'exemple de Birmingham illustre concrètement ce type de décalage. Les investissements publics mobilisés dans le cadre de la stratégie municipale de régénération urbaine se sont concentrés en centre-ville et dans des opérations de prestige (commerces, bureaux et logements destinés aux classes supérieures). La politique de renouvellement urbain mise en œuvre a permis une forte participation du capital privé, et a obtenu des résultats spectaculaires en termes d'image et de création d'emplois qualifiés, facteurs considérés comme importants et *d'intérêt général*, donc justifiant d'avoir appuyé les projets par des fonds publics, par les autorités locales. Mais ce renouvellement urbain a-t-il réellement bénéficié à la population de la ville, *en grande partie étrangère (30 % en 2001) et faiblement qualifiée* ? Les objectifs poursuivis ont sans conteste permis d'attirer de nouvelles activités et de *nouveaux habitants*, mais dans quelle mesure sont-ils les objectifs des *habitants en place* qui ont en partie financé les projets de renouvellement urbain par leurs impôts ?

Ce n'est que lorsque les objectifs sont pleinement clarifiés qu'ils peuvent donner lieu à l'élaboration d'une stratégie visant à les atteindre. Les objectifs doivent être *quantifiés*, afin que l'on soit en mesure d'évaluer objectivement l'efficacité de la stratégie mise en œuvre pour les atteindre. Il faut également distinguer les objectifs réels des objectifs *communiqués*. La communication n'est qu'un élément de construction du collectif. Elle aide à *réaliser*, non à *élaborer*, la stratégie.

Pour reprendre l'exemple du logement social au Havre, on peut se poser la question de la convergence réelle des objectifs des différents maîtres d'ouvrage, et de la possibilité de construire une stratégie commune du logement social entre les bailleurs HLM, malgré les déclarations des intéressés. On voit à l'analyse que les valeurs et objectifs des bailleurs HLM sont très divers, en fonction de leur positionnement géographique, de la composition sociale de leurs locataires, de leurs liens avec les instances politiques, de la composition de leur conseil d'administration, de leurs dirigeants, des relations interpersonnelles des directeurs. Et ces valeurs et objectifs divers se traduisent par des stratégies difficilement compatibles : certains bailleurs mettent en œuvre une politique de *concentration* des familles modestes dans certains immeubles (ce qui leur permet au passage de respecter leur vocation sociale) et de contrôle strict des attributions dans le reste de leur parc ; d'autres misent sur la *mixité* sociale, et participent lourdement à de grandes opérations d'aménagement emmenées par les pouvoirs publics (PIC Urban des quartiers sud du Havre par exemple) ; d'autres encore préfèrent multiplier de petites opérations dans les interstices urbains en négociant avec les acteurs privés. Leurs rapports avec la mairie vont de la coopération étroite à la résistance à la politique municipale et à ses implications (en termes d'accueil de populations, de restructuration urbaine,...) à des attitudes d'évitement ou de discrétion. De manière générale, la diversité des positionnements et la logique concurrentielle entre bailleurs limitent les objectifs communs à un *discours* général sur le logement social et le développement urbain.

Sur d'autres territoires, comme l'agglomération lyonnaise, une certaine convergence d'intérêts et d'objectifs des bailleurs sociaux les plus importants a pu, a contrario, rendre possible la formulation d'objectifs précis et communs sur des thèmes majeurs comme les attributions, les réhabilitations et l'entretien du parc.

L'identification des acteurs-leaders locaux, réellement actifs, et de leurs objectifs particuliers est essentielle. Il n'y a pas de comportements ou d'aspirations génériques. Les analyses sur le terrain permettront seules de dévoiler et d'évaluer, au cas par cas, la stratégie des acteurs-décideurs par rapport à leurs objectifs. Nous allons exposer brièvement dans le chapitre suivant une méthode d'analyse et d'élaboration stratégiques visant à réaliser les objectifs de n'importe quel décideur, une fois ceux-ci clarifiés.

Chapitre 3

S'informer, concevoir et réaliser

Une stratégie pour un décideur à la fois

Dans une entreprise, il y a un patron unique, qui impose ses valeurs et se trouve en mesure de définir des objectifs et bâtir une stratégie unique (rapports hiérarchiques « top-down »). Dans le développement urbain, il n'y a pas, sur un territoire donné, un mais plusieurs décideurs, donc plusieurs stratégies possibles. Le développement urbain est nécessairement le résultat d'une confrontation de stratégies multiples.

Aucun acteur ne peut, seul, élaborer et mettre en œuvre une stratégie globale de développement urbain. Cependant, il est possible à des acteurs actifs et conscients d'élaborer dans des domaines donnés des stratégies particulières pour la réalisation de leurs objectifs. L'élaboration stratégique s'appuie sur des méthodes d'analyse et de prospective. Ces méthodes ont d'abord été utilisées dans les batailles militaires puis ont été transposées aux grandes entreprises pour leurs batailles économiques ; elles peuvent être appliquées, avec profit, par les promoteurs de projets de développement urbain. L'élaboration stratégique ne permet pas de prévoir l'avenir, ne garantit jamais le succès, mais permet d'augmenter l'efficacité d'un fonctionnement rationnel et d'anticiper les évolutions, heureuses ou malheureuses, de l'environnement. Nous allons dans ce chapitre en décrire et illustrer les étapes.

1. Un seul à la fois

Positionnement d'un décideur urbain particulier

Pour illustrer les étapes successives d'une analyse stratégique, ce chapitre s'appuiera sur l'étude d'un cas d'aménagement urbain à grande échelle, celui d'une ZAC qui s'étend sur une dizaine d'hectares en banlieue d'une capitale régionale.[142]

1.1. Contenu et objectifs du projet d'aménagement

Les grandes lignes de l'opération et les objectifs de son acteur-leader sont présentés ci-après.

Projet d'aménagement de la ZAC de Jougne :

Localisation du projet

Le quartier objet du projet urbain est desservi par une Route Nationale. Il est proche de lignes de métro. Il est aussi parcouru par plusieurs lignes de bus.

Il s'agit d'un site principalement industriel qui représente en surface environ 10 % de la ville de banlieue considérée, que nous nommerons Valban. Une entreprise industrielle, que nous appellerons Griffith, y possédait un important terrain (3.5 ha) dont elle n'utilisait plus qu'une petite partie. Les autres terrains du secteur étaient occupés de diverses manières, avec une propriété presque totalement privée (sauf une ancienne distillerie, propriété de la Ville de Valban). Le périmètre comprend également le quartier HLM dit de Jougne (environ 1 000 logements). L'ensemble formait plutôt une fin de ville déstructurée et enclavée qu'un quartier proprement dit.

---

[142] Il ne s'agit pas d'un cas réel mais plutôt d'un exemple illustratif, une synthèse virtuelle bâtie à partir d'observations sur le terrain. Les noms sont fictifs (toute ressemblance avec des noms réels est pure coïncidence) et les données quantitatives de simples ordres de grandeur.

Historique du projet

L'origine du projet est liée à la volonté de Griffith, principal propriétaire foncier du secteur, de vendre son terrain en 1997. A l'annonce de cette vente (Déclaration d'Intention d'Aliéner), la ville de Valban signe un Protocole d'Intention avec Griffith en octobre 1997, puis sollicite en janvier 1998 la société d'économie mixte dont elle est actionnaire, la SEMESSOR, pour l'assister dans l'élaboration d'un projet sur le site.

La ZAC de Jougne est créée en février 1998. Le projet est soumis par referendum aux habitants en novembre, et approuvé à une très courte majorité. Le maire (gauche plurielle) de Valban et la SEMESSOR entrent dans un processus de concertation afin de *consolider* l'adhésion des habitants, et modifient le projet en conséquence, avec notamment la suppression dans le centre commercial d'une « locomotive » hypermarché prévue dans le projet initial.

Le Plan Local d'Urbanisme (PLU) est modifié en 2001 pour permettre la mise en œuvre du projet.

Parallèlement, une fois le projet défini, la SEMESSOR est chargée de chercher des acquéreurs pour les droits à construire du site. La construction de 6 000 m^2 pour Griffith, inaugurés en 2002, est faite en maîtrise d'ouvrage directe et rentre dans le cadre du Protocole de Reconversion signé avec Griffith (il s'agit en fait d'un transfert des activités existantes sur le site).

Les premiers droits à construire sont vendus au promoteur Celestal, au printemps 2003 (peu après est signée l'installation du siège de l'entreprise Telcom dans ces 45 000 m^2). Le chantier débute à l'été 2003, pour une inauguration en octobre 2005.

La cession des droits à construire de l'ensemble du projet s'échelonne ensuite de fin 2003 à fin 2005 ; la livraison des opérations de fin 2005 à fin 2009.

La livraison des dernières opérations et la clôture de l'opération sont prévues fin 2009. L'opération totale aura eu un budget d'environ 150 millions d'Euros, et dégagé un bénéfice d'environ 20 millions au profit de la Ville de Valban.

Contenu du projet

Le projet urbain de Jougne représente plus de 200 000 m^2 construits sur la dizaine d'hectares du site. Le programme comporte :

- 97 000 m^2 shon de bureaux (dont 45 000 m^2 pour le siège de Telcom et 6 000 m^2 pour Griffith) ;
- 40 500 m^2 shon de logements en accession et locatifs (y compris HLM) et 12 000 m^2 de démolition/reconstruction de la barre de Jougne (HLM) ;
- 58 600 m^2 shon dédiés aux commerces, activités et loisirs et notamment à la construction d'un hôtel ;
- des équipements publics (création d'une friche culturelle et d'insertion dans les anciens bâtiments de la distillerie, agrandissement de l'école primaire Poincaré, création d'une crèche halte garderie de 50 places et d'une maison de quartier) ;
- des espaces publics :
    - un nouveau réseau viaire avec une coulée verte sur un aqueduc jusqu'à une cité universitaire,
    - réaménagement des espaces extérieurs et d'un parc sur le centre commercial,
    - aménagement du carrefour de Jougne en place urbaine.

Le projet doit apporter 5 000 emplois nouveaux et 1 000 nouveaux habitants.

Objectifs du maire de Valban

Le maître d'ouvrage du projet est la mairie de Valban. Le maire élu en 2001 (Gauche Plurielle, après de nombreuses années de pouvoir communiste) a pour objectif *personnel* de consolider son pouvoir et d'asseoir sa légitimité au sein de sa majorité en vue de sa réélection.

Ses objectifs *professionnels* sont :

- de favoriser le développement économique, qui doit amener des emplois et des recettes fiscales, qui permettront à leur tour de financer une politique sociale ;

- de mettre en œuvre cette politique de manière consensuelle avec les habitants.

1.2. Analyses interne et externe

Une fois clarifiés les objectifs de l'acteur, des analyses – interne et externe – permettront ensuite de mesurer ses forces et faiblesses pour la réalisation de ces objectifs.

1.2.1. L'analyse interne porte sur les points suivants :

- Stratégies et actions passées :
    - Stratégies suivies au cours des dernières années, ou valeurs et impératifs qui ont guidé l'action de l'organisation
    - Projets / programmes / activités mises en œuvre
    - Processus de sélection / d'élaboration / de mise en œuvre des projets
    - Comment l'organisation répond-elle aux demandes exprimées par ses partenaires ? Quels types de partenariats sont favorisés, et avec quels partenaires ? Quelle est la qualité des relations ?

- Diagnostic de l'organisation du promoteur du projet :
    - Principales caractéristiques de l'organisation dans chacune de ses fonctions, en termes de :
        - structures (organigramme, organisation hiérarchique, compétences, motivation du management) ;
        - systèmes (procédures, processus de prise de décision, de planification, de contrôle, d'information, de motivation, de management) ;
        - ressources humaines (compétences, expérience) ;
        - culture / comportements / attitudes ;
        - finances (structure des coûts et éléments de formation des coûts par activité, contrôle budgétaire, système de gestion financière, capacité à lever des fonds).
    - Identification des principales contraintes matérielles, humaines, culturelles.

Des critères d'évaluation de la performance sont établis, au moment du diagnostic interne, en fonction des objectifs du promoteur du projet et des attentes de son environnement.

1.2.2. L'analyse externe, une analyse structurelle de l'environnement et des facteurs d'évolution peut être schématisée comme suit :

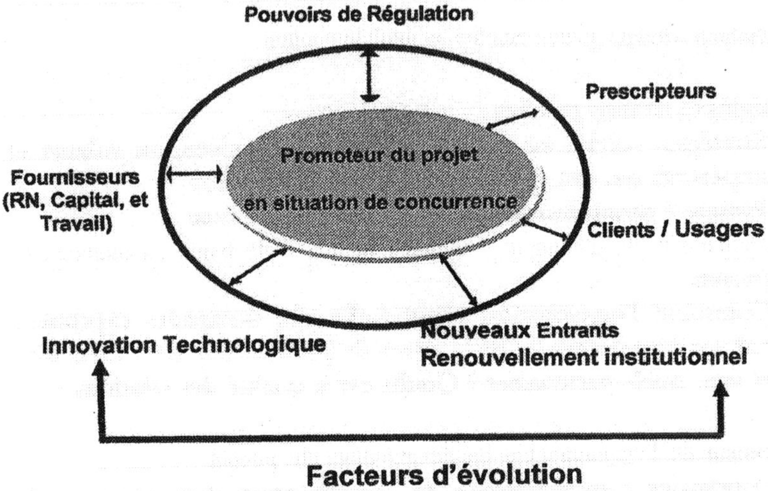

Ce schéma est aisément transposable au développement urbain dans tous ses domaines, qui sont partie intégrante des systèmes d'économie politique local et global.

L'analyse structurelle de l'environnement cible ainsi :

- les concurrents actuels : cela peut inclure les concurrents pour l'occupation de l'espace (logement social/pas social, logement/autres activités économiques, bâti/espaces libres, voiture/transports collectifs), les quartiers ou villes concurrentes, les autres acteurs sur un même segment de marché – comme on l'a vu pour les bailleurs HLM ;
- le contexte réglementaire ;
- les fournisseurs (par exemple de terrain, de matériaux de construction) ;
- les prescripteurs ;

- les consommateurs / clients / usagers (habitants, visiteurs, entreprises, promoteurs, investisseurs) ;
- la technologie ;
- les nouveaux entrants, concurrents potentiels.

C'est dans l'analyse externe qu'est inclue l'étude des autres acteurs du domaine considéré, leur structuration, leur vision du monde, leurs objectifs, leurs stratégies.

****

ZAC de Jougne : Analyse interne

Une première analyse des forces et faiblesses internes de la mairie l'amène à déléguer la maîtrise d'ouvrage de l'opération à la SEMESSOR.

La mairie dispose d'atouts importants, notamment :
- le contrôle potentiel d'un foncier représentant une part significative du territoire du projet (terrain Griffith, 3.5 ha sur 14) ;
- le contrôle de la réglementation urbanistique (Plan Local d'Urbanisme, ZAC, Déclaration d'Utilité Publique) permettant l'acquisition du foncier sur le périmètre et l'adaptation de la réglementation ;
- de bonnes relations et un alignement politique avec des partenaires financiers potentiels (le Conseil Général et le Conseil Régional) ;
- le contrôle de l'OPIHLM Valban, propriétaire du quartier HLM de Jougne ;
- l'existence de programmes nationaux de rénovation d'habitat social, qui peuvent permettre de financer l'amélioration de l'environnement social du site (le quartier HLM de Jougne).

Mais elle souffre de nombreuses insuffisances, notamment :
- manque de ressources humaines compétentes ;
- absence de mécanismes opérationnels ;
- faiblesses de l'organisation administrative ;
- manque d'outils financiers qui permettraient de monter l'opération en direct ;
- aucun savoir-faire en matière d'aménagement ou d'immobilier privé.

Cependant, la mairie est actionnaire de la SEMESSOR, qui possède ces compétences. Elle désignera donc celle-ci maître d'ouvrage délégué pour la conception et la mise en œuvre.

****

ZAC de Jougne : Analyse externe

Les concurrents

Le projet s'inscrit dans le cadre d'une concurrence entre territoires autour de la capitale régionale pour attirer de l'activité tertiaire.

Les fournisseurs

Les fournisseurs financiers :

- La SEMESSOR a besoin de financements pour acheter le foncier, mener les études et effectuer les aménagements d'espaces publics. Une partie de ces dépenses, ayant lieu avant la vente de la charge foncière, doit être financée par emprunts bancaires (effectués par la SEMESSOR et garantis par la Ville). Pour financer l'opération, la SEMESSOR a recours aux organismes financiers et bancaires avec lesquels elle a l'habitude de travailler.
- Un certain nombre de partenaires institutionnels entrent dans le tour de table, à fonds perdus, dans le cadre de leurs attributions, ou comme coactionnaires, voire maîtres d'ouvrage, sur des opérations précises :
    - Le Conseil Général, qui a compétence sur les voiries principales du périmètre, participe aux travaux d'aménagement de ces voiries et de la place-carrefour, à hauteur de 15 millions d'Euros
    - Le Conseil Régional finance l'aménagement de la coulée verte pour 4 millions d'Euros
    - La Caisse des Dépôts et Consignations finance à fonds perdus quelques études, et entre comme partenaire financier de la SEMESSOR pour la réalisation des locaux de Griffith (dont elle a retiré un bénéfice substantiel)

- L'OPIHLM Valban est le maître d'ouvrage de l'opération de rénovation urbaine des HLM de Jougne, financée dans le cadre des procédures nationales (ORU, avec État, CDC).
- La mairie de Valban a financé une partie de la restructuration de la distillerie (le projet l'a également cofinancé à hauteur de 1.5 millions d'Euros)

Les fournisseurs de foncier :

La maîtrise de l'ensemble du foncier (hors OPIHLM, qui restera une opération à part sans transfert de foncier) est nécessaire à la mise en œuvre du projet. Le plus gros fournisseur est Griffith (3.5 ha), qui se positionne dans une logique de négociation à l'amiable. Le reste du foncier sur le site est détenu par de multiples propriétaires privés, avec qui il faudra négocier individuellement.

Les prestataires d'études :

La SEMESSOR entretient des liens avec plusieurs bureaux d'étude, agences d'urbanisme et cabinets d'architectes, qui connaissent la logique de la SEMESSOR et de ses opérations d'aménagement, ce qui limite les coûts de transaction. La notoriété de certains d'entre eux est de plus un atout par rapport à l'attractivité du produit (cf. facteurs clé de succès ci-après).

<u>Les clients</u>

Les promoteurs et Griffith :

Les promoteurs immobiliers achètent la charge foncière, construisent les locaux, commercialisent les surfaces (en location) et vendent ensuite les immeubles occupés à des investisseurs (fonds divers, assurances). Ils doivent monter l'opération de telle sorte qu'ils puissent commercialiser le plus vite possible les surfaces, à des loyers favorisant leur revente, et revendre ensuite ces surfaces à des prix leur assurant une rentabilité convenable.
Même si les clients finaux sont les utilisateurs des immeubles et les investisseurs qui les achètent, ce sont les promoteurs immobiliers qui sont les clients directs de la mairie et de la SEMESSOR, et leurs

préférences se substituent à celles des clients finaux qu'ils affirment représenter. Dans le contexte financier du projet, les investisseurs institutionnels acceptent des taux de retour à partir de 7%, ce qui facilite le travail de promotion.
Avec Griffith, la SEMESSOR négocie en direct, dans le cadre de la cession du terrain de Griffith. Avec la CDC, elle s'est chargée de la maîtrise d'ouvrage de la partie correspondante du projet.

Les habitants :

Les habitants de Valban sont les clients directs du maire. L'impact du projet sur sa popularité est un indicateur majeur de son succès. Un soin particulier doit donc être apporté à la définition et à la communication d'une stratégie qui réponde aux attentes des habitants, ou au moins qui emporte leur adhésion.

<u>Le contexte réglementaire</u>

La réglementation existante donne un certain nombre d'outils à la mairie pour réaliser l'opération, notamment :

- la procédure de ZAC, qui permet une souplesse sur le secteur ;
- la Déclaration d'Utilité Publique et le droit de préemption, qui facilitent les acquisitions de terrains ;
- le contrôle du Plan Local d'Urbanisme, qui permet de faire évoluer les règlements d'urbanisme pour les adapter aux nouveaux usages.

<u>Les facteurs d'évolution</u>

Parmi ces facteurs, citons pour l'exemple :

- le contexte économique global ;
- l'évolution du marché de bureaux dans la région concernée : il se crée environ 500 000 m^2 de bureaux par an dans la région (croissance modérée des prix sur la période) ;
- l'évolution du contexte réglementaire.

1.2.3. Critères d'évaluation des performances

Parallèlement aux analyses interne et externe, il y a lieu de définir des critères pour l'évaluation des performances du projet. Au vu du contexte, on peut supposer les critères d'évaluation suivants :

- la popularité du maire de Valban auprès des habitants ;
- la rapidité de réalisation du projet ;
- la rentabilité financière pour la mairie ;
- les revenus à long terme issus de l'opération (Taxe Professionnelle, TFPB, Taxe d'habitation).

1.2.4. Facteurs Clés de Succès

Il faut également identifier les Facteurs Clés de Succès (FCS) du projet. Ces facteurs doivent être déterminés à partir des attentes et des critères de sélection des consommateurs finaux et des distributeurs des différents *produits* urbains. Attentes et critères peuvent être connus par des enquêtes de terrain, des entretiens avec les leaders d'opinion et par l'expérience.

1.2.5. Positionnement compétitif du promoteur du projet

C'est par rapport aux FCS, d'une part, et des objectifs de l'acteur-décideur, d'autre part, que sera évalué le positionnement compétitif de celui-ci.
Une telle évaluation doit être effectuée non seulement par l'acteur lui-même ou ses conseils, mais également et surtout par son environnement, c'est-à-dire ses fournisseurs et ses clients, prescripteurs ou distributeurs.

L'évaluation du positionnement compétitif passe en outre par une analyse approfondie de la structure des coûts de l'acteur.

****

ZAC de Jougne : FCS et positionnement compétitif

D'expérience, la SEMESSOR sait que pour le type de produits voulu par le maire (bureaux et activités tertiaires, commerces), la demande est orientée par quelques éléments clés, certains structurels, d'autres établis progressivement par l'étude du projet.

Éléments structurels :

- La *proximité* d'axes routiers importants et de transport collectif, pour *l'accessibilité* des employés : le site est traversé par la RN, par plusieurs lignes de bus et se trouve à proximité de lignes de métro ;
- L'existence d'un *tissu économique* : les décideurs des entreprises tertiaires préfèrent s'installer dans des secteurs où existent déjà des bureaux, une localisation à proximité d'un pôle tertiaire existant est donc un atout majeur

Éléments liés au projet :

- Une grande *modularité du bâti* (qui doit pouvoir accueillir de grandes comme de petites entreprises, et s'adapter à leurs spécificités) ;
- Des *coûts* de maintenance *réduits* ;
- Une *signature architecturale* prestigieuse, qui valorise les entreprises (notamment si leurs locaux doivent recevoir des clients ou s'il s'agit de leur siège) ;
- Une *offre de loisirs* (et notamment de restaurants) à proximité, pour le confort de leurs employés ;
- Le *prix de vente* de la charge foncière, qui doit être *compatible avec le marché local* (mais un prix plus bas que le marché n'est pas forcément un élément d'attractivité du produit : l'important est de créer une offre attractive, le prix étant de toute façon déterminé par appel d'offres)

Pour ce type d'opérations d'aménagement, une étude de marché « classique » n'est pas forcément pertinente. En effet, d'une part elle mettrait en lumière des éléments génériques déjà connus par la SEMESSOR par expérience (prix au m^2 de l'immobilier de bureau, facteurs qualitatifs importants,...). D'autre part comme le but du projet est de créer un produit qui n'existe pas, une étude portant sur le site *avant opération* ne recueillerait qu'un avis sur une friche industrielle et non sur un site tertiaire. Comme les entreprises sont extrêmement suivistes, il n'est pas possible de se fier à une étude externe qui démontrerait certainement l'absence d'une demande qu'il s'agit justement de créer.

L'analyse de marché pour le logement est en revanche plus simple, car du fait des tensions sur le marché de l'immobilier résidentiel de la région, les risques d'échec sur la commercialisation de surface constructible sont quasiment nuls. De plus, le prix de la charge foncière admissible est connu (en fonction du prix de vente final au m^2 et du coût de construction au m^2). En France le logement rapporte à peu près autant en charge foncière que le tertiaire, et plus que les activités ou le commerce hors centre commercial. Mais ce produit ne faisant pas partie du projet conçu par le maire de Valban, n'y occupe qu'une place réduite.

Pour le centre commercial, une étude d'environnement a été menée (volume/densité, niveau de vie des habitants), ainsi qu'une évaluation de la zone de chalandise (positionnement compétitif du site par rapport à l'offre commerciale existante). Le mix de commerces a été réévalué après le processus de concertation avec les habitants (notamment suppression de la grande surface prévue, du fait de l'hostilité des commerçants locaux).

L'ensemble des éléments précédents servira à élaborer des options stratégiques visant à atteindre les objectifs fixés, à l'aune des critères d'évaluation.

2. Du rêve à une réalité contrainte

La définition et la mise en œuvre d'une stratégie

Les analyses interne et externe permettent de positionner l'acteur par rapport à ses concurrents au regard de ses objectifs, d'une part, et des facteurs clés de succès, d'autre part. C'est le *benchmarking*, qui permet de définir d'où l'on part, et d'identifier les points forts et les points faibles de l'acteur dans le domaine et pour le projet urbain considérés.

Elles permettent également de passer en revue tous les facteurs d'évolution possibles de l'environnement. L'examen des influences réciproques, directes et indirectes, entre ces facteurs permet de les trier en fonction de leur potentiel d'entraînement (motricité) et de leur degré de passivité (dépendance) et ainsi de réduire le nombre des facteurs d'évolution à prendre en compte dans l'élaboration stratégique.

On va pouvoir classer les variables d'évolution en quatre catégories :

- les variables de contrôle ou motrices ;
- les variables instables ;
- les variables autonomes ;
- les variables dépendantes.

Les caractéristiques de ces quatre catégories peuvent être synthétisées dans le tableau suivant :

MOTRICITÉ Influence sur les autres facteurs		
+	**Variables de contrôle** ▪ Facteurs moteurs ▪ Correspondent à des acteurs qui ont un réel impact sur l'évolution du secteur	**Variables instables** ▪ Grande incertitude ▪ Acteurs qui peuvent réagir à l'évolution ▪ Correspondent à des choix stratégiques complexes, à fort enjeu
-	**Variables autonomes** ▪ Correspondent à des actions isolées ou de court terme	**Variables dépendantes** ▪ Variables d'ajustement ▪ Acteurs qui peuvent s'adapter à l'évolution

- DÉPENDANCE +

Influence des autres facteurs

Finalement, les seuls facteurs d'évolution à retenir pour l'analyse stratégique correspondront aux variables de contrôle et à une partie des variables instables.

Les variables retenues sont enfin triées seront leur importance relative pour les choix stratégiques, d'une part, et leur degré de contrôle par l'organisation du promoteur du projet urbain, d'autre part :

- celles qui sont contrôlées par l'organisation du promoteur du projet (variables d'action) seront utilisées pour enrichir la définition d'options stratégiques déjà engagée (voir audit des forces et faiblesses ci-dessus) ;
- celles qui sont hors du contrôle de l'organisation seront utilisées pour construire des scénarios d'évolution permettant de cadrer les menaces et opportunités de l'environnement.

Pour les autorités de régulation, ces variables peuvent inclure la variation des prélèvements, l'appui financier à telle ou telle action, les modifications réglementaires, la réorganisation des services, etc.

GRILLE D'ANALYSE DES FACTEURS D'ÉVOLUTION

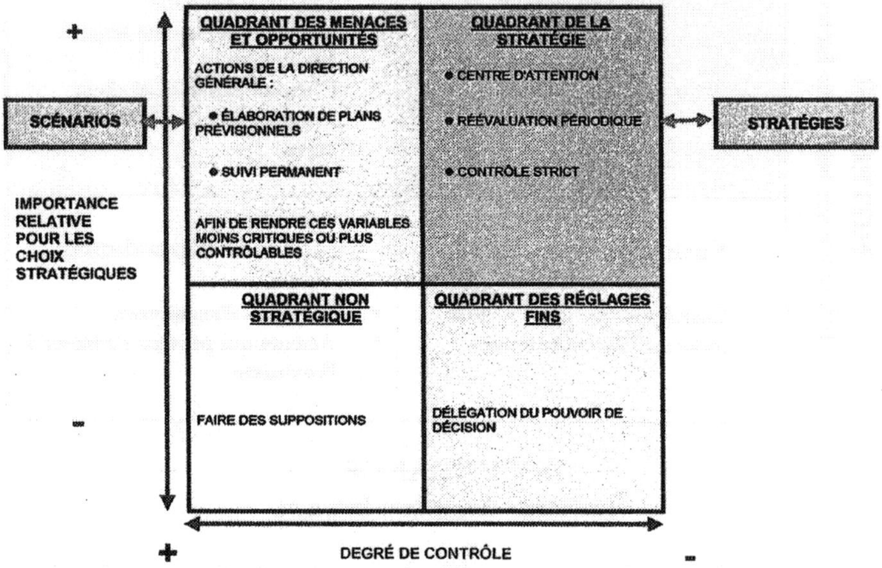

Les options stratégiques seront ensuite regroupées et articulées en un petit nombre de stratégies possibles, dont la faisabilité et le risque seront testés à l'aide des scénarios d'évolution.

Le futur ne peut évidemment pas être prévu, mais on peut essayer de s'y préparer en élaborant ces scénarios d'évolution, composés de combinaisons plausibles des facteurs d'évolution non contrôlables par le promoteur du projet urbain. Un scénario est un ensemble cohérent de possibles concernant l'évolution de l'économie, de la demande, de la concurrence, des technologies, de la régulation, de l'inflation, des marchés financiers, etc. Dans le cas du développement urbain, cela peut être le positionnement mondial d'une activité économique phare pour la ville (port, chantiers navals par exemple), la stratégie d'une multinationale majeure, la conjoncture économique nationale ou mondiale, l'évolution urbaine...

On peut ainsi construire un nombre limité de scénarios contrastés qui représentent les principales évolutions possibles à un horizon limité (par exemple 10 ans). Ces scénarios sont définis en termes d'évolution finale, mais aussi en termes de rythme d'évolution (la même évolution peut avoir un impact totalement différent si elle a lieu brutalement dans les 2 ans ou de manière lente et progressive sur 10 ans).

Les stratégies élaborées sont ensuite évaluées dans le cadre de chacun des scénarios, sur la base des critères d'évaluation des performances préalablement définis. Le *risque externe* est mesuré, pour chaque stratégie examinée, par les écarts de performances entre le meilleur et le pire scénario.

En jouant à la marge sur les variations des variables contrôlées par l'organisation, on pourra recadrer la stratégie qui sera finalement sélectionnée en fonction des scénarios d'évolution (veille stratégique).

Chaque stratégie possible sera également analysée, pour sa mise en œuvre, en termes de distance entre l'organisation actuelle du promoteur du projet urbain et une organisation idéale (structures, systèmes, ressources humaines, comportements) pour atteindre les objectifs fixés. Le *risque organisationnel* est défini en croisant pour chaque item l'écart entre l'organisation actuelle et l'organisation cible avec l'importance de cet item dans la mise en œuvre de la stratégie considérée. Plus l'écart est grand pour des variables essentielles, plus le risque est grand.

A partir de ces analyses sera dégagé un consensus sur la stratégie la plus appropriée en termes de performances (capacité à atteindre les objectifs et efficacité selon les critères d'évaluation retenus), de risque et de faisabilité organisationnelle.

L'organisation nécessaire à la stratégie sélectionnée est ensuite détaillée finement par fonction, les écarts avec l'organisation analysés dans toutes les dimensions considérées, notamment celles qui sont critiques pour la mise en œuvre de la stratégie sélectionnée. Les principales étapes de la mise en œuvre sont ensuite élaborées. Comme l'un des facteurs clés du changement est l'adhésion et l'appropriation des personnes impliquées dans la mise en œuvre de la stratégie, la communication devient à ce stade essentielle. Comme on l'a vu à plusieurs reprises, la communication publique (en direction des habitants, citoyens, électeurs, etc.) peut être un élément clé de la stratégie, ce qui ne signifie pas nécessairement que ce qui est communiqué est ce que l'acteur-décideur veut réellement faire, ou que les objectifs communiqués correspondent véritablement aux siens.

****

ZAC de Jougne : Quelques éléments de stratégie

L'élaboration du programme

La SEMESSOR a monté une stratégie et un programme basés sur une première analyse du marché, et testé son contenu auprès d'acteurs représentatifs.

L'élaboration « stratégique » pour ce type d'opération consiste aujourd'hui – et c'est ce qu'a fait la SEMESSOR – à définir dans un programme l'usage, la forme urbaine, le volume des bâtiments (gabarit et nombre de m^2), à transformer ce programme en un projet urbain relativement contraignant, mais qui donne une image au site (et donc créé le produit), et à vendre la charge foncière à des promoteurs qui vont construire les bâtiments et les commercialiser (à la location, avec des baux de 9 à 12 ans). Une fois le bâtiment construit et occupé, il est vendu avec ses occupants (et donc ses rendements locatifs) à un investisseur institutionnel (fonds de pension, compagnie d'assurance, ou autre). Tout l'enjeu est donc de construire un produit qui trouvera preneur le plus vite possible pour l'usage pour lequel il est prévu, et au moins aux conditions financières qui permettent d'équilibrer l'opération.

D'expérience, la SEMESSOR sait que pour le type de produit voulu par la mairie (bureaux et activités tertiaires, commerces), la demande est orientée par quelques éléments clés, certains structurels, d'autres construits au travers du projet (cf. ci-dessus : « FCS et positionnement compétitif »). Du fait de son expérience, la SEMESSOR a une vision assez précise des demandes et besoins du marché. Elle demande donc à des bureaux d'étude d'élaborer un programme et un projet urbain correspondant à ces critères, avec un bilan équilibré pour des niveaux de charge foncière réalistes, voire conservateurs (ils seront en l'occurrence fixés à 150 Euros/m^2 pour un prix d'achat moyen de 100 Euros/m^2). Le projet est ensuite testé auprès d' « experts », promoteurs et distributeurs, qui vont en valider le contenu ou suggérer des adaptations le cas échéant.

La concertation avec les habitants

L'adhésion des habitants au projet étant un objectif majeur du maire, le projet proposé fit l'objet d'une campagne de communication et fut soumis à un référendum auprès des habitants de Valban. Il l'emporta à une courte majorité. Les habitants, et notamment les commerçants, avaient peur que l'implantation prévue d'un centre commercial avec un hypermarché ne tue le petit commerce déjà fragilisé. Les habitants du quartier HLM de Jougne étaient préoccupés par les démolitions prévues dans leur quartier et leurs conséquences, notamment les relogements.

Le maire de Valban et la SEMESSOR entrèrent alors dans un processus de concertation afin de consolider l'adhésion des habitants. Le projet de centre commercial évolua pour ne plus comprendre de « locomotive » hypermarché, et des garanties furent données concernant le processus de démolition-reconstruction HLM. La rentabilité financière du projet fut fragilisée pour répondre aux objectifs politiques.

La commercialisation

Pour les bureaux et les logements, l'usage pour ce type d'opération est de commercialiser les charges foncières par tranche, en organisant des appels d'offres sur le prix (les autres facteurs étant déjà largement définis dans le cadre du projet). Du fait de l'effet d'imitation, les lots sont vendus de plus en plus chers, les acheteurs devenant de plus en plus assurés de ne pas rester seuls sur le site. Ainsi, pour la ZAC de Jougne, la première tranche fut commercialisée autour de 350 Euros/m^2, et la dernière atteignit presque 1 000 Euros/m^2 (à titre de comparaison, la charge foncière pour les bureaux à Paris tourne autour de 3 000 Euros/m^2).

Concernant le centre commercial, un premier appel d'offres fut lancé *avant* modification du projet consécutive au référendum auprès des habitants. Cet appel d'offres reçut énormément de réponses avec des propositions de charges foncières élevées. *Après* suppression du supermarché suite au referendum, seul un promoteur suisse, dans une stratégie d'entrisme sur le marché de la région, maintint son offre de prix, les autres promoteurs proposant des niveaux beaucoup plus bas, car ils estimaient l'opération très risquée. Le promoteur suisse emporta donc le marché, et commercialisa les surfaces commerciales très rapidement, avec un excellent taux de retour sur investissement.

****

La stratégie mise en œuvre doit ensuite être régulièrement réévaluée en utilisant toujours les critères de performance préalablement définis (on a vu par exemple pour Valban comment la consultation des habitants avait conduit à réévaluer le programme du centre commercial). S'agissant d'un domaine aussi évolutif que le développement urbain, la réévaluation régulière est primordiale.

Le processus d'analyse stratégique appliqué au développement urbain est nécessairement itératif et évolutif : le développement urbain est un processus indéterminable et multifactoriel, il est donc nécessaire d'analyser les effets de toutes les stratégies d'acteurs en présence, ainsi que les ajustements négociés entre eux.

Qui dans la ville élabore réellement ce type d'optimisation stratégique ? Dans quelle mesure les discours sur la « stratégie » ne sont-ils pas uniquement des discours, issus d'individus qui, parfois, ne sont même pas des acteurs-leaders ?

Ces outils d'analyse ne pourraient-il pas servir d'instruments à la fois d'élaboration stratégique pour les acteurs-décideurs (notamment publics), et de mise en commun de l'information structurée entre les acteurs (pouvoirs publics, mais aussi secteur privé, société civile), dans une perspective d'optimisation et de rationalisation de l'allocation des ressources dans le développement urbain ? Les stratégies urbaines pourraient être ainsi élaborées de manière *consciente*, dans une démarche basée sur le respect mutuel entre acteurs-décideurs, la tolérance et la transparence. L'analyse stratégique permettrait à la fois une formulation et une mise à distance des enjeux idéologiques, présentés fréquemment comme vérités objectives. Cela réduirait les risques liés à des stratégies occultes d'acteurs masqués.

CONCLUSION

Le développement urbain est donc un *processus en devenir incertain*, résultant de stratégies et actions contradictoires des divers acteurs-décideurs du système d'économie politique. Il est nécessaire d'analyser ces stratégies une par une pour espérer acquérir une compréhension suffisante du processus général et *a fortiori* exercer une influence sur le cours de l'évolution urbaine de quelque territoire que ce soit.

Nous avons vu dans la première partie de ce livre que le système d'économie politique dans son ensemble est la résultante *à la fois* du calcul, de la *rationalité*, économiques et d'une confrontation de volontés, de rapports de forces, entre les acteurs détenteurs des ressources naturelles, du capital, du travail et du pouvoir de régulation. Cette résultante n'est jamais déterminée *a priori* ; elle est constamment remise en question par l'évolution des rapports de forces entre les acteurs-décideurs.

Parmi ces acteurs, certains sont intrinsèquement plus actifs et/ou plus puissants que d'autres.

Les propriétaires de ressources naturelles sont nécessairement des agents *dominés*, qui *subissent* les évolutions du système, que celles-ci soient positives ou négatives pour eux, mais ne les *dirigent pas*.

Le pouvoir de régulation est un acteur important, mais il agit *sous influence* des trois autres catégories d'acteurs (propriétaires de ressources naturelles, capitalistes et travailleurs), dans le cadre d'un système culturel et politique, d'une idéologie, donnés ; ce pouvoir est lui-même une résultante de l'équilibre des forces que, dialectiquement, il influence en retour.

Les rapports de production, rapports à la fois économiques *et* politiques, entre détenteurs de capital et travailleurs, sont donc au centre du système d'économie politique et de son évolution. Mais contrairement à ce qu'en dit l'analyse marxiste, l'évolution de ces rapports est totalement indéterminée et n'obéit à aucune « loi politique », pas plus que l'économie réelle ne se laisse enfermer dans des « lois économiques » objectives et universelles comme le donnent à penser aussi bien les auteurs marxistes que les néoclassiques.

Force est de constater cependant que la lutte entre capitalistes et travailleurs est plutôt biaisée en faveur des premiers, notamment du fait de la faiblesse d'organisation et de représentation des travailleurs, alors même que c'est le travail qui se trouve à la base de la création de richesses.

Les capitalistes ne forment évidemment pas un front uni ; ils conçoivent et mettent en œuvre des stratégies multiples et parfois opposées. Mais les capitalistes *décideurs*, ce que l'on pourrait appeler l'avant-garde du capital, disposent toujours de l'initiative dans la *réalisation* du système d'économie politique ; ils se trouvent structurellement en position avantageuse pour réaliser leur conception du monde, défendre leurs intérêts et atteindre leurs objectifs.

Ce constat pose la question centrale de la *collectivisation* des préférences individuelles. Jusqu'à ce jour, il semble qu'une telle collectivisation ne puisse s'obtenir, culturellement, que par l'endoctrinement religieux/idéologique et, politiquement, que par la dictature ou la manipulation *démocratique*. Nulle part ne règnent malheureusement les valeurs *d'humanité*, qu'il faudrait déjà pouvoir définir, *l'éthique*, le *sens de l'Histoire* ou la *rationalité*.

Si l'évolution du système d'économie politique s'avère indéterminée, puisqu'elle dépend de l'équilibre volatile des rapports de forces entre les acteurs en présence, il en est de même de l'évolution urbaine. La ville est à la fois un lieu d'application et un produit du système d'économie politique. On observe les caractéristiques de cette relation symbiotique au moins depuis le Moyen Âge, mais elle prend toute son ampleur à partir du XVIIIème siècle et de la naissance du capitalisme moderne ; elle ne cesse de se renforcer depuis, sans que l'on puisse préjuger de son avenir.

L'urbain est, jusqu'à nouvel ordre, indispensable au fonctionnement du système capitaliste ; la ville est incluse dans les mécanismes de production et de consommation de richesses au même titre que n'importe quelle *marchandise.* Pour se *réaliser*, le système produit et configure les villes dont il a besoin, sans qu'aucune ville en particulier ne lui soit essentielle. D'où les phases d'expansion et de déclin parfois spectaculaires qu'ont connues certaines agglomérations.

Toutefois, la ville est une marchandise particulière, en ce sens qu'elle est *chargée culturellement* ; elle a une signification affective et émotionnelle. L'accélération de la *reproduction élargie* donne proprement le vertige ; elle pousse les citoyens à rechercher résolument des *permanences* qui rassurent face aux incertitudes de l'avenir. Parmi ces permanences, le rêve d'une ville idéalisée fait irruption ; la ville, objectivement en évolution constante, devient alors symbole de durée et d'identité ! La peur des changements urbains se traduit notamment par la défense et la sacralisation du *patrimoine*, d'une part, et par le refus du renouvellement démographique et le rejet des *étrangers*, d'autre part.

Les *visions du monde* des acteurs du système d'économie politique ont nécessairement un impact sur l'évolution urbaine.

La ville *rêvée*, que ce soit la ville *« historique »* ou une ville *« utopique »*, est au cœur du discours des professionnels de l'urbain. A l'instar des « lois économiques » censées expliquer mécaniquement le système de production, les « lois urbanistiques » prétendent déterminer et encadrer la transformation des villes. À l'extrême, la *préservation patrimoniale* prône un retour indéfiniment renouvelé à la ville *ancienne.* Les modèles urbanistiques, purs produits idéologiques, ont néanmoins un impact réel sur le développement urbain, notamment à travers leur utilisation à la fois obligée et intéressée par le pouvoir de régulation.

Il est urgent de se dégager aussi bien des crispations identitaires que des tentations incantatoires en matière urbaine, d'arrêter les batailles idéologiques autour de modèles de la ville telle qu'elle « doit être », modèles dans lesquels la réalité se refuse obstinément à rentrer. Il est urgent d'opter pour une approche plus ouverte, plus opérationnelle et qui laisse plus de place à l'inconnu du futur, bref que l'on pense le développement urbain en termes *stratégiques.* Cela passe par une analyse *sans préjugé* de l'évolution urbaine projet par projet, en partant des acteurs-décideurs et de leurs objectifs clairement identifiés. Il n'y a pas selon nous de généralisation possible, ni dans l'analyse ni dans l'élaboration stratégiques, car chaque ville est le théâtre d'un jeu d'acteurs spécifique ; la résultante de la confrontation entre ceux-ci est partout indéterminée. C'est dans la perspective d'une telle approche stratégique que nous avons proposé quelques principes méthodologiques et quelques illustrations concrètes pour aider à structurer les réflexions locales dans ce sens.

Le changement d'optique et de méthode en urbanisme est d'autant plus nécessaire que la question urbaine prend chaque jour plus d'ampleur. En 2007, pour la première fois dans l'histoire de l'humanité, les citadins représentent la majorité de l'humanité. La croissance urbaine est extrêmement rapide, notamment dans les pays d'Asie et d'Afrique. Et, pendant que les experts débattent sur la morphologie des villes, celles-ci continuent à déborder sous la pression de l'accroissement et des transformations démographiques, et à s'étendre pour l'essentiel en-dehors du champ de vision et de toute influence de ces mêmes experts. On estime en effet qu'un milliard sur les 3.3 milliards d'humains vivant en ville en 2007 habitent dans un bidonville, et l'essentiel de la croissance démographique à venir (1.7 milliard d'urbains supplémentaires prévus d'ici 2030) devrait avoir lieu dans ces mêmes bidonvilles. Or les responsables des régulations urbaines ne prennent pas en compte les quartiers informels existants, ou seulement en paroles et souvent pour rêver de les *nettoyer*, préférant se concentrer sur *« la »* ville formelle, la *« vraie »* ville. Et ils n'assument pas le moins du monde une explosion démographique pourtant maintes fois annoncée.

Notre souhait est que l'on cesse de penser la ville en *opposition*s entre centre et périphérie, entre formel et informel, entre « bonne » et « mauvaise » ville. Il faut faire son deuil de la ville idéale pour se pencher sur la ville réelle dans sa globalité, sa diversité, sa complexité et son *changement* inéluctable. Seule une approche stratégique, tolérant la différence et l'incertitude, permet une appréhension un tant soit peu réaliste de la ville, prélude indispensable à toute velléité d'action efficace. Et pour que les décideurs du développement urbain changent leur regard sur la ville, il est indispensable qu'ils s'approprient l'état d'esprit et les outils de l'analyse stratégique. Nous espérons que cet ouvrage constituera une modeste incitation à s'engager dans cette voie.

ANNEXES

Annexe A

Les 2 versions de la théorie ricardienne de la rente

1. Dans la première version, Ricardo expose que c'est l'expansion du capital et la baisse du taux général de profit qui en résulte, qui engendrent finalement une rente différentielle dans le secteur agricole.

Ricardo pose que l'expansion de l'économie dans son ensemble (et donc la présence de toujours plus de capitaux accumulés à investir) entraîne le besoin de mettre en valeur des terres moins fertiles, sur lesquelles la productivité du travail sera plus faible (la même quantité de travail produira moins de marchandise) ; ces terres sont dites *marginales.* La productivité du travail est plus faible non pas du fait des travailleurs ou de la technologie, mais à cause de la qualité intrinsèque, du rendement, inférieurs, de ces terres.

En supposant que le salaire des travailleurs agricoles ne change pas, et il n'y a aucune raison pour qu'il change toutes choses égales par ailleurs, la mise en valeur des terres marginales aboutit mécaniquement à une baisse du taux de profit et donc à un ralentissement de l'accumulation.

La baisse du taux de profit sur la terre marginale se propage à l'ensemble des branches économiques, du fait de la concurrence intercapitaliste. En d'autres termes, les prix relatifs des marchandises produites dans l'ensemble des branches de l'économie tendent à se fixer à des niveaux tels que le taux de profit soit le même partout, et inférieur à ce qu'il était avant la mise en culture des terres marginales.

Pour Ricardo, l'égalisation des taux de profit dans les différentes branches s'effectue par la concurrence ; néanmoins Ricardo n'explique pas pourquoi une telle concurrence existe, il la considère comme un fait naturel, qui va de soi. Pour toutes les théories économiques, exception faite du marxisme, la concurrence intercapitaliste est un fait indiscutable, naturel, établi sans discussion. C'est là évidemment un présupposé idéologique.

Mais continuons. La baisse du taux général de profit, qui affecte donc non seulement le capital investi sur la terre marginale mais également le capital investi sur les terres plus fertiles, permet précisément de dégager la rente différentielle en faveur des propriétaires de ces dernières.

La rente différentielle se forme sur la terre plus fertile. Cette rente ne résulte pas d'une quelconque hausse du prix du produit agricole, que l'on pourrait parfaitement concevoir du fait de la mise en valeur de terres moins fertiles, mais de la baisse du taux de profit imposé par le propriétaire au capitaliste engagé dans la production agricole sur sa terre plus fertile.

Ainsi établie, la rente différentielle se forme mécaniquement dès lors qu'il y a mise en culture de terres marginales moins fertiles, sur lesquelles la productivité du travail se trouve être *naturellement* plus faible. Cette rente différentielle découle donc d'une *loi de rendements décroissants* de la ressource naturelle.

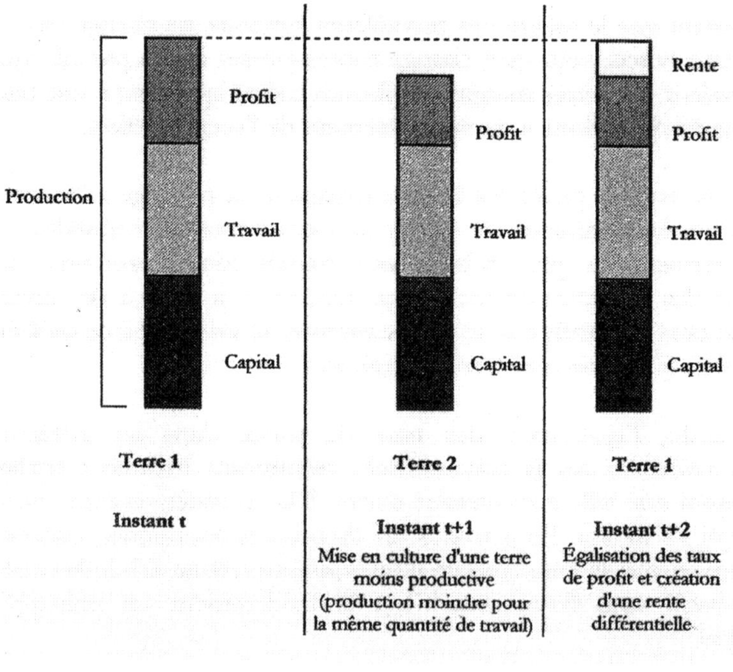

Le régime juridique de la propriété privée de la ressource naturelle, de la terre agricole dans ce cas, n'explique pas la *constitution* de la rente différentielle, mais seulement son *appropriation* : la propriété privée de la ressource naturelle peut-être interdite, la rente différentielle peut être collectivisée, celle-ci n'en disparaîtrait pas pour autant.

Pour les besoins de sa démonstration, Ricardo pose que le capital, le salaire et la marchandise produite sont tous les trois exprimés en termes de *quantités* différentes de cette même marchandise, en l'occurrence le blé. Dans ces conditions, il lui est facile de montrer que si la quantité de marchandise produite baisse du fait d'un rendement plus faible sur la terre marginale et si, d'autre part, la quantité de cette même marchandise payée comme salaire aux travailleurs agricoles ne varie pas, la détermination du salaire se faisant sur une base physiologique et historique qui n'a aucun rapport avec les rendements décroissants sur les terres moins fertiles, la différence, c'est-à-dire le profit qui reste entre les mains du capitaliste, diminuera.

C'est parce qu'elles sont l'élément fondamental de la détermination du taux de profit (d'abord taux de profit sur la terre marginale, puis généralisation de ce taux de profit à l'ensemble des branches de l'économie), que les conditions de production sur la terre marginale occupent la place centrale dans la théorie ricardienne de la rente.

Mais cette première version de la rente foncière de Ricardo n'est pas aussi fondée qu'elle le paraît de prime abord. Toute la démonstration ne tient que parce que, par hypothèse, l'auteur quantifie le capital, le travail et le produit avec la même unité de mesure, à savoir une quantité physique de blé.

Si en revanche le capital, le salaire et le produit ne sont pas constitués de quantités différentes d'une même marchandise, ce qui est le cas général dans l'économie, le taux de profit ne peut plus être facilement déterminé, il ne peut même plus être déterminé du tout.

En effet, la baisse du taux de profit dans l'ensemble des branches de l'économie se traduit nécessairement par une modification de tout le système des prix relatifs des marchandises produites dans ces branches, et notamment par celle de la valeur des marchandises qui seront utilisées comme capital dans la branche agricole et en particulier sur la terre marginale. Par exemple, la baisse générale du taux de profit peut faire baisser le prix des machines agricoles, donc diminuer l'investissement en capital nécessaire pour exploiter la terre. Le revenu baissera, mais l'investissement aussi, donc le taux de profit (revenu/investissement) peut diminuer ou augmenter en fonction des variations relatives.

Par conséquent, la variation du taux de profit du fait de la mise en culture d'une terre marginale rend impossible d'affirmer un sens de variation plutôt qu'un autre, une baisse plutôt qu'une hausse, de ce taux de profit puisque la valeur même du capital change en même temps que change le profit sans que l'on sache si ces deux changements s'effectuent dans le même sens ou dans des sens contraires, et dans quelles proportions.

Dans ces conditions, l'équation de la production agricole sur la terre marginale ne peut plus avoir une position centrale ni une signification spécifique dans l'ensemble du système d'économie politique. Elle ne permet plus de déterminer le taux de profit.

Et ainsi, c'est toute cette première version de la théorie ricardienne de la rente qui s'en trouve invalidée.

2. Dans la deuxième version, Ricardo explique que c'est la hausse du prix du produit agricole qui se trouve à l'origine de la rente différentielle

Le problème est maintenant posé différemment. Le point de départ du raisonnement est désormais l'uniformité des taux de profit dans l'ensemble des branches de l'économie. À ce taux général de profit correspond un système de prix des marchandises, pour des conditions de production, c'est-à-dire des technologies, données. Ce système de prix de production doit également permettre de déterminer la rente différentielle dont bénéficie le propriétaire de la terre relativement plus fertile.

Dans le cadre global d'un système de prix de production, rente et profit deviennent tous les deux des revenus différentiels qui, ensemble, composent le surproduit, ou produit net, capitaliste (c'est-à-dire l'excédent de la valeur du produit global sur la valeur du travail direct et indirect, sous forme de capital, qui a été nécessaire pour l'obtenir).

Dans cette deuxième version de la théorie ricardienne de la rente, l'argumentation est centrée sur la question de la détermination du taux général de profit dans l'économie : toute indétermination du taux de profit se traduit mécaniquement par celle de la rente.

Or il est impossible de déterminer le taux de profit et la rente, qui sont des prélèvements sur le surproduit, sans avoir *au préalable* déterminé la valeur d'échange, ou le prix de production, des marchandises produites. Tant qu'on ne sait pas combien vaut une marchandise, on ne peut pas déterminer le profit qu'on va en tirer.

Le problème se déplace donc d'une interrogation sur la formation de la rente et du taux de profit vers une interrogation sur la valeur d'échange, le prix, de toutes les marchandises produites. Cette interrogation nouvelle amènera Ricardo à élaborer une nouvelle théorie, celle de la valeur-travail que nous examinerons au début du point 2. ci-après.

Selon cette théorie, l'échange de marchandises s'effectuerait en fonction des quantités de travail directement et indirectement nécessaires à la production de ces marchandises (il est entendu par travail *indirectement* nécessaire le travail nécessaire, en amont, dans la production des moyens de production (machines,...) engagés dans la production de la marchandise). C'est la théorie de la valeur-travail dit *incorporé* dans le produit.

Dans ces conditions, le taux de profit devient :

(quantité de travail incorporé dans la marchandise produite)
moins
(quantité de travail incorporé dans le capital engagé dans sa production)
divisé par
(quantité de travail incorporé dans le capital engagé dans sa production)

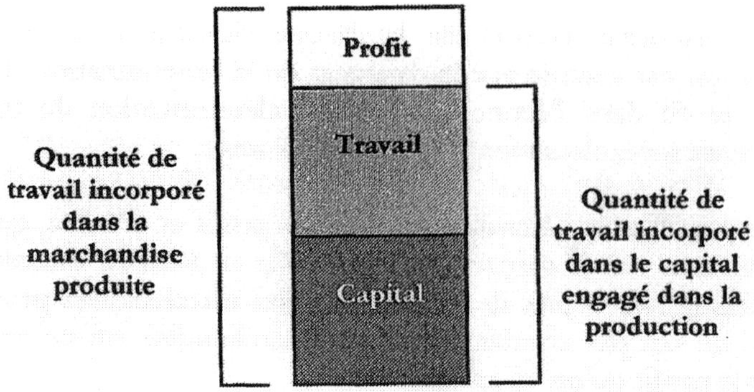

soit :

$$r = \frac{\text{quantité de travail incorporé dans la marchandise produite}}{\text{quantité de travail incorporé dans le capital engagé dans sa production}} - 1$$

où la quantité de travail incorporé dans la marchandise produite est la valeur de la marchandise, et où le capital engagé dans la production de la marchandise inclut le travail direct et indirect (machines, etc.).

Dans cette deuxième version, Ricardo considère comme évidente la *hausse du prix* du produit agricole obtenu sur la terre marginale, moins fertile. Il faut plus de capital et de travail pour produire la même quantité, donc la quantité de travail (direct et indirect, incluant le capital) incorporé dans la marchandise augmente, donc son prix augmente. En vérité, c'est là une fausse évidence, car une augmentation des quantités de travail et de capital sur la terre marginale, suite à la baisse de rendement sur cette terre, peut parfaitement être compensée par une baisse des prix des biens capitaux et des biens salaire, en d'autres termes une baisse de la valeur du capital fixe et variable, engagés dans la production sur cette terre agricole. Par exemple si le prix du blé augmente, et que les travailleurs sont payés en blé, le prix des autres marchandises dont ils ont besoin (vêtements, autres denrées alimentaires, logement, etc.) baisse par rapport au blé, donc on peut donner moins de blé aux travailleurs qui avec cette quantité moindre pourront acheter la même quantité des mêmes marchandises. Et donc même s'il faut plus de travail, cela n'implique pas nécessairement une augmentation de son coût global.

Or, c'est bien la hausse supposée du prix du produit agricole sur la terre marginale (et donc également sur le produit des autres terres cultivées) qui expliquerait, selon Ricardo, la formation ou l'augmentation de la rente différentielle sur toutes les autres terres déjà exploitées, et donc plus fertiles.

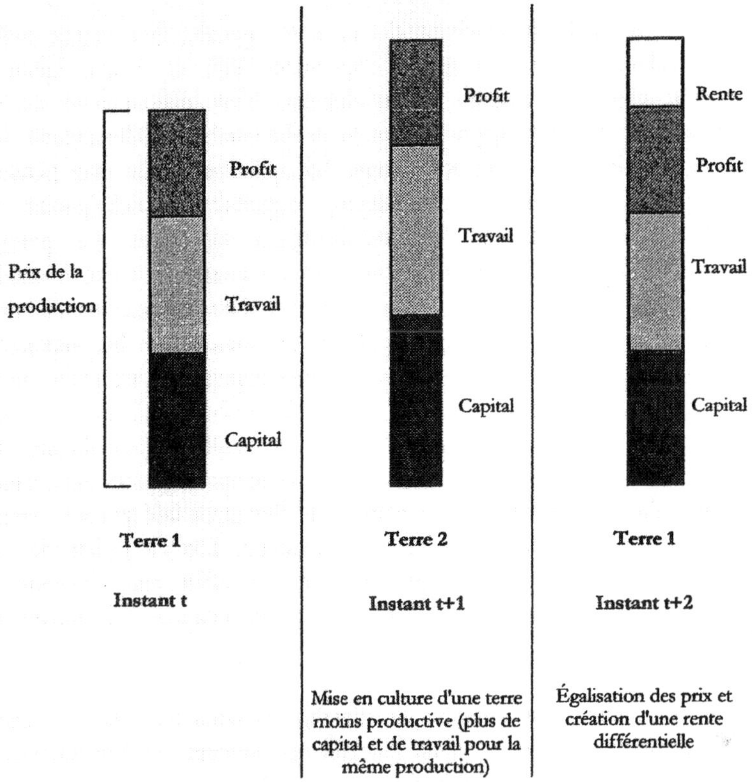

Dans la deuxième version de la théorie ricardienne de la rente, c'est la hausse du prix du produit agricole sur la terre marginale qui devient l'élément explicatif de la rente, alors que dans la première version c'était la baisse du taux de profit qui occupait la position centrale dans l'explication. Mais comme on vient de le voir aucune d'entre elles n'explique convenablement le niveau de la rente.

3. Conclusion : Ce que l'on peut retirer de l'ensemble des deux versions de la théorie ricardienne de la rente c'est que celle-ci ne détermine pas la valeur des marchandises mais est déterminée par elle

S'il est exact que la rente dépend du taux de profit, l'existence même d'une rente différentielle qui serait engendrée par la simple mise en exploitation d'une terre moins fertile dépend d'un présupposé qui est loin d'être évident. Ce présupposé c'est la *loi des rendements décroissants* dans la branche agricole. Une telle loi ignore complètement ce que pourrait être l'influence du progrès technique, engendré précisément par l'accumulation capitaliste, sur les rendements agricoles. Le progrès technique peut en effet suffire pour inverser les tendances sur lesquelles la théorie ricardienne de la rente est fondée. En d'autres termes, la baisse de productivité sur la terre marginale n'est nullement un fait naturel et inéluctable, qui ne pourrait être surmonté et compensé. Une terre moins productive qu'une autre à un niveau donné de technologie peut devenir plus productive avec l'apparition d'une nouvelle technologie. Par exemple un champ moins fertile mais plus arrosé qu'un autre sera moins productif jusqu'au moment où la production d'engrais adéquats le rendra plus productif, grâce à sa meilleure hygrométrie. De ce point de vue, Ricardo est le fils de son époque. C'était en effet une époque où l'efficacité des technologies capitalistes n'avait pas encore été pleinement démontrée.

Par ailleurs, les seules oppositions de classes sociales repérables dans la théorie ricardienne se situent, pour les mêmes raisons, exclusivement au niveau de la répartition du *produit net* en rente d'une part et profit d'autre part. Les oppositions entre le profit et le salaire sont en revanche complètement escamotées. Et pour cause, le servage étant encore à l'époque le mode dominant de travail agricole, posant la question de la relation entre travailleurs et capitalistes ou propriétaires terriens dans un contexte de soumission structurel et culturel des premiers aux derniers. C'est pour cette raison que Marx considérera la théorie ricardienne comme un excellent point de départ mais non comme un ensemble achevé permettant de comprendre à la fois la valeur et la répartition des richesses créées.

La rente foncière (et par extension les revenus liés à quelque ressource naturelle que ce soit) est bien un revenu résiduel (c'est la différence qui reste entre les coûts de production, incluant le profit, et le prix de vente de la marchandise) et dominé (il dépend des coûts de production, du taux de profit et du prix de vente, qui ne sont jamais déterminés par les propriétaires de ressources naturelles). La détermination de la rente présuppose la détermination des prix (ou valeurs d'échange) et du profit. Nous pouvons donc faire abstraction de la rente et considérer, pour simplifier l'analyse, que la totalité du produit net est constituée de profit. A partir de Ricardo, la rente sera donc exclue des réflexions économiques, qui se concentreront pendant longtemps sur les deux autres déterminants de la production identifiés : le capital et le travail, et sur la valeur d'échange des marchandises.

En effet, une chose est désormais claire : une théorie correcte de la répartition des revenus, c'est-à-dire aussi bien de la rente que du profit et du salaire, présuppose une théorie correcte de la valeur d'échange des marchandises. On ne peut pas déterminer les revenus des acteurs de production sans déterminer le prix des marchandises.

Annexe B

Les différentes théories de la valeur-travail

1. **La théorie classique de la valeur-travail** ne permet de déterminer ni la valeur ni sa répartition

La détermination de la rente présuppose la détermination des prix (ou valeurs d'échange) et du profit. Nous ferons donc abstraction de la rente et considérerons, pour simplifier l'analyse, que la totalité du produit net est constituée de profit.

1.1. Le concept de valeur-travail commandé débouche sur un raisonnement circulaire

Remarquons d'abord que, dans l'élaboration théorique d'Adam Smith, le *travail* occupe une place centrale pour une explication des valeurs d'échange des marchandises.

Dans les équations de production, qui lient les valeurs des produits et les valeurs engagées pour leur production, ces valeurs sont tout simplement remplacées par des quantités de travail, puisque la valeur de n'importe quelle marchandise est supposée être égale à la quantité de travail qu'elle peut commander. On obtient donc des équations ne comportant que des quantités de travail commandé (homogène), ce qui permet de définir le taux de profit par un rapport entre quantités de travail commandé.

Admettons que la production d'une marchandise de valeur X nécessite une machine de valeur K et une certaine quantité de travail de valeur T. On aura donc $(K + T)(1+r) = X$, où r est le taux de profit.

Si on pose que la valeur de la machine égale une quantité x de travail commandé, que la valeur du travail en représente une quantité y (qui ne peut évidemment être que la quantité de ce travail même) et la valeur de la marchandise produite une quantité z, on aura :

$$(x + y)(1+r) = z$$

et $r = z/(x+y)-1$.

Si on arrive à convertir les valeurs du travail et de toutes les marchandises en travail commandé, on peut déterminer le taux de profit.

Cela ne va en réalité pas du tout de soi, car il faudrait au préalable avoir défini quelque chose qui n'est ni concret ni intuitif, quelque chose qui est une pure abstraction, à savoir un travail *homogène* dont la mesure permettrait de rendre compte de la contribution de n'importe quel travailleur, quels que soient sa qualification, son métier ou son statut. Dans la réalité, il va sans dire qu'une heure de travail d'un médecin, par exemple, *n'égale pas* une heure de travail d'un ouvrier non qualifié. Le travail homogène, qui seul peut mesurer la valeur de produits à la fois différents et obtenus dans des conditions de production nécessairement variables, est un objet théorique abstrait qu'aucun économiste, depuis Adam Smith, n'a jamais été capable de définir précisément.

La théorie d'Adam Smith implique ensuite que, pour qu'il puisse y avoir un profit, il faut et il suffit que la quantité de travail commandé pour produire une marchandise soit inférieure à la quantité de travail que cette marchandise pourra elle-même commander une fois produite, autrement dit que les travailleurs fournissent *gratuitement* aux capitalistes une certaine quantité de leur propre travail, qui constituera le profit des capitalistes. On peut déjà remarquer qu'il est difficile de comprendre comment, dans un monde de concurrence, un tel miracle se produit spontanément et se reproduit sans cesse.

Enfin, ce raisonnement ne permet nullement de déterminer la quantité de travail que la marchandise produite pourra commander à son tour. Le concept de valeur-travail commandé s'enferme dans un raisonnement circulaire : en effet, si la quantité de travail commandé est un *résultat* de l'échange, elle ne peut évidemment pas *déterminer* la valeur d'échange. D'où l'impossibilité de définir préalablement x, y et z dans l'équation de l'encadré.

1.2. Le concept de valeur-travail incorporé implique l'absence d'un taux uniforme de profit dans toutes les branches et nie donc l'existence d'une concurrence intercapitaliste

C'est pour dépasser ce raisonnement circulaire, que Ricardo mesurera la valeur d'échange d'une marchandise non pas par la quantité de travail qu'elle peut commander *sur le marché* mais par la quantité de travail nécessaire à sa *production.* En d'autres termes, là où la valeur-travail d'Adam Smith fait référence à l'échange, celle de David Ricardo se tourne vers le processus de production.

Pour Ricardo, le travail incorporé c'est le travail directement et indirectement utilisé pour la production d'une marchandise, le travail indirectement utilisé étant, comme nous l'avons dit plus haut, le travail incorporé dans la production du capital – à la fois fixe et circulant – intervenant dans la production de cette marchandise.

La valeur d'échange d'une marchandise est alors entièrement déterminée par les conditions de sa production, exprimées en termes de quantité de travail global (direct et indirect). Elle reste donc inchangée quel que soit le rapport d'échange entre capital et travail, c'est-à-dire quelle que soit la répartition du revenu en profit et salaire.

Ici également nous nous heurtons à l'obstacle du travail *homogène*, objet théorique abstrait nullement explicité ou justifié. Mais au-delà de cet obstacle, le concept de valeur-travail incorporé débouche sur une véritable impasse : ce concept ne permet en effet pas de déterminer cette fois-ci la valeur d'échange de la marchandise particulière qu'est le travail lui-même ; en effet, dire que la valeur d'échange du travail, c'est-à-dire le salaire, c'est le travail lui-même est une tautologie qui ne permet pas de progresser.

Devant cette impasse, Ricardo prétendra alors que la valeur du travail lui-même peut être mesurée par la quantité de marchandises contre lesquels s'échange le salaire payé pour ce travail. L'ennui c'est que cela revient finalement à expliquer la valeur du travail non par ses conditions de *production*, comme le stipulait au départ le concept même de valeur-travail incorporé, mais par ses conditions *d'échange*, ce qui renvoie au demeurant au raisonnement circulaire dans lequel s'enferrait la valeur-travail commandé de Smith.

Par ailleurs, la théorie de la valeur-travail incorporé prétend expliquer la valeur d'échange des marchandises indépendamment de la répartition du revenu, plus précisément du taux de profit (puisque le capital comme le travail sont transformés en valeur-travail incorporé, et que c'est le total de cette valeur-travail incorporé qui définit la valeur du produit, et pas sa répartition entre salaire et profit). Du coup, elle ne peut pas expliquer l'existence d'un taux de profit uniforme à travers toutes les branches de l'économie, puisqu'elle est indépendante du taux de profit. Autrement dit, pour que la théorie de la valeur-travail incorporé soit vérifiée, pour que ce concept soit valide, il faudrait que le taux de profit soit donné, d'une part, et qu'il puisse être différent d'une branche de l'économie à l'autre, d'autre part. Cela équivaut bien entendu à conclure à l'inexistence de toute concurrence intercapitaliste, ce qui contredit la réalité du fonctionnement du système d'économie politique, d'une part, et tout ce qui a été affirmé par Ricardo lui-même dans les deux versions de sa théorie de la rente, d'autre part.

En définitive, nous pourrons donc affirmer que la théorie ricardienne ne permet de déterminer ni la valeur ni sa répartition en profit et salaire, ni d'ailleurs la rente différentielle qui est subordonnée à l'ensemble des grandeurs précédentes.

2. **La théorie marxiste de la valeur et de la plus-value** est une critique du système d'économie politique... qui le laisse totalement indéterminé

La théorie marxiste s'affirme comme un prolongement de la théorie classique de Smith et Ricardo. Mais, contrairement à la théorie néoclassique que nous examinerons plus loin, et qui se présente également comme un prolongement de la théorie classique, la théorie marxiste se présente comme une critique radicale du système d'économie politique capitaliste.

La théorie néoclassique revendique d'être exclusivement une théorie *économique*, elle conteste toute ingérence du politique et prétend que, dans un système qui proclame haut et fort la *liberté* d'entreprendre, il ne peut y avoir domination d'une catégorie d'acteurs de la production sur une autre. Au contraire, la théorie marxiste considère le système d'économie politique capitaliste comme un système d'oppression d'une classe sociale, celle des travailleurs, par une autre, celle des capitalistes, un système *d'exploitation* de la première par la deuxième.

Nous allons essayer de résumer la construction générale de cette pensée, avec comme interrogation centrale de savoir si cette construction aboutit à la détermination des prix, des valeurs d'échange, des marchandises ainsi qu'à celle des revenus, notamment du profit et du salaire, et sur quelles bases.

2.1. Pour la théorie marxiste, le système d'économie politique n'est pas un système de production naturel mais un système historiquement déterminé, donc appelé à évoluer, par la seule volonté des hommes.

Marx se pose la question de savoir « pourquoi le travail se représente dans la valeur, et la mesure du travail par sa durée dans la grandeur de la valeur des produits ».

Les auteurs classiques ou néoclassiques se donnent sans discussion préalable, comme *évidences*, les catégories de valeur, prix, concurrence, profit et salaire. Au contraire, l'approche marxiste consiste à poser l'existence même de ces catégories comme *problème*, dont la solution permettrait de comprendre le processus historique qui aboutit à la constitution du système d'économie politique lui-même.

Pour Marx, la production capitaliste n'est pas forme *naturelle* de la production en général. C'est un aboutissement historique, qui n'est nullement la fin de l'Histoire. Et le système d'économie politique capitaliste appartient à la réalité de la société bourgeoise, dont il est un moment constitutif et une expression. En d'autres termes, la théorie marxiste cherche la mise en perspective historique du système d'économie politique capitaliste, se veut en être la contestation et le dépassement.

Mais les questions que traite la théorie marxiste sont toujours les mêmes que celles abordées par les économistes classiques ou néoclassiques : il s'agit de savoir comment se forme la valeur des marchandises et comment se forment les revenus des catégories sociales qui contribuent à leur production.

2.2. Pour Marx, la valeur d'échange ne peut pas être déterminée par l'échange... mais pas non plus sans lui

Marx explique que, dans le rapport d'échange, la valeur d'échange d'une marchandise apparaît séparée et indépendante de sa valeur d'usage, c'est-à-dire de son utilité. Valeur d'échange (prix) et valeur d'usage (utilité) sont deux attributs distincts d'une même chose (marchandise), entre lesquels il n'y a pas de rapport systématique. Au contraire des néoclassiques, Marx n'imagine pas que l'utilité d'une marchandise puisse se déterminer toujours de la même manière pour tous ceux qui s'engagent dans son échange, quel que soit notamment leur statut social, ni a fortiori servir de *mesure* à sa valeur d'échange. En d'autres termes, les biens n'ont pas la même utilité pour tout le monde. Cette utilité varie en fonction de la richesse de chacun, de ses habitudes, de ses goûts, de la situation dans laquelle il se trouve à un instant t, le même bien peut avoir une utilité différente pour chaque individu, voire pour un même individu selon les moments (un bout de pain n'a pas la même utilité si on a faim ou si on est rassasié). L'utilité ne peut donc servir d'étalon pour mesurer la valeur d'un produit.

L'échange présuppose une *commensurabilité* entre les produits échangés, des produits physiquement différents. Il faut qu'on puisse les comparer. Pour qu'il y ait échange, il faut donc selon Marx que les grandeurs qui mesurent la valeur des produits soient déterminées *au préalable*, avant l'échange et en dehors de lui.

Si on admet que ces grandeurs ne peuvent pas être liées à l'utilité subjective des produits, alors on est forcé de conclure qu'elles ne peuvent provenir que de leur processus de production. Et Marx ne voit pas d'autre grandeur utilisable que le temps de travail dépensé dans la fabrication des produits. Ainsi Marx part sur les mêmes bases qu'Adam Smith ou David Ricardo.

Mais contrairement aux classiques, Marx approfondit l'examen de la nature de cette grandeur qu'est le travail. Il remarque que l'échange des temps de travail eux-mêmes, qui sont des produits comme le reste, et des produits différents, hétérogènes (il y a le travail du maçon, celui du docteur, du paysan, du chercheur, du plombier, etc.), ne peut se faire que s'il peut être mesuré par une grandeur homogène, une grandeur universelle déterminée avant l'échange et en dehors de lui, qu'il pense avoir trouvée dans le temps de « travail abstrait », « substance sociale commune » à toutes les formes concrètes de travail humain.

Notons que le processus *d'abstraction* du travail ne peut se réaliser que par l'échange, par le marché. C'est en effet ce dernier qui, en permettant d'échanger des temps de travail concret, élabore et constitue en quelque sorte leur unité de mesure.

Ainsi la valeur d'échange ne peut pas être déterminée par l'échange, mais pas non plus sans lui. Pour Marx, l'explication et la détermination de la valeur d'échange exige donc la prise en compte simultanée des deux processus de production *et* d'échange, qui constituent une véritable unité dialectique.

Cette démarche de Marx revient ainsi, tout en reconnaissant la difficulté de définir la valeur du travail engagé dans la production, à introduire un concept, présenté comme un *rapport social*, de *travail abstrait* qui, à nos yeux, constitue un véritable objet *métaphysique,* dont le contenu est flou et la réalité non démontrée. Dire que l'échange contribue à la constitution du travail abstrait, sans dire comment, relève de la pure spéculation.

2.3. La force de travail est la seule marchandise exploitable, sa valeur d'usage étant supérieure à sa valeur d'échange

Dans la théorie marxiste, le travail, comme n'importe quelle marchandise en général, a un double caractère :

- un caractère concret, hétérogène, c'est sa valeur d'usage (son utilité) ;
- un caractère abstrait, homogène, c'est sa valeur d'échange (son prix).

Mais, à la différence de toutes les autres marchandises, il existe, pour le travail, un rapport, et un rapport quantitatif, entre sa valeur d'usage et sa valeur d'échange. Nous allons voir plus loin comment Marx introduit ce rapport.

Dans la théorie ricardienne, et dans le système des prix de production de Sraffa qui en est le prolongement (cf. ci-après), le travail figure comme quantités utilisées dans les différentes branches pour produire les marchandises. Ces quantités de travail, tout comme les quantités de marchandises utilisées comme moyens de production, sont des *données* du système. Elles définissent les techniques de production dans les branches. Étant des données, observées empiriquement, les quantités de travail en question correspondent nécessairement à des travaux concrets, hétérogènes, et ne peuvent donc être des quantités de *travail abstrait*, homogène.[143]

Pour Marx,[144] « la circulation simple – marchandise-argent-marchandise (M-A-M), vendre pour acheter – ne sert que de moyen d'atteindre un but situé en-dehors d'elle-même, c'est-à-dire l'appropriation de valeurs d'usage, de choses propres à satisfaire des besoins déterminés. La circulation de l'argent comme capital – argent-marchandise-argent (A-M-A) – possède au contraire son but en elle-même ; car ce n'est que par ce mouvement toujours renouvelé que la valeur continue à se faire valoriser. Le mouvement du capital n'a donc pas de limite. »
Le processus de production capitaliste est un processus de valorisation, c'est-à-dire de production de plus-value. Le but de la circulation de

[143] Il est vrai que dans le système des prix de production de Sraffa, l'auteur considère les quantités de travail utilisées dans les différentes branches, les L_i, comme des fractions du *travail social* total posé égal à 1, avec : $\Sigma L_i = 1$. Mais dans ce cas, les L_i ne peuvent plus être considérées comme des *données* technologiques du système.

[144] Cf. *Le Capital.* Livre 1 Tome 1 Chapitres 4 à 7.

l'argent, c'est l'appropriation de la plus-value. Mais qu'est-ce-que c'est que cette plus-value ? C'est la différence, dans le processus A-M-A, entre la valeur obtenue par la vente de la marchandise (2ème A) et la valeur initialement engagée pour l'achat de la marchandise (1er A). Encore faut-il, pour qu'il y ait plus-value, que le 2ème A soit supérieur au 1er. Comment cela se réalise-t-il ?

En vertu des lois mêmes qui le règlent, l'échange *ne peut pas* être la source de l'accroissement du 2ème A par rapport au 1er. Mais le capitaliste trouve néanmoins sur le marché une marchandise particulière ayant une valeur d'usage telle que la consommation de celle-ci crée de la valeur d'échange ; autrement dit, la valeur d'échange *produite par* la consommation de cette marchandise est supérieure à la valeur d'échange *de* la marchandise. Cette marchandise particulière, dit Marx, c'est la *force de travail*, ensemble des facultés physiques et intellectuelles qui existent dans le corps d'un homme, dans sa personnalité vivante.[145]

Pour Marx donc, le temps de travail, ou encore la valeur d'usage de la force travail, comporte deux parties : une fraction, v, représente la quantité nécessaire pour la reproduire (c'est sa valeur d'échange) et une autre fraction, m, représente le surtravail (c'est la fameuse plus-value). Le rapport m/v représente le taux de plus-value, expression du « degré d'exploitation de la force de travail par le capital ».

L'augmentation du taux de plus-value, traduisant une modification du rapport de forces entre les classes sociales, favorable à la classe capitaliste, peut être obtenue :

- soit par une augmentation de m (augmentation de la quantité de travail fourni, pouvant résulter aussi bien d'un allongement de la *durée* du travail que d'une augmentation de sa *productivité*) : il s'agit alors de « plus-value absolue » ;
- soit par une diminution de v (modification des conditions de production des *biens-salaires*) : il s'agit alors de « plus-value relative ».

---

145 Il est remarquable, soit dit en passant, que les marxistes qui se gaussent toujours de l'explication néoclassique de la valeur par l'utilité d'une marchandise, ne trouvent rien à redire à cette mise en rapport quantitatif direct par Marx de la valeur d'échange de la marchandise force de travail avec son utilité...

2.4. Parallèlement, le capital n'est pas seulement une marchandise ou une valeur, mais également un rapport social de domination

Il n'y pas que la force de travail qui soit une marchandise particulière ; le capital l'est tout autant. Plus exactement, travail et capital s'unissent et s'opposent dialectiquement ; et ils sont à la fois marchandises *et* rapports de production.

La production capitaliste n'est pas seulement reproduction de marchandises, mais aussi et surtout reproduction de rapports sociaux tels que le travailleur ne compte plus que comme producteur de marchandises *séparées* de lui qui, sous la forme de moyens de production, se retournent contre lui pour *le dominer*.

L'ouvrier ne vend pas une marchandise qu'il possède, il se vend en tant que marchandise. Marx écrit : « ce n'est pas l'ouvrier qui acquiert les moyens de subsistance... ce sont les moyens de subsistance qui achètent l'ouvrier afin d'incorporer sa force de travail aux moyens de production ».[146]

Dans l'échange, le capital apparaît comme un rapport social entre deux classes et non comme une simple somme d'argent ; et dans la production, le capital apparaît également comme un rapport social de domination d'une classe sur l'autre et non comme un simple moyen de production.

2.5. Mais la théorie marxiste de la valeur et de la plus-value n'est elle-même qu'une construction idéologique, qui ne permet de déterminer ni les prix ni la répartition

Résumons d'abord la construction marxiste :

1. Le système d'économie politique n'est pas un système naturel mais un système historiquement déterminé, qui correspond à la domination de la Bourgeoisie sur la société.
2. L'échange de marchandises sur le marché est en même temps échange de choses *selon leur valeur et* réalisation de rapports sociaux de *domination* des détenteurs du capital sur les travailleurs.

---

[146] Chapitre inédit du Capital.

3. La valeur d'échange de n'importe quelle marchandise est égale au temps de travail socialement nécessaire à sa production (ou encore à la valeur d'usage de la force de travail dépensée pour la produire).
4. La domination des capitalistes sur les travailleurs s'effectue dans l'appropriation par les premiers, au détriment des seconds, de la plus-value.
5. La plus-value n'est rien d'autre que la différence entre la valeur d'usage et la valeur d'échange de la force de travail, cette marchandise particulière dont l'utilité est supérieure à la valeur marchande.
6. Reste maintenant à expliciter le rapport entre *plus-value*, dont la grandeur n'a jamais été mesurée par aucun calcul économique, et *profit*, dont la grandeur est mesurée matin, midi et soir par les capitalistes.

Or la relation entre plus-value et profit ne peut être démontrée sur la base du *schéma de transformation* des valeurs en prix exposé par Marx lui-même.

Le schéma de transformation des valeurs en prix

La présentation par Marx de la valeur d'échange et de la plus-value peut être résumée ainsi :

La valeur de la quantité produite d'une marchandise *i* s'écrie :

$V_i = c_i + v_i + m_i$

avec :

c_i = valeur du capital constant (fixe et circulant, hors biens-salaire)

v_i = valeur du capital variable, c'est-à-dire de la force de travail

m_i = valeur du surproduit ou plus value

c_i/v_i = composition organique du capital (conditions techniques et sociales de la production)

m_i/v_i = taux de plus-value (intensité de l'exploitation des travailleurs)

$$\frac{mi}{ci + vi} = \text{taux de profit}$$

$$= \frac{\textit{taux de plus-value}}{1 + \textit{composition organique du capital}}$$

Supposons maintenant une économie à 3 secteurs (le 1er produisant les marchandises composant le capital constant, le 2ème les marchandises consommées par les travailleurs, le 3ème les marchandises consommées par les capitalistes), sans accumulation nette (reproduction simple, tout le surproduit est consommé) et avec un taux de plus-value identique dans les 3 secteurs, ce qui est conforme à l'assertion de Marx..

Le schéma des valeurs s'écrit :

$$c_1 + v_1 + m_1 = C$$
$$c_2 + v_2 + m_2 = V$$
$$c_3 + v_3 + m_3 = M$$

avec :

$$C = c_1 + c_2 + c_3$$
$$V = v_1 + v_2 + v_3$$
$$M = m_1 + m_2 + m_3$$

Si les marchandises étaient échangées à leur valeur, et si les compositions organiques étaient différentes dans les 3 secteurs, l'égalité des taux de plus-value entraînerait automatiquement l'inégalité des taux de profit.

Illustration :

Admettons un taux de plus value de 50 % de la valeur d'échange du travail, et deux marchandises X_1 et X_2, avec :

X_1 nécessite 4 unités de capital et 2 unités de travail

X_2 nécessite 8 unités de capital et 2 unités de travail

Dans les deux cas, la plus value sera égale à 1 (50% de 2)

Pour X_1, $c_1 + v_1 + m_1$ sera égal à 4 + 2 + 1, et donc le taux de profit

$$r = m_1/(c_1+v_1) = 1/6$$

Pour X_2, $c_2 + v_2 + m_2$ sera égal à 8 + 2 + 1, et donc le taux de profit

$$r = m_2/(c_2+v_2) = 1/10$$

Pour rétablir le principe de l'uniformité du taux de profit, il faudrait que les marchandises soient évaluées à des prix de production *différents* de leurs valeurs. La nécessité de la transformation des valeurs en prix apparaît comme une exigence imposée par la transformation de la plus-value en profit.

Marx propose alors lui-même le schéma de transformation suivant :

Taux de profit = r

$$= \frac{M}{C+V}$$

Taux uniforme dans les 3 secteurs, d'où :

$(c_1 + v_1)(1 + r) = P_1$ (prix de production des marchandises composant le capital constant)

$(c_2 + v_2)(1 + r) = P_2$ (prix de production des marchandises composant le capital variable)

$(c_3 + v_3)(1 + r) = P_3$ (prix de production des marchandises composant le surproduit)

avec :

Somme des profits = Plus-value totale

et :

Somme des valeurs = Somme des prix

$C + V + M = P_1 + P_2 + P_3$

Or ce schéma est manifestement erroné puisque, dans chacun des 3 secteurs, les marchandises composant le capital constant et le capital variable (travail) utilisés sont évaluées en valeur et les marchandises produites sont évaluées en prix. Or il est impossible qu'une marchandise soit vendue (comme produit) à un prix différent de celui auquel elle est achetée (comme moyen de production, pour servir de capital constant ou variable). Puisque le capital total (C + V) et le profit, r (C + V), sont constitués de marchandises évaluées en prix, le taux de profit est nécessairement un rapport entre prix : il est incorrect de le définir, comme le fait Marx, comme rapport entre valeurs.

Il s'ensuit que le taux de profit ne peut pas être connu avant les prix et, comme les prix dépendent eux-mêmes du taux de profit, on se retrouve dans un raisonnement circulaire : les variables du système d'économie politique (les prix et la répartition) ne peuvent plus être déterminées.

La théorie de la plus-value constitue donc, sur la base des analyses et conclusions de la théorie classique de Smith et Ricardo, et avec le renfort de la dialectique hégélienne, une spéculation convaincante sur l'origine des profit, rente et intérêt qui constituent le surproduit capitaliste, et donc sur l'origine du capital lui-même. Mais elle ne permet pas de déterminer les *grandeurs* prix et répartition du revenu.

La théorie marxiste de la valeur et de la plus-value est une réflexion critique sur le système d'économie politique, mais elle est totalement incapable d'en prendre la *mesure* exacte : le système reste rationnellement indéterminé et ouvert sur toutes les évolutions. Ce qui le détermine c'est la volonté collective des hommes, c'est-à-dire la résultante de rapports de forces politiques qu'il est très difficile, voir impossible, de circonscrire intellectuellement par avance.

Le système d'économie politique reste aussi indéterminé après l'élaboration marxiste qu'avec la théorie classique.

Voyons maintenant si Sraffa réussit à faire faire à la théorie ricardienne un saut qualitatif majeur.

3. L'ultime **tentative, néo-ricardienne, de Piero Sraffa** est un coup d'épée dans l'eau

La théorie de Piero Sraffa est la plus aboutie des tentatives pour déterminer les variables économiques (prix, profit, salaire) en partant du système de production, mais il n'y parvient pas plus que ses prédécesseurs. Le problème du système des prix de production de Sraffa est qu'il ne correspond pas au véritable système d'économie politique *capitaliste.*

3.1. Le système des équations de production des marchandises a-t-il mathématiquement une solution ?

Commençons par présenter les grandes lignes du système de Sraffa. C'est un système d'équations de *production de marchandises par des marchandises.*[147]

Dans les équations de production de l'ensemble des marchandises dans une économie nationale ou globale, sont données :

- les quantités de travail utilisé,
- les conditions de production (c'est-à-dire les rapports capital/travail ou travail indirect/travail direct, bref la technologie),
- et les quantités de marchandises utilisées et/ou produites,

au cours d'un cycle de production (par exemple au cours d'un exercice / d'une année).

Les prix relatifs des différentes marchandises, produites et/ou utilisées pour la production, sont telles que, à cause de la concurrence intercapitaliste, le taux de profit est le même dans toutes les branches de production.

Supposons une hausse des salaires, donc une baisse du profit. Cette baisse du profit serait différente dans les branches, si les conditions de production (rapports capital/travail, ou part relative du capital et du travail dans la production de telle ou telle marchandise) y sont différentes, ce qui est le cas général.
Pour rétablir l'uniformité du taux de profit, il faudrait une modification des prix relatifs des différentes marchandises. Le prix des marchandises

[147] Titre d'un ouvrage de Sraffa.

dont la production demande beaucoup de main d'œuvre va augmenter relativement au prix de celles qui incorporent plus de capital.

Pour respecter le principe de l'uniformité du taux de profit, on est ainsi amené à dire qu'une modification de la répartition des revenus (entre capital et travail) se traduit nécessairement par la modification de la valeur répartie elle-même (c'est-à-dire le revenu national ou mondial, la somme des prix de toutes les marchandises), d'où une indétermination du système d'économie politique, c'est-à-dire des prix, des profits et des salaires. Il est essentiel de lever une telle indétermination. Sraffa va donc tenter en s'inspirant de Ricardo de mettre l'ensemble du système de production sous forme d'un système d'équations dont les variables seront les valeurs recherchées (prix, profit, salaires), et qui ait une solution théorique unique. Il aura ainsi réussi à démontrer que le système d'économie politique a une solution rationnelle, que les valeurs sont fixées objectivement.

Le premier système d'équations de Sraffa, d'inspiration ricardienne

Dans le système des prix de production (aussi bien celui de Sraffa que celui de Ricardo), les quantités de marchandises utilisées et produites sont données, ce qui veut dire qu'elles sont déterminées *indépendamment* des prix relatifs de ces marchandises. On est donc en dehors du cadre de la théorie néoclassique qui stipule une relation entre quantités et prix (théorie des prix en termes d'offre et demande, toutes deux réglées selon la rareté des produits ou des facteurs de production). Une augmentation du prix n'entraîne pas nécessairement une diminution de la demande, donc des quantités produites, et vice versa.[148]

[148] Dans le système des prix de production, les *quantités* de marchandises utilisées et produites étant considérées comme données, on ne saurait attribuer aux *prix* de production, seules variables du système, une quelconque signification en termes d'optimum : on ne saurait considérer les méthodes de production (la technologie) et les quantités produites à la fois comme base de détermination des prix et conséquence optimale de ces mêmes prix. On n'est pas ici dans la logique de l'optimum parétien (dont on démontrera plus avant les limites).

Dans la logique ricardienne, le système des prix de production s'écrit :

$$\begin{cases} (X_{11}p_1 + X_{12}p_2 + \text{-----} + X_{1n}p_n + L_1w)(1+r) = X_1p_1 \\ (X_{21}p_1 + X_{22}p_2 + \text{-----} + X_{2n}p_n + L_2w)(1+r) = X_2p_2 \\ \text{--------------------------------} \\ (X_{n1}p_1 + X_{n2}p_2 + \text{----} + X_{nn}p_n + L_nw)(1+r) = X_np_n \\ p_n = 1 \end{cases}$$

où :

- Les Xi sont les quantités produites des biens 1 à n (et X11 est la quantité du bien 1 nécessaire pour la production d'une quantité X_1 de ce bien, etc.). Comme on l'a vu, ces quantités sont données.
- Les pi sont les prix de chaque unité de chaque bien de 1 à n
- Les Li représentent les quantités de travail nécessaires pour produire chaque bien. Ces quantités sont également données.
- w est le prix du travail, le salaire d'une unité de travail (égal dans toutes les branches)
- r est le taux de profit (également égal dans toutes les branches)

Ainsi présenté, le système doit être éclairé par les remarques suivantes :

- Poser $p_n = 1$ signifie simplement que les prix relatifs s'exprimeront en prenant comme unité de mesure le prix relatif de la marchandise n.
- Le système se compose de (n + 1) équations indépendantes, et on doit l'utiliser pour déterminer la valeur de (n + 2) inconnues, à savoir : les *n* prix plus le taux de salaire (w) et le taux de profit (r).
- Pour supprimer le degré de liberté du système, il faut fixer, en dehors du système des prix lui-même, une des variables de répartition (ou le rapport entre ces 2 variables). C'est ce qu'il s'agit maintenant de tenter.

Le taux général de profit dépend uniquement de la production des biens-salaire et des marchandises qui entrent directement ou indirectement dans leur production (les équations de production des autres marchandises, les « produits de luxe », n'ont aucun rôle dans la détermination du taux général de profit).
Et on peut, pour fixer le salaire, le concevoir comme un « panier » de marchandises (biens-salaire) déterminé historiquement par les conditions physiques et culturelles de reproduction des travailleurs.

On a alors, en appelant S_i les quantités de biens-salaire constituant ce « panier », une nouvelle équation :

$$S_1 p_1 + S_2 p_2 + \text{-----------} + S_k p_k = w$$

qui permet de finalement résoudre le système des équations de production : on a en effet maintenant (n + 2) équations et (n + 2) inconnues.

Le système d'équation de Sraffa est donc fermé. A-t-on pour autant déterminé le système d'économie politique ? La réponse est jusqu'ici négative. En effet, ce que l'on vient d'établir signifie seulement que les n prix, le taux de salaire (w) et le taux de profit (r) sont déterminés simultanément comme solution d'un système de (n + 2) équations.
Cela ne met nullement un terme à la volatilité, à l'instabilité des variables du système d'économie politique (prix, taux de salaire et taux de profit), en fait à leur variabilité incontrôlable, à leur indétermination, dans le temps.

Pour un taux de profit donné, il existe autant de niveaux du système de prix que de marchandises, simples ou composites, dont le prix peut être choisi comme unité de mesure (au lieu de prendre $p_n=1$, on peut prendre $p_1=1$, $p_2=1$, $p_3=1$, etc.).
Un prix étant choisi arbitrairement comme unité de mesure, le mouvement des prix relatifs consécutif à une modification de la répartition du revenu devient donc incompréhensible.

Il semble donc que, dans cette théorie des prix de production, la relation entre valeur et répartition du revenu reste indéterminée, puisque la variation de la répartition entraîne la variabilité de l'unité de mesure des prix (qui est elle-même un bien produit avec du capital et du travail, et dont le prix varie donc en fonction des variations du salaire et du profit). C'est comme de mesurer des longueurs avec un mètre élastique. Or c'est bien un enjeu majeur de la théorie économique de chercher à connaître la relation entre les prix et la répartition des revenus entre capital et travail.

Soulignons en outre que, pour que l'équation ci-dessus, exprimant le salaire, soit valide, ce qui est une condition pour que le système des prix de production permette de déterminer à la fois les prix et les variables de répartition, il faudrait pouvoir considérer les quantités de travail social utilisées à des époques différentes pour la production directe et indirecte des quantités de biens-salaire (les S_i) comme des quantités d'un objet homogène et invariable à travers tous les cycles de production successifs, ce qui n'est pas compatible avec l'affirmation que les quantités de travail prises en compte sont des *données* premières, directement observables et donc forcément hétérogènes.

3.2. Pour sauver la théorie ricardienne, Sraffa entreprend de concevoir un véritable « étalon-valeur » et, pour cela, renonce... à la conception ricardienne du salaire (partie du capital engagé et non prélèvement sur le produit net)

Sraffa va démontrer qu'il est possible de concevoir une unité de mesure des prix qui reste « invariable » lorsque la répartition du revenu se modifie.

Système des prix de production de Sraffa

Pour cela, il pose en axiome que le salaire est payé « comme fraction du produit annuel », et non pas, comme chez les classiques, en tant que « partie du capital engagé ». Le salaire (Lw) sort donc des biens soumis à un taux de profit, et le système des prix de production ricardien devient alors le système des prix de production de Sraffa, à savoir :

$$\begin{cases} (X_{11} p_1 + X_{12} p_2 + \text{-----------} + X_{1n} p_n)(1 + r) + L_1 w = X_1 p_1 \\ (X_{21} p_1 + X_{22} p_2 + \text{-----------} + X_{2n} p_n)(1 + r) + L_2 w = X_2 p_2 \\ \text{---} \\ (X_{n1} p_1 + X_{n2} p_2 + \text{-----------} + X_{nn} p_n)(1 + r) + L_n w = X_n p_n \end{cases}$$

auquel s'ajoute une équation définissant le *prix unité de mesure* que Sraffa choisit comme étant le prix de l'agrégat de marchandises représentant le revenu national :

$$[X_1 - (X_{11}+X_{12}+\text{---}+X_{1n})]\, p_1 + [X_2 - (X_{21}+X_{22}+\text{---}+X_{2n})]\, p_2 + [X_n - (X_{n1}+X_{n2}+\text{---}+X_{nn})]\, p_n = 1$$

Dans ce système, on peut éliminer les équations de production des marchandises qui n'entrent pas dans la production d'autres marchandises.

Le taux de profit et, plus généralement, la répartition ne sont déterminés que par les équations de production des « marchandises fondamentales », celles qui entrent - directement ou indirectement - dans la production de toutes les autres. Les « marchandises non fondamentales » sont les « marchandises de luxe », et elles n'ont pas d'influence sur le taux de profit et sur les prix des marchandises fondamentales.

Pour comprendre la logique de la construction de l'étalon-valeur proposée par Sraffa, on doit considérer les effets d'une variation de la répartition, par exemple une baisse du taux de salaire (w).

Si, à la suite d'une baisse de *w*, les prix restaient inchangés, il résulterait une inégalité du taux de profit r dans les différentes branches de production. Le rétablissement de l'égalité des taux de profit dans chaque branche passe par une correction proportionnelle inverse du rapport entre le prix du produit net (salaires + profit) et le prix des moyens de production utilisés, donc par une modification des conditions de production, c'est-à-dire des proportions entre capital fixe et capital variable, en d'autres termes entre moyens de production et travail, dans les différentes branches fondamentales.

Il pourrait cependant exister une branche particulière ***(e)*** caractérisée par une certaine proportion entre moyens de production et travail, telle que le rapport entre prix du produit net et prix des moyens de production utilisés resterait inchangé quand *w* baisse. La marchandise ***e*** serait la marchandise-étalon.

Or on a :

$$\frac{Prix\ du\ produit\ net}{Prix\ des\ moyens\ de\ production} = \frac{Profit}{Prix\ des\ moyens\ de\ production} + \frac{Salaires\ (soit\ wL)}{Prix\ des\ moyens\ de\ production} = r + \frac{wL}{Prix\ des\ moyens\ de\ production}$$

Puisque le produit net est le profit r + les salaires wL (les salaires étant maintenant considérés comme une part du produit annuel, et non plus comme une fraction du capital engagé).

Le taux de profit étant supposé uniforme, la diversité des conditions de production dans les différentes branches peut-être exprimée soit par l'inégalité des proportions entre travail et prix des moyens de production soit par celle des rapports entre prix du produit net et prix des moyens de production.

L'équation précédente montre que pour un salaire nul, on aurait un taux de profit maximum (R) égal au rapport $\frac{Prix\ du\ produit\ net}{Prix\ des\ moyens\ de\ production}$.

Voyons maintenant en quoi consisteraient les conditions de production dans la branche-étalon. Dans cette branche, le rapport entre prix du produit net et prix des moyens de production resterait invariable lorsque w varie, il serait donc égal à R.

Pour que ce rapport puisse ne pas changer lorsque la répartition et, par suite, les prix des marchandises changent,
il faut et il suffit que le produit net et les moyens de production soient, dans la branche-étalon, constitués de *quantités proportionnelles des mêmes marchandises*, ce qui permettrait d'éliminer les prix au numérateur et au dénominateur de leur rapport.

La construction de la branche étalon se ferait donc ainsi :

- On prendrait des fractions des branches fondamentales du système, de manière à ce que les rapports entre les quantités de marchandises obtenues en produit net et les quantités de marchandises utilisées comme moyens de production restent constamment égaux à R ;
- Sraffa démontre qu'à *chaque* système de production correspond une telle marchandise-étalon composite *unique.*

Si maintenant on remplace la dernière équation du système des prix de production de Sraffa (cf. plus haut) par l'équation suivante :

Prix du produit net étalon = 1

l'ensemble des prix et la répartition se trouvent exprimés en termes de marchandise-étalon.

Et l'on peut écrire :

$$1 - w = \frac{Profit}{Prix\ du\ produit\ net\ étalon}$$

$$= r * \frac{\textit{Prix des moyens de production dans la branche étalon}}{\textit{Prix du produit net étalon}}$$

Soit :

$$1 - w = r * (1 / R)$$

D'où :

$$r = R * (1 - w).$$

Ainsi la relation entre les taux de profit et de salaire dans la branche ***e*** est *linéaire*. Cette relation est valable pour les autres branches lorsque les prix de la répartition y sont exprimés en termes de marchandises étalon.

Il est à souligner que cette seule relation linéaire dispense de construire *effectivement* la branche ***e***, dont on continuera à ignorer la consistance réelle.

Le système des prix de production posé par Sraffa semble, par la construction de l'étalon-valeur qu'il rend possible, supprimer l'indétermination du système d'économie politique, sur laquelle avaient buté toutes les théories antérieures.

En fait, il n'en est rien. Car le système des prix de production de Sraffa ne correspond pas au véritable système d'économie politique capitaliste.

En effet :

- l'étalon de Sraffa change chaque fois que le taux maximum de profit R change, la comparaison des prix qui s'établissent à divers moments de la concurrence capitaliste est *impossible* ;
- l'une des caractéristiques essentielles du système de Sraffa est l'hypothèse que le salaire est une fraction du produit net et non une fraction du capital engagé, en d'autres termes un coût de production ; or cette hypothèse est inacceptable : le salaire n'est catégorie de la répartition que par ce qu'il est catégorie de la production ; le salaire « à la Sraffa » ne serait qu'une sorte d'impôt sur le produit net des branches de l'économie, prélevé pour le compte des travailleurs, ce qui ne reflète pas la véritable condition du salariat dans le système d'économie politique réel. En effet le capitaliste paie bien un salaire au travailleur sur son capital, préalablement à la vente de la marchandise produite, et il immobilise donc de l'argent, et en attend un profit.

Annexe C

Les différentes théories de la valeur-utilité marginale

1. La **théorie de la productivité marginale** *n'est pas* un prolongement de la théorie ricardienne de la rente

Cette théorie a comme point de départ l'idée que la production de n'importe quelle marchandise se fait avec des *facteurs* de production (pour simplifier, du capital et du travail), et elle prétend expliquer le *prix d'un facteur* à partir du principe unique de *sa productivité marginale,* dans une situation donnée.

La productivité marginale d'un facteur est mesurée par le supplément de production obtenu par l'emploi d'une unité additionnelle de ce facteur, les quantités des autres facteurs restant inchangées. Par exemple la quantité de marchandise qu'une heure de travail supplémentaire peut produire dans une usine donnée, toute choses restant égales par ailleurs. Cette productivité marginale ne s'explique donc pas par la plus ou moins grande efficacité *intrinsèque* de la dernière unité de facteur utilisée (la qualité ou les spécificités de l'heure de travail fournie), mais par la proportion dans lequel ce facteur est *combiné* avec les autres.

Il est de tradition d'interpréter la théorie de la productivité marginale comme une généralisation de la théorie ricardienne de la rente foncière. En fait, il n'en est rien. En effet, dans la théorie ricardienne, la productivité de la dernière unité de terre mise en culture ne dépend nullement de sa *combinaison* avec les autres facteurs de production ; elle dépend uniquement de sa *fertilité naturelle* ; or la théorie de la productivité marginale suppose le contraire. En outre, et pour être en mesure de parler de combinaison de facteurs, la théorie néoclassique suppose des facteurs physiquement *homogènes (l'unité marginale est exactement similaire aux autres unités du même facteur),* ce que la terre n'est justement pas : la terre marginale de Ricardo est tout particulièrement *hétérogène* par rapport aux terres fertiles exploitées avant elle (puisqu'elle est moins fertile, elle est donc loin d'être exactement similaire aux autres terres).

D'entrée de jeu, la théorie néoclassique définit une relation *fonctionnelle* entre la *productivité marginale* d'un facteur et la *quantité* utilisée de ce facteur. Par exemple, plus grande est la quantité utilisée d'un facteur, moins il est productif, toutes choses égales par ailleurs. Or il n'existe pas une telle relation dans les rendements des terres agricoles : ces derniers dépendent de la *qualité naturelle* des terres et non de la *quantité* utilisée ; il peut parfaitement y avoir une grande quantité de terres fertiles et très peu de terres moins fertiles, ou inversement. La notion de productivité marginale néoclassique n'est donc pas du tout identique à la notion ricardienne de rendement décroissant des terres mises en exploitation.

Ce qui précède est même reconnu par certains des théoriciens néoclassiques eux-mêmes. Ainsi Wicksteed souligne la différence entre une courbe *descriptive* (celle qui représente la productivité dans la théorie ricardienne de la rente) et une courbe *fonctionnelle* (celle qui lie la productivité d'un facteur à la quantité utilisée de ce facteur, dans la théorie de la productivité marginale). Et il rejette la notion même de marge pour la première courbe.

Il est important de souligner la différence entre la théorie néoclassique de la productivité marginale et la théorie ricardienne de la rente, car l'hypothèse *d'homogénéité* des facteurs de production est consubstantielle de la notion même de *facteur de production* dans la théorie néoclassique.
Et nous avons déjà insisté plus haut sur le fait que l'homogénéité des facteurs de production est un concept abstrait, utilisé d'une manière ou d'une autre par pratiquement toutes les théories économiques, et qui n'est ni constaté pratiquement ni démontré logiquement.

Il existe une autre différence majeure entre la théorie ricardienne et la théorie de la productivité marginale : la première admet et affirme l'existence d'un surproduit, différence entre la valeur du produit global et celle du travail engagé pour sa production, alors que la deuxième occulte complètement l'existence d'un surproduit.
La théorie de la productivité marginale affirme en effet que le profit est un revenu *de même nature* que le salaire, et non un prélèvement sur le produit du travail. Plus généralement, les revenus des facteurs peuvent, selon cette théorie, être tous considérés comme des *résidus*, lorsque les quantités de ces facteurs sont, alternativement, posées comme fixes.

Autrement dit, si le profit est un prélèvement sur le produit du travail, alors le salaire est un prélèvement sur le produit du capital...

2. La **fonction de production macro-économique** bute sur l'impossibilité de *quantifier* le capital autrement qu'en *valeur* et s'enferme alors dans un raisonnement circulaire

La fonction de production macro-économique néoclassique peut être interprétée comme une sélection parmi les possibilités techniques de production, parmi les technologies envisageables, exprimées sous la forme de relations mathématiques entre quantités de produits et quantités de facteurs utilisés pour leur production.

La fonction de production macro-économique est en fait aussi *technique* que son objet. La construction d'une fonction de production s'effectue en effet par la sélection de techniques successives, parmi le stock de techniques disponibles, en appliquant le principe de *rationalité économique* d'après lequel, sur la base des données concrètes existantes, le choix des entrepreneurs obéit au principe de *maximisation du taux de profit.*

L'affirmation que le choix des techniques par les entrepreneurs obéit au principe de maximisation du taux de profit débouche logiquement sur la conclusion que les facteurs de production, capital et travail, sont, à l'équilibre de concurrence, rémunérés proportionnellement à leur productivité marginale.

Plus généralement encore, la formulation de la théorie de la productivité marginale par la fonction de production macro-économique aboutit mathématiquement à la conclusion qu'à l'équilibre de concurrence, la rémunération des facteurs de production, capital et travail, à leur productivité marginale permet d'épuiser la totalité du produit national. C'est-à-dire qu'il existe un équilibre qui permet d'utiliser tout le capital et tout le travail disponibles, en les rémunérant de manière optimisée. Il y aurait un point d'équilibre rationnel et optimal de l'économie.

On se trouve donc dans l'univers de l'équilibre néoclassique de Pareto, un univers où la rémunération des facteurs à leur utilité marginale permet le plein emploi de ces facteurs et où la concurrence pure et parfaite empêche que les salaires puissent être inférieurs à la productivité marginale du travail.

C'est seulement lorsque le marché du travail *n'est pas* concurrentiel au sens néoclassique, c'est-à-dire lorsque l'élasticité de la demande de travail n'est pas infinie, que la fonction de production macro-économique permet d'établir :

- que le salaire réel est alors effectivement inférieur à la productivité marginale du travail,
- et que l'on puisse parler dans ce cas, mais uniquement dans ce cas, d'exploitation du travail.

Autrement dit, toute interférence extérieure (politique au sens large) dans l'économie conduirait à l'exploitation du travail.

De ce point de vue, la fonction de production macro-économique se présente comme une critique de la concurrence *imparfaite,* en particulier de la concurrence monopolistique. Mais justement, Chamberlin, dans sa « théorie de la concurrence monopolistique » publiée en 1933, remarque que « ce raisonnement que l'on a fait pour le travail s'applique aussi à tous les autres facteurs... Le fait qu'un facteur reçoive moins que son produit marginal ne signifie donc pas que d'autres reçoivent plus (ce qui serait le cas en concurrence pure et parfaite) ; en situation de concurrence monopolistique, tous les facteurs reçoivent moins ».
Autrement dit, en l'absence de concurrence pure, la théorie de la productivité marginale dans sa formulation fonction de production macro-économique conclut que *tous* les acteurs de production peuvent être *exploités* en même temps, sans que l'on puisse identifier un exploiteur particulier ! En quelque sorte, la *situation* de monopole exploite tous les acteurs de production à la fois.

La fonction de production macro-économique

Mathématiquement, la fonction de production se présente comme une relation continue entre la productivité du travail, d'une part, et la combinaison technique des facteurs de production, capital et travail, d'autre part.

On a : Y/L = f (K/L)
Avec :
Y = production
K = capital
L = travail

Y/L = Production / Travail
= productivité du travail

K/L = Capital / Travail
= combinaison technique des facteurs de production

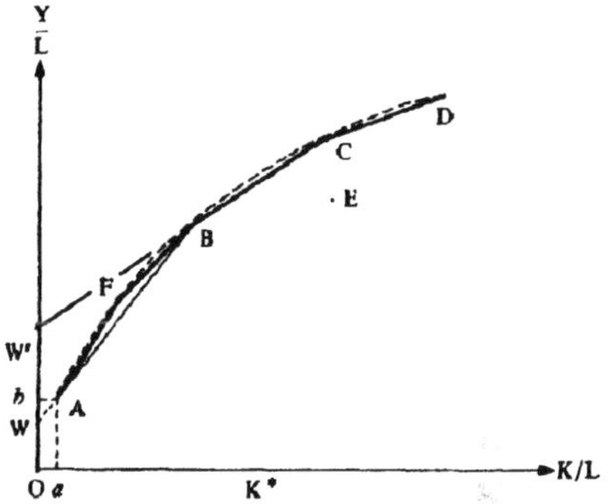

Cela signifie que plus il y a de capital par rapport au travail, plus le travail est productif (ou plus la même unité de travail permettra de produire de marchandise).

Pour une telle fonction continue, le taux de profit est mesuré par la pente de la tangente à sa courbe représentative. Or cette pente mesure en même temps la productivité marginale du capital, puisque :

$$d(Y/L) / d(K/L) = \delta Y / \delta K$$

La caractéristique fondamentale de la fonction de production macro-économique est qu'elle exprime une relation décroissante entre le taux de profit, d'une part, et, d'autre part, les rapports K/L (la combinaison technique des facteurs), K/Y (la quantité de capital par unité de produit) et Y/L (la productivité du travail). En d'autres termes, l'ordre de classement des techniques selon la quantité de capital par unité de travail, ou la quantité de capital par unité de produit, ou la productivité du travail est l'inverse de celui obtenu selon le niveau du taux de profit.

C'est l'élasticité de la fonction de production qui, pour une combinaison de facteurs (K/L) donnée, détermine la répartition du revenu en équilibre de concurrence.

On a en effet, Y étant le produit, L le travail, K le capital, r le taux de profit, P le profit et W le salaire :

$$\frac{\frac{d\left(\frac{Y}{L}\right)}{\frac{Y}{L}}}{\frac{d\left(\frac{K}{L}\right)}{\frac{K}{L}}} = \frac{\frac{d\left(\frac{Y}{L}\right)}{d\left(\frac{K}{L}\right)}}{\frac{Y}{K}} = r\left(\frac{K}{Y}\right) = P/Y$$

et W = Y – P : le salaire est égal à la production moins le profit, ce dernier étant lui-même déterminé par l'équilibre de concurrence.

La répartition du revenu ainsi déterminée apparaît comme :

- la plus *naturelle* puisqu'elle est fondée sur la *contribution productive* des facteurs : la rémunération dépend de ce que l'unité marginale de chaque facteur permet de produire,
- la plus avantageuse puisque que cette contribution correspond à la technique qui, se situant sur la courbe représentative de la fonction de production, est – par construction – meilleure que toutes les autres (le capitaliste a choisi au préalable la meilleure technique).

On serait donc dans le meilleur des mondes économiques possibles.

Malheureusement, pour que la contribution productive du capital (combien une unité supplémentaire de capital permet de produire d'unités de marchandise) puisse être mesurée, il faut quantifier le capital lui-même. Et il n'existe pas d'autre possibilité pour quantifier ce facteur de production, composé de quantités de marchandises forcément hétérogènes, que de recourir à la *valeur* de l'agrégat de marchandises qui le composent (c'est-à-dire convertir le capital en argent).

Dans ces conditions, c'est le concept même de fonction de production en tant qu'ensemble de *relations techniques entre quantités observées,* à la fois de capital et de produit, qui s'avère contradictoire avec le concept de productivité marginale du capital qui ne sait pas faire autrement que d'exprimer la quantité de ce facteur en *valeur.*

Lorsque le capital est exprimé en valeur, les prix relatifs des marchandises qui le composent dépendent évidemment du taux général de profit dans l'économie. On est obligé de réintroduire l'échange, qui suppose connu le taux de profit, qui est ce que l'on cherche à déterminer. Dans ces conditions, la productivité marginale du capital devient nécessairement indéterminée, puisqu'une même valeur du capital peut être compatible avec plusieurs techniques de production différentes. Autrement dit, on peut acheter telle ou telle machine avec la même valeur de capital, et chaque machine peut avoir une productivité marginale différente des autres.

Et l'indétermination de la productivité marginale du capital entraîne bien évidemment celle du travail. Il est très fâcheux de prétendre expliquer la répartition du revenu par la productivité des facteurs de production, quand cette productivité s'avère elle-même indéterminée...

En d'autres termes, la théorie de la fonction de production macro-économique se propose de déterminer la répartition (taux de profit et de salaire) à l'équilibre de concurrence correspondant à un stock donné de techniques et de facteurs de production. Or la quantité de capital à l'équilibre, étant nécessairement exprimée en valeur, ne peut pas être connue avant que ne soit connu le taux de profit à l'équilibre, qui est ce que l'on cherche à déterminer. La théorie de la productivité marginale, formulée au moyen de la fonction de production macro-économique, s'enferme ainsi dans un raisonnement circulaire.

De nombreux économistes néoclassiques ont essayé d'éviter cette impasse en cherchant à mesurer le capital autrement qu'en valeur.
C'est ainsi, par exemple, que Böhm-Bawerk considère que « le capital c'est du travail et de la terre épargnés » au cours de périodes « absolues » de production antérieures. Le mot absolu est là pour signifier qu'il s'agit de durées abstraites. Mais cela ne résout nullement le problème.

Il y a d'abord le flou de ce concept de travail homogène qui permettrait non seulement des comparaisons mais des additions et des soustractions à travers l'histoire. Pour comprendre l'impossibilité de la tâche, il suffit de s'interroger sur ce travail homogène en lequel on réduirait à la fois la prestation d'un maréchal-ferrant du XIXème siècle et celle d'un informaticien du XXIème.

Il y a ensuite l'impossibilité d'accumuler des durées de travail dans le temps, de les *capitaliser* en somme, sans connaître le taux de profit et, plus généralement encore, la répartition à travers des périodes historiques successives.

Il est clair que de remplacer la valeur par une durée de temps de travail ne supprime pas l'obligation incontournable de connaître le taux de capitalisation dans le temps ; or le taux de capitalisation n'est rien d'autre que le taux général de profit dans l'économie

3. La **théorie de la frontière des prix des facteurs** de Samuelson est élaborée en stipulant que les facteurs de production et le produit ne sont que des quantités différentes d'une même marchandise, ce qui est pour le moins réducteur

C'est ici encore une tentative d'un auteur néoclassique, en l'occurrence Samuelson, qui, pour échapper aux pièges de la quantification du capital en valeur, imagine une économie où le produit et le capital ayant servi à sa production sont tous les deux des *quantités d'une même marchandise.* On peut donc quantifier le capital en unités de cette marchandise. C'est une manière d'occulter l'hétérogénéité des biens capitaux, entre eux et par rapport à la marchandise produite.
Samuelson pense que cela n'est pas essentiel, puisque sa théorie se réfère à un *modèle* économique qui n'est pas forcé de refléter *exactement* la réalité. Ce type de raisonnement peut mener très loin, et il est d'ailleurs à la base de la plupart des modèles qui prétendent expliquer la réalité et la contournent pour ne pas buter sur l'indétermination du système d'économie politique réel. On peut remarquer que ce n'est pas l'apanage des sciences économiques, les sciences sociales en général utilisant le même type de mécanisme.

Critiquant la théorie de Samuelson, Garegnani[149] écrit : la réponse à la question de savoir « s'il existe une fonction de production agrégée, dans laquelle les quantités de travail et de capital expliquent à la fois le niveau de produit national et, par les produits marginaux des facteurs, sa distribution... est que... soit dans l'économie est produite une marchandise *unique* et aucun problème d'agrégation ne se pose, soit sont produites plusieurs marchandises et aucune fonction de production agrégée n'existe ».

---

149 Garegnani. "Heterogeneous Capital, the Production Function and the Theory of Distribution" in *Review of Economic Studies*. 1970.

La mesure du taux de profit par la productivité marginale du capital n'est valable que si le prix du capital est indépendant des variations de la répartition du revenu.
Or cette condition ne peut être remplie que lorsque la composition technique du capital dans la production du moyen de production est égale à la composition technique du capital dans la production de la marchandise de consommation utilisés, c'est-à-dire lorsque le moyen de production, le capital, et le produit de consommation, le salaire, utilisés sont des quantités différentes de la *même* marchandise

Nous dirons encore une fois que l'élaboration de modèles qui, pour résoudre des difficultés, s'empressent purement et simplement de les supprimer, n'aide en rien à déterminer les prix et la répartition dans le système d'économie politique réel.

4. **La loi de l'offre et de la demande** représentée par des courbes monotones décroissantes du taux de profit en fonction de la productivité marginale du capital est contredite par la réalité du *« retour des techniques »*

Toutes les formulations de la théorie de la productivité marginale ne sont que des expressions différentes de la même relation fondamentale entre taux de profit et valeur du stock de capital à l'équilibre de concurrence.
Cette relation peut être représentée par une courbe caractérisée par l'égalité sur tous ses points entre le taux de profit et la productivité marginale du stock de capital correspondant à ce taux de profit.

Les économistes néoclassiques considèrent que les fonctions représentées par de telles courbes sont nécessairement *monotones et décroissantes*. Ils en déduisent que, sauf un cas particulier « d'excédent structurel des facteurs » qu'ils mentionnent, il existe toujours un niveau du taux de profit et du taux de salaire auquel la totalité du capital et du travail disponible se trouve entièrement employée : c'est le niveau d'équilibre concurrentiel des variables de répartition, déterminé ainsi en termes d'offre et demande des facteurs de production sous-jacents.

Dans ces conditions, la même loi, celle de l'offre et de la demande, réglerait à la fois le prix des produits sur le marché des marchandises et le prix des services des facteurs (c'est ainsi que les néoclassiques appellent la répartition du revenu) sur le marché des facteurs (capital et travail).

Les néoclassiques prétendent en effet traiter pareillement par leur théorie le prix des produits et le prix des facteurs de production. Autrement dit, la théorie de la répartition n'est, dans la conception néoclassique, qu'un cas particulier de la théorie générale des prix. L'offre et la demande déterminent aussi bien le prix des marchandises que celui du capital et du travail, c'est-à-dire les profits et les salaires.

Mais il arrive fréquemment, dans le système d'économie politique réel, d'observer un *« retour des techniques »*, c'est-à-dire le fait qu'une technique de production qui a été la plus profitable à un taux de profit donné puisse redevenir la plus profitable à une autre période et à un autre taux de profit. Par exemple, des techniques jugées dépassées à un moment donné peuvent être réutilisées ultérieurement, alors qu'entre-temps le taux général de profit a bien varié. Le retour des techniques contredit évidemment l'existence d'une *relation monotone et décroissante* entre le taux de profit et la valeur du capital par travailleur (qui est une autre façon de désigner une technique de production), affirmée dans la théorie de la productivité marginale. Une augmentation du capital par travailleur peut avoir lieu en même temps qu'une augmentation du taux de profit.

Mais s'il n'existe pas de fonction monotone décroissante mettant en relation le taux de profit et le stock de capital, alors la conception même des taux de profit et de salaire comme indicateurs de *rareté* relative des facteurs de production – capital et travail – correspondants devient sans fondement. En d'autres termes, il peut parfaitement y avoir des taux de profit ou des taux de salaire identiques pour des raretés relatives du capital ou du travail différentes.

Cela a des conséquences considérablement négatives sur toutes les théories néoclassiques de l'allocation des ressources, du choix des investissements, de la spécialisation internationale et, pour tout dire, sur d'innombrables politiques économiques nationales et mondiales.

5. Les présupposés de **la théorie symétrique de la valeur** de Marshall sont peu réalistes

Cette théorie n'est rien d'autre qu'une théorie de l'offre et de la demande, dans laquelle on représenterait l'offre par des *coûts de production* et la demande par des *utilités finales*, offre et demande étant, bien entendu comme dans toute théorie néoclassique, décroissantes en fonction des quantités offertes et demandées.
La théorie symétrique de la valeur et la théorie de la répartition en termes d'offre et de demande des facteurs de production ne sont en outre que deux formulations de la même chose.

C'est Alfred Marshall qui, dans ses *Principles of Economics,*[150] formule cette théorie de la manière suivante : il s'agit de « la symétrie fondamentale des relations générales dans lesquelles la demande et l'offre se situent par rapport à la valeur... Le principe du *coût de production* et le principe de *l'utilité finale* sont sans aucun doute les composantes de la loi unique et universelle de l'offre et de la demande, chacun peut être comparé à une lame d'une paire de ciseaux. »

Dans la théorie symétrique, les coûts de production sont censés être une fonction nécessairement décroissante des quantités produites : plus l'on produit, moins la production d'une unité coûte cher (ou consomme de facteurs de production). C'est le principe général des *économies d'échelle.* Ces économies peuvent être obtenues soit en interne à l'unité de production ou à l'entreprise, soit en interne à l'ensemble des unités de production constituant une industrie, soit enfin en externe à l'industrie, dans l'environnement économique général de celle-ci. L'ennui est que les économies d'échelle internes à la firme ou externes à l'industrie, incontestables sur le plan empirique, sont incompatibles avec les présupposés de la théorie symétrique de la valeur dans les conditions de concurrence pure et parfaite.

En effet, si l'on admet l'existence de coûts décroissants consécutivement aux *économies internes à la firme*, on est obligé d'admettre du même coup qu'en longue période tous les marchés *doivent* finir par être monopolisés (puisque plus une firme produit, plus ses coûts baissent et plus elle est en

[150] Alfred MARSHALL. *Principles of Economics.* Macmillan. 1920.

mesure d'éliminer ses concurrents ; il s'agit d'un cercle vicieux ou vertueux selon le point de vue où on se place), et on sort alors du cadre de l'hypothèse de concurrence pure et parfaite.

De même les économies d'échelle *externes à l'industrie* s'avèrent incompatibles avec l'analyse en termes d'équilibre partiel : agissant simultanément sur les coûts de plusieurs marchandises, la présence de telles économies contredit l'exigence d'indépendance de la courbe d'offre d'une marchandise particulière par rapport aux courbes d'offre des autres marchandises.

Finalement les seules circonstances dans lesquelles les économies d'échelle sont compatibles avec les présupposés de la théorie symétrique de la valeur et, plus généralement, de la théorie néoclassique sont celles des économies d'échelle externes à la firme *et* internes à l'industrie (c'est-à- dire dans l'industrie mais dans aucune des entreprises composant l'industrie), autrement dit des circonstances qui n'ont que très peu d'intérêt car très peu de chances de se présenter.

La théorie symétrique de la valeur en concurrence *imparfaite* essaye alors de surmonter l'impasse dans laquelle s'enferme la même théorie en concurrence pure et parfaite. Mais en concurrence imparfaite, la théorie symétrique de la valeur se trouve dans l'incapacité de déterminer l'équilibre des prix et des quantités en tant que résultats de l'offre et de la demande : en effet, en concurrence imparfaite, les prix sont déterminés exclusivement par l'offre, dans la négligence absolue de la demande...

Pour terminer sur la théorie symétrique de la valeur de Marshall, il faudrait ajouter que cette théorie, malgré les apparences, n'a aucun lien avec la théorie des prix de production : en effet, le système des prix de production, notamment celui de Ricardo, détermine les prix en dehors de toute référence à la notion de *variation*, laquelle est au contraire centrale dans la théorie symétrique de la valeur : dans cette théorie, l'analyse se concentre sur la variation des coûts de production dans la fonction d'offre et sur la variation des utilités finales dans la fonction de demande. En quelque sorte, cette théorie étudie le système d'économie politique non pas en son cœur mais à sa marge.

REFERENCES BIBLIOGRAPHIQUES

Première partie

ARROW Kenneth J. *Social Choice and Individual Values.* Wiley. 1951

BENETTI Carlo. *Valeur et répartition.* Presses Universitaires de Grenoble, François Maspero. 1974

BOYER Robert. *La théorie de la régulation : une analyse critique.* La Découverte. 1986

BUCHANAN James M. & TULLOCK Gordon. *The Calculus of Consent. Logical foundations of Constitutional Democracy.* The University of Michigan Press. 1962

CHAMBERLIN Edward H. *The Theory of Monopolistic competition.* Harvard University Press, 1933

GAREGNANI Pierangelo. *Heterogeneous Capital, the Production Function and the Theory of Distribution.* Review of Economic Studies, 1970

GREFFE Xavier & alii. *Dictionnaire des grandes œuvres économiques.* Dalloz. 2002

GUARNAY Maurice. *La production de logement en France. Accumulation et progrès technique dans la production capitaliste d'un bien-salaire.* Thèse de Doctorat d'État, Université de Paris I, 1977

MARSHALL Alfred. *Principles of Economics.* MacMillan. 1920

MARX Karl. *Le Capital.* Editions sociales. 1950-1960

MARX Karl. *Un chapitre inédit du capital.* Collection 10-18. 1971

PARETO Vilfredo. *Manuel d'économie politique.* Genève, Librairie Droz, 1966

RICARDO David. *Principes d'économie politique et de l'impôt.* Calmann-Lévy. 1970

SAMUELSON Paul A. *Parable and Realism in Capital Theory : the Surrogate Production Function.* Review of Economic Studies, 1962

SMITH Adam . *An Inquiry into the Nature and Causes of Wealth of Nations.* E. Cannan. 1904

SRAFFA Piero. *Production de marchandises par des marchandises.* Dunod. 1970

WALRAS Léon. *Éléments d'économie politique pure*, in *Œuvres économiques complètes Tome VIII*. Paris, Economica, 1988
WICKSELL Knut J. G. *Marginal Productivity as the Basis of Distribution in Economics*. Allen & Unwin. 1958
WICKSTEED P.H. *The Scope and Method of Political Economy in the Light of the "Marginal" Theory of Value and Distribution*. Routledge & Kegan. 1933

Deuxième partie

AMZALLAG Michel. *Quelles aides ? Quelles contreparties ?* Habitat et Société n°39. Septembre 2005
ASCHER François. *Les nouveaux principes de l'urbanisme : la fin des villes n'est pas à l'ordre du jour*. Editions de l'Aube, la Tour d'Aigues. 2001
CHOAY Françoise. *L'allégorie du patrimoine*. Seuil. 1992
DAVIS Mike. *Au delà de Blade Runner : Los Angeles et l'imagination du désastre*. Editions Allia. 2006 (1998 édition américaine)
DAVIS Mike. *Le pire des mondes possibles, de l'explosion urbaine au bidonville global*. La Découverte. 2006
DAVIS Mike. *City of Quartz : Los Angeles, capitale du futur*. La Découverte. 1997 (1990 pour l'édition américaine en 1990)
DORIER-APPRILL Elisabeth et GERVAIS – LAMBONY Philippe (ouvrage coordonné par). *Vies citadines*. Belin. 2007
FACK Gabrielle. *Pourquoi les ménages pauvres paient-ils des loyers de plus en plus élevés – L'incidence des aides au logement en France (1973 – 2002)*. Economie et Statistiques n°381-382, octobre 2005
FREUD Sigmund. "Das Unheimliche" (1919), in: Gesammelte Werke Bd. XII, Frankfurt am Main 1999, S.227-278.
GHORRA GOBIN Cynthia. *La théorie du New Urbanism*. Éditions de la DGUHC. 2006
GOBILLON Laurent. *Quelques effets économiques du prêt à taux zéro*. Économie et Statistiques n°381 – 382. 2005
JEUDY Henri Pierre. *La machinerie patrimoniale*. Essais 10/20 Sens & Tonka. 2001
KOOLHAAS Rem, BOERI Stefano, et al. *Mutations*. Actar/Arc en Tête, Barcelona. 2000
LEFEVRE Henri. *Le droit à la ville*. Points Anthropos. 1968
LOUVOT RUNAVOT Claudie. *Le logement dans l'Union Européenne: la propriété prend le pas sur la location*. Économie et Statistiques n°343. 2001

MASBOUNGI Ariella (sous la direction de). *Birmingham, faire la ville en partenariat.* Projet urbain, Ministère de l'Equipement, des Transports et du Logement, Editions La Villette. 2006
MASBOUNGI Ariella (sous la direction de). *Régénérer les grands ensembles.* Projet urbain, Ministère de l'Equipement, des Transports et du Logement, Editions la Villette. 2005
MASBOUNGI Ariella (sous la direction de). *Bilbao, la culture comme projet de ville.* Projet urbain n°23, Ministère de l'Equipement, des Transports et du Logement, Editions La Villette. 2001
MASLOW Abraham. *A theory of human motivation.* Psychological Review. 1943
MAURIN Eric. *Le ghetto français, enquête sur le séparatisme social.* Seuil. 2004
MOREIRA Clarissa. *Villes et devenir : Dogville ou le devenir – village des métropoles.* Thèse de doctorat, Paris I – La Sorbonne, non publié. 2007
MOREIRA Clarissa. *A cidade contemporânea entre a tabula rasa e a preservação.* Editora UNESP. 2004
PAQUOT Thierry et RONCAYOLO Marcel. *Villes et civilisation urbaine, XVIIIe – XXe siècle.* Larousse, Paris. 1992.
PARK, Robert, Ernest W. BURGESS and Roderick D. MCKENZIE. *The City.* Chicago, University of Chicago Press. 1925
PINÇON Michel et PINÇON-CHARLOT Monique. *La sociologie de Paris.* Editions La Découverte, Paris. 2004
PIRENNE Henri. *La ville au Moyen Âge.* Presses universitaires de France. 1992
PUYOL Carine. *Europe : le logement, outil de cohésion sociale et territoriale.* Habitat et Société n°39, p. 27. Septembre 2005
RAULIN Anne. *Anthropologie urbaine.* Armand Colin Éd. 2001
ROSSET Clément. *Le réel et son double.* Gallimard. 1976 / 1984.
SEECHURN Fabrice. *La mise en forme d'une liberté – Belle-Épine : « le centre dont vous êtes l'invité ».* Mémoire de 3e cycle, École Nationale Supérieure d'Architecture de Paris-Belleville. novembre 2006
TAFFIN Claude. *De l'aide à la personne vers l'aide à la personne.* Habitat et Société n°39, p. 8. Septembre 2005
VANDENDORPE Luc. *Les indicateurs européens de convergence régionale : une rétrospective.* Contribution au colloque de l'Association de Science régionale de langue française : « Renouveau régional, renouveau urbain », tenu à Lille du 1er au 3 septembre 1997
VELUT Sébastien (coordinateur) et al. *L'Amérique Latine.* CNED – SEDES. 2005

WACQUANT Loïc. *Parias urbains.* La Découverte. 2006
WEBER Max. *La ville.* Aubier Montaigne. 1992

Troisième partie

ANSOFF H.I., & al. *Implanting Strategic Management.* Englewood, Prentice-Hall. 1984
BOSTON CONSULTING GROUP. *Les Mécanismes fondamentaux de la compétitivité.* Paris, Hommes et Techniques. 1980
MINTZBERG, H. *The Rise and Fall of Strategic Planning.* New York, Free Press. 1994
PORTER M.E. *Competitive Strategy: Techniques for analyzing Industries and Competitors.* New York, The Free Press. 1980
PORTER M.E. *Competitive Advantage: Creating and Sustaining Superior Performance.* New York, The Free Press. 1985

TABLE DES MATIÈRES

L'HARMATTAN, ITALIA
Via Degli Artisti 15 ; 10124 Torino

L'HARMATTAN HONGRIE
Könyvesbolt ; Kossuth L. u. 14-16
1053 Budapest

L'HARMATTAN BURKINA FASO
Rue 15.167 Route du Pô Patte d'oie
12 BP 226
Ouagadougou 12
(00226) 50 37 54 36

ESPACE L'HARMATTAN KINSHASA
Faculté des Sciences Sociales,
Politiques et Administratives
BP243, KIN XI ; Université de Kinshasa

L'HARMATTAN GUINÉE
Almamya Rue KA 028
En face du restaurant le cèdre
OKB agency BP 3470 Conakry
(00224) 60 20 85 08
harmattanguinee@yahoo.fr

L'HARMATTAN CÔTE D'IVOIRE
M. Etien N'dah Ahmon
Résidence Karl / cité des arts
Abidjan-Cocody 03 BP 1588 Abidjan 03
(00225) 05 77 87 31

L'HARMATTAN MAURITANIE
Espace El Kettab du livre francophone
N° 472 avenue Palais des Congrès
BP 316 Nouakchott
(00222) 63 25 980

L'HARMATTAN CAMEROUN
BP 11486
Yaoundé
(00237) 458 67 00
(00237) 976 61 66
harmattancam@yahoo.fr

501238 - septembre 2012
Achevé d'imprimer par

1livre.com

Made in the USA
Coppell, TX
05 November 2026

11307503R00177